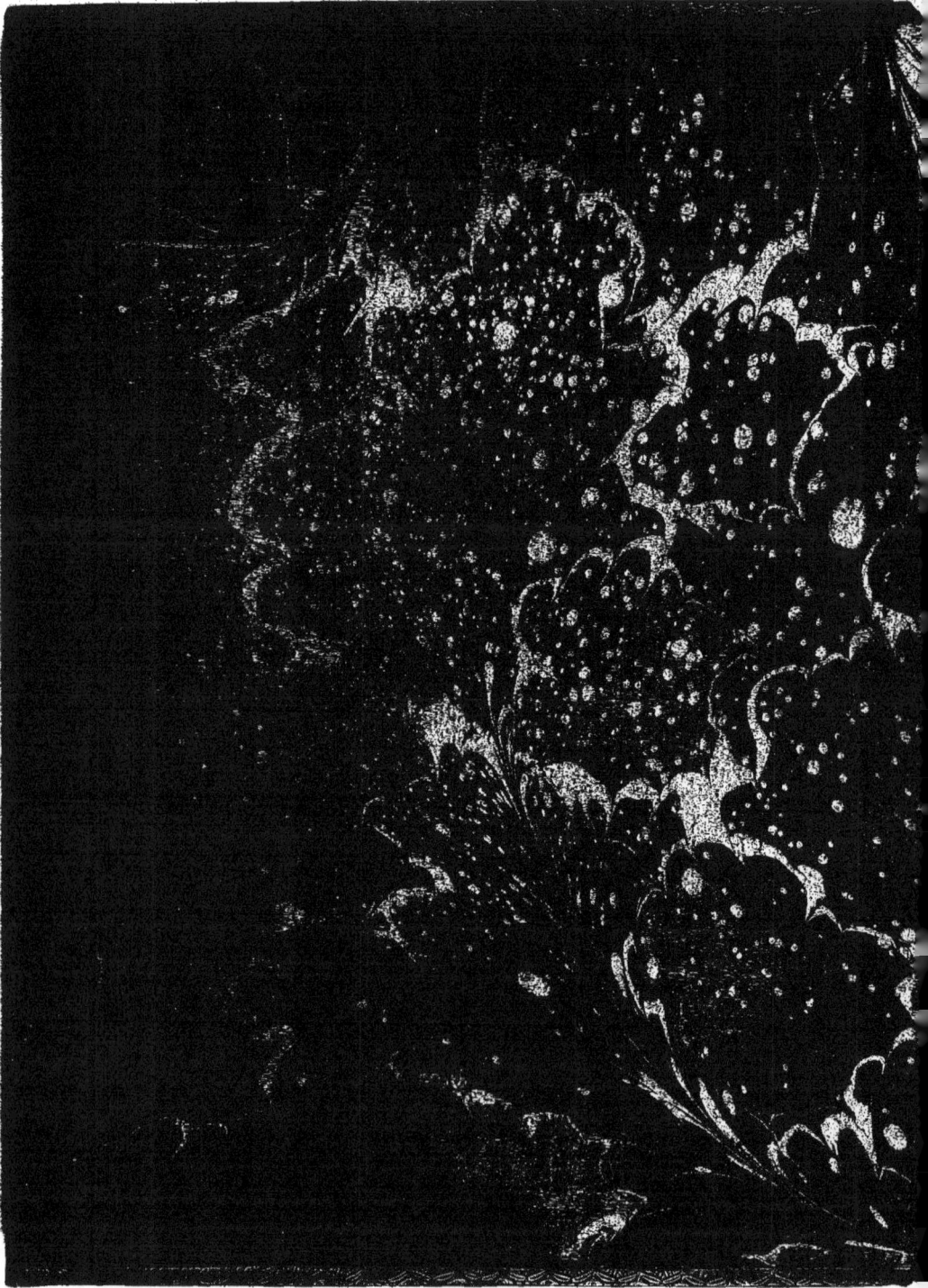

4:84. 349

– K. a –

Le Père Castel assure dans Sa preface qu'il a lû Cent
fois Newton avant d'avoir entrepris cet Analyse.
Ces longues meditations l'ont menée à penser
que Newton n'avoit fait que deguiser les Tourbillons
de Descartes Sous le nom d'Orbes ce que ni luy
ni Descartes n'ont point connu, les loix de
l'Equilibre, que le Système de Newton n'est
point Suivant la Nature &c. Enfin tout cet
Ouvrage est plein d'idées Singulieres et écrit
d'un Style Singulier.

Le Père Castel est mort à Paris au Collège
de Louis le Grand en 1757. âgé de 68. ans.
Je l'ay beaucoup connu puisqu'il a été mon
Prefet. J'ay travaillé avec luy au Clavecin
Oculaire qui étoit Sa folie. à cela près l'étoit
un homme d'esprit et un bon Religieux.
Son Livre de la Mathematique Universelle luy
a valu l'honneur d'être de la Société Royale
de Londres.

LE VRAI SYSTÉME
DE PHYSIQUE
GENERALE
DE
M. ISAAC NEWTON,

EXPOSÉ ET ANALYSÉ EN PARALLELE
avec celui de DESCARTES ; à la portée
du commun des Physiciens.

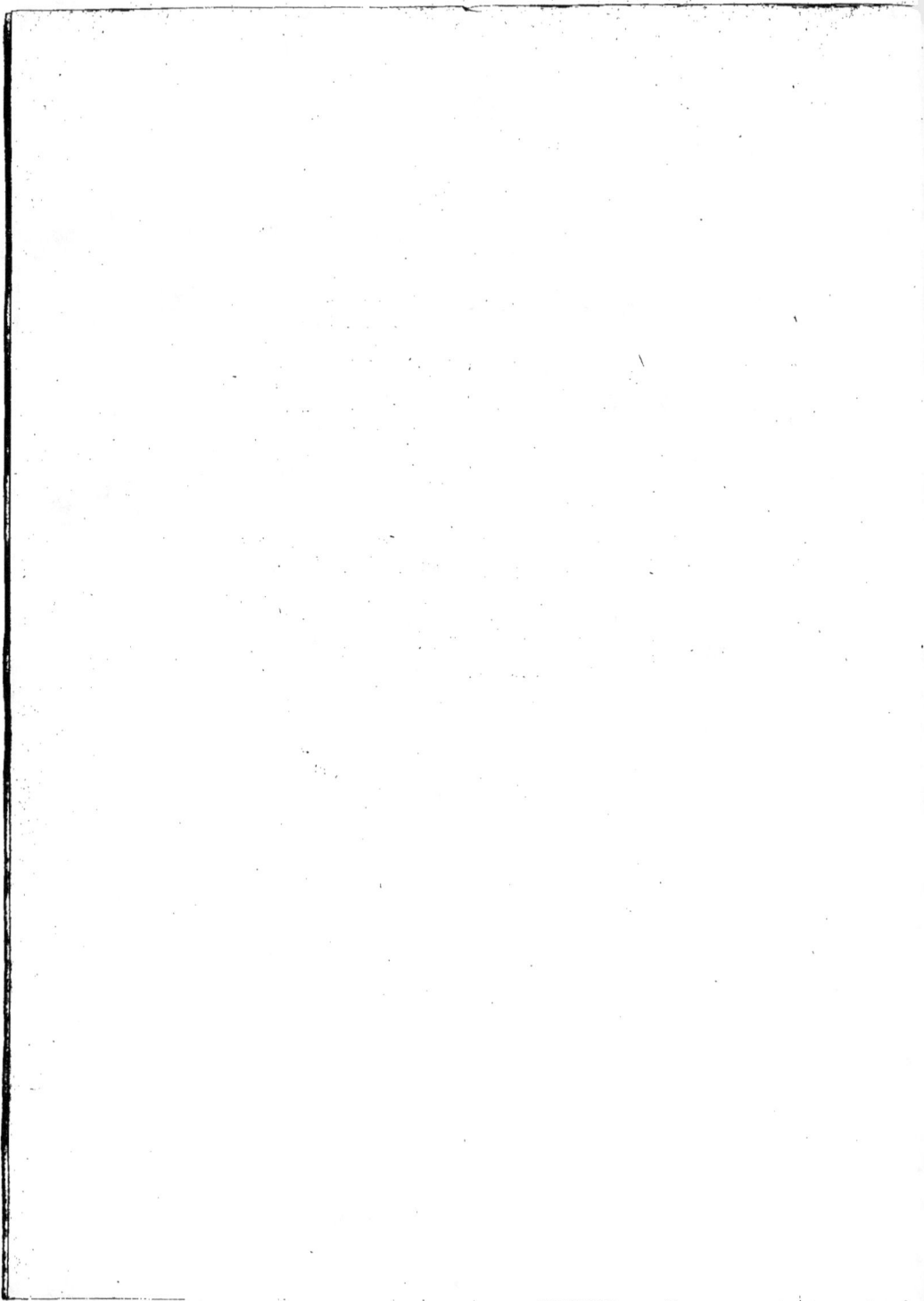

LE *VRAI SYSTÉME*

DE PHYSIQUE

GENERALE

DE

M. *ISAAC NEWTON*,

EXPOSÉ ET ANALYSÉ EN PARALLELE
avec celui de DESCARTES ; à la portée
du commun des Physiciens.

*Par le R. P. LOUIS CASTEL , de la Compagnie de JESUS ,
& de la Societé Royale de Londres.*

A *PARIS*,

Chez CLAUDE-FRANÇOIS SIMON , Fils , Imprimeur-
Libraire , ruë de la Parcheminerie.

M. DCC. XLIII.

AVEC APPROBATION ET PRIVILEGE DU ROI.

LE VRAI SYSTÊME

DE

PHYSIQUE GÉNÉRALE

DU CELEBRE

M. ISAAC NEWTON.

DISCOURS PRÉLIMINAIRE.

ORACE veut qu'on fupprime *neuf ans*, après l'avoir fait, tout Ouvrage, fait pour le Public.

Il y en a le double, il y a même vingt ans que je croyois celui-ci prêt à imprimer.

Il eft bon, que dans l'entreprife, & dans l'exécution de ces fortes d'Ouvrages, pénibles & difficiles, on fe flatte un peu. On ne feroit rien fans cela.

A

A peine avois-je mis à celui-ci la derniere main, que je pouvois y mettre alors, que je commençai à envisager plus sérieusement que je n'avois encore fait, la disproportion, & à craindre le préjugé de l'âge, auquel j'avois osé me mesurer, en quelque sorte, avec le grand Newton.

Il étoit encore plein de vie, & par cet endroit & par mille autres, il méritoit bien cette crainte ou ce respect.

C'étoit quelque chose il y a 18 ou 20 ans, que de se donner seulement dans le monde, pour quelqu'un qui entendoit Newton. C'eut donc été un crime, d'avoir osé le contredire, & n'être pas en tout de son avis.

Ce malheur m'étoit arrivé tout bonnement, & je ne m'étois pas senti si hardi, en suivant, à cet égard, le fil naturel de mes études ordinaires, tournées depuis quelques années de ce côté-là.

La réflexion me rendit donc plus timide ou plus circonspect : & cet Ouvrage couroit risque de ne jamais voir le jour, par la raison que plus on délibere sur quelque chose, plus on trouve de raisons d'en déliberer à l'infini.

D'autres raisons ont prévalu. Le Public seroit peu curieux d'en être instruit ; les personalités n'intéressant gueres qu'un Auteur, qui s'en laisse enyvrer dans une longue Préface.

J'étois cependant tout plein de cet Ouvrage, que je

n'avois pas fait fans y bien penfer ; & Newton me venoit toujours à la traverfe , dans tous les fujets que je
pouvois traiter.

Je ne laiffai donc pas , il y a 14 ou 15 ans , dans mon
*Traité de Phyfique fur la Pefanteur , imprimé chés Cailleau
en 1724.* de détacher bien des morceaux de l'Ouvrage
fupprimé , pour les inférer dans ce dernier.

Et dans divers Journaux en divers tems , j'en laiffai
tranfpirer bien des traits , à mefure que les *Développe-
mens du Syftéme Newtonien* qui gagnoit , m'en fournif-
foient à tous momens l'occafion.

Car pendant ce tems-là , c'eft-à-dire , pendant les dernieres *vingt années* qui viennent de s'écouler , Newton
s'eft fort développé.

Je dis *developpé* , par le nombre des mains qui y ont
travaillé , & par la célébrité & l'éclat qu'elles ont fçu
donner à leur travail.

Ce travail a été pour & contre ; mais plus fouvent
pour , que contre Newton.

On a plutôt fait avec ce redoutable Géometre , de
lui rendre les armes , & de fe déclarer fon très-humble
Difciple.

Cela fait honneur , donne un air de Géométrie & de
Profondeur , & n'engage à rien ; Newton , felon le nouveau ftile , ayant tout trouvé , & tout démontré , *pour
ceux qui veulent bien le fuppofer.*

A 2

Je remarquerai même, que la plûpart de ceux qui se font le plus annoncés pour refuter Newton, ne l'ont fait le plus souvent qu'en idée ou pour la forme ; qu'en mille points intéressans ils lui ont cédé la victoire, souvent sans s'en appercevoir, & sans le vouloir.

Qu'enfin les *Cartesiens* en général les plus déterminés, lui ont abandonné communément plus de terrain qu'ils n'en ont défendu ; & toujours au préjudice de celui qu'ils ont cru défendre, & qui est plus près qu'ils ne pensent de leur échapper, peut-être tout-à-fait.

Pour n'être pas Newtonien, & *pour contredire Newton*, il en doit coûter la peine de le posseder, & d'être comme lui *Astronome*, *Méchanicien*, & sur tout *Géometre*.

Car Newton est les trois au parfait dans ses *Principes Mathématiques de la Philosophie naturelle*, dont il s'agit uniquement ici, puisqu'il s'agit de son système de Physique générale.

1°. Que *Newton* soit *Astronome* dans ce Livre, peut-on en douter ? il faudroit ne l'avoir pas lû, il n'y est question que du système du Monde, & nommément du système du Ciel, du Soleil, des Planetes, des Cometes, des Etoiles, de leurs positions respectives, de leurs Mouvemens, de leurs Orbes, de leurs Nœuds, de leurs Apsides, de leurs Revolutions, de leurs Anomalies, de leurs Phénomenes, &c.

2°. Que *Newton* soit aussi *Méchanicien* qu'Astronome dans ce même Ouvrage, cela eſt tout auſſi manifeſte ; la *Méchanique* n'étant que la *ſcience des Forces mouvantes*, & M. Newton ne traitant que des Forces motrices, centripetes, centrales, centrifuges, accélératrices & autres, des Aſtres, & de tous les Corps de l'Univers.

Je ne dis rien de la *Partie ſtatique* de la Méchanique, que je doute que M. Newton ait trop connuë ; mais pour la partie *Dynamique* dont *M. Leibnitʒ* a donné de grandes idées, mais vagues, j'en regarde M. Newton comme le vrai Fondateur, le vrai Inventeur même.

Le morceau des *Forces centripetes* appliqué au ſyſtême de la Nature, eſt tout de la façon du Géometre Anglois.

Sauf les droits que le célébre *M. Huguens* peut y prétendre avec raiſon, ſur la primeur de l'invention générale, par rapport aux *Machines artificielles* & aux *Horloges.*

3°. Mais c'eſt la Géométrie, plus que toute autre choſe, qui rend Newton ſi difficile à déchifrer, & comme impoſſible à refuter, en droiture, & *ad hominem*, comme on dit : puiſque ce n'eſt même que par la Géométrie que ſon Aſtronomie eſt ſi au-deſſus des Phyſiciens vulgaires.

Car, il ne faut pas dire tout court que Newton eſt Aſtronome & Méchanicien ; mais il faut ajouter le Correctif, & dire qu'il eſt *Aſtronome Géometre*, & *Mécha-*

nicien Géometre ; & tout de fuite , fans aucun Pléonaf-
me , achever le tableau , en difant auffi , non qu'il eft
Géometre tout court, mais *Géometre Géometre ,* & triplement même Géometre ; & cela dans la Phyfique ,
peut-être plus encore que dans la Géométrie.

Car la *Géométrie de Defcartes* n'a été bien éclaircie
que 60 ou 80 années après fa Phyfique , fa *Phyfique*
étoit toute claire en naiffant : ce qui eft dans l'ordre.

La Phyfique eft de foi fimple , naturelle & facile ,
je dis facile à entendre. On en fait les termes , on en
connoît les objets.

Naturellement nous obfervons , & nous éprouvons
la plûpart des chofes, la lumiere , la chaleur , le froid ,
le vent , l'air, l'eau , le feu , la pefanteur , le reffort , la
dureté , &c. Chaque coup d'œil eft une obfervation de
la Nature : chaque opération de nos fens & de nos mains
eft une expérience.

Tout le monde eft un peu Phyficien , plus ou moins
fuivant qu'on a l'efprit plus ou moins attentif , & capable d'un raifonnement naturel.

Au lieu que la *Géométrie* eft toute *abftraite & myfte-*
rieufe dans fon objet , dans fes *façons ,* jufques dans fes
termes. Chez Newton , cet ordre eft renverfé.

Sa Géométrie n'en eft pas plus claire; mais elle l'eft à
proportion, & abfolument même plus que fa Phyfique.

La Géométrie propre de Newton, *fon Calcul infinite-*

fimal , fes feries, fes Quadratures, fes lignes mêmes du troi-
fiéme Ordre , font à peu-près éclaircies déformais , à la
portée des Géometres.

Mais fa Phyfique eft bien éloignée de l'être à la portée
des Phyficiens. Je n'avance rien fans preuve. L'*Attrac-*
tion , la *Gravitation* , l'*Action en diftance* , dont on compofe le fonds du Syftême Newtonien, ne font qu'un jargon, dont Newton protefte en vingt endroits , qu'il n'em-
ploye les termes que pour la commodité du Difcours ;
en Mathématicien , en Géometre, fans prétendre y attacher aucune vraye expreffion , aucune vraye idée primitive de Phyfique raifonnée & fyftématique.

Ce n'eft que l'écorce , & tout au plus un dernier réfultat du Syftême de Newton. C'eft pourtant la feule Phyfique qu'on ait éclaircie fous le nom de ce fameux Géometre.

Sa vraie Phyfique , s'il en a une , eft donc encore fous
la *triple enveloppe de Géométrie , de Méchanique & d'Af-*
tronomie , qu'il appelle les *Principes Mathématiques de*
la Philofophie naturelle.

Poffedât-on la *Géométrie propre de Newton* , croit-on
qu'on feroit encore beaucoup avancé , pour entendre
celle qui couvre abfolument fa Phyfique? Il y a dans cette
Phyfique bien des morceaux de Géométrie pure ou mixte de la façon de cet Auteur.

Mais communément ce ne font point les plus difficiles.

Il les énonce affés diftinctement , & les démontre fuffi-
fament , & il ne faut qu'être un peu Géometre pour les
entendre. Il avoit intérêt qu'on les entendit affés , pour
fçavoir qu'ils étoient de lui.

Ce n'eft pas la Géométrie que Newton énonce , c'eft
celle qu'il fuppofe , qui eft difficile à entendre ; foit parce qu'elle eft fort élevée , foit parce qu'il la fuppofe ,
le plus fouvent purement , par voye de fait , & fans en
articuler un mot , fans avertir qu'il la fuppofe , fans indiquer fa fuppofition.

Comme s'il écrivoit pour des Géometres de fa force ,
quoiqu'il n'écrive que Phyfique , & par conféquent pour
les Phyficiens , pour ceux même qui ne l'étant pas ,
voudroient le devenir.

Newton dans le courant de fa Phyfique , c'eft-à-dire ,
de fes Principes , fuppofe fur-tout quatre ou cinq Auteurs qui ne font pas tous également connus des Géometres vulgaires , & dont le premier feul eft à peine
connu du commun des Phyficiens. Quels font donc ces
Auteurs ?

1°. *Euclide :* c'eft peu.

2°. *Apollonius* & *Pappus :* c'eft quelque chofe.

3°. *Archimede :* c'eft beaucoup.

4°. *Grégoire de Saint Vincent :* c'eft tout.

Newton a-t'il jamais cité Gregoire de Saint Vincent ?
voilà le nœud de l'affaire.

Car

Car un Auteur comme celui-là ne fe devine pas ; & peu de gens font en état de le fuppléer lorfqu'il manque, furtout lorfqu'on ignore même qu'il manque quelque part.

On fent un grand vuide à remplir. On fent qu'il manque quelque chofe : c'eft-à-dire, on fent fon incapacité pour lire Newton, & on le laiffe là, ou bien on le fuppofe lui-même à fon tour ; & l'on s'accroche par voye de fuppofition à l'*Attraction* & à tout ce qu'on veut.

Mais de tout ce Syftême qu'on prête à ce grand Géometre, il n'y a que le *Vuide* auquel on ait droit abfolument de s'accrocher. Il l'a formellement adopté au *Coroll. 3. Prop. 6. liv. 3.*

Encore n'eft-ce qu'un réfultat, & comme on voit un *fimple Corollaire* philofophique, & par conféquent bien ou mal déduit & très-litigieux ; & plutôt une *Hypothefe* qu'autre chofe. Car Newton n'a conclu pour le Vuide à la fin de fes Propofitions, que parce que dans fes Préliminaires, il l'avoit tacitement fuppofé.

Mais l'*Attraction*, quoique peut-être il la fuppofe auffi, nulle part il ne l'adopte. En bien des endroits même il la rejette, ou en fait au moins l'honnête femblant ; l'*Attraction pure* furtout *qui exclud l'impulfion.*

Il confent même qu'on explique tout par cette impulfion ; & il indique enfin ailleurs une maniere d'expliquer la *Gravité* par le *Méchanifme de l'impulfion* d'un

B

fluide élaſtique qui enveloppe la Terre , & pénétre peut-
être auſſi tous les corps.

Je ne me laſſe donc point d'admirer *Meſſieurs les Newtoniens* , qui ſe moquent encore beaucoup de la docilité
de *Meſſieurs les Cartéſiens* pour leur Maître. Car je ne
ſuis , Dieu merci , ni Newtonien ni Carteſien , quoique
je faſſe volontiers mon profit de Deſcartes & de Newton.

Du reſte je parle ici ſelon l'hiſtoire des choſes. Or je
ne ſache gueres de Carteſien de nom , qui ait enſeigné
Deſcartes tout pur.

Rohaut , l'un des plus fameux & des plus fideles , l'a
abandonné ouvertement ſur la *Cauſe de la Peſanteur* , &
ſur d'autres points. J'en connois peu qui ayent ſoutenu
ſans correêtif , la *Propagation inſtantanée* de la Lumiere ,
& le *tournoyement des Globules* pour les couleurs.

Ils en ont ſeulement la plûpart , conſervé le fond général du Syſtême , qui eſt fort phyſique & fort naturel en effet.

Meſſieurs les Newtoniens , au contraire , ont laiſſé le
fonds géométrique du Syſtême de leur Maître , & n'en
ont pris que les accidens , les corollaires , l'écorce , pour
ne pas dire les hypotheſes , les erreurs , le rebut.

Ouï , ce que Newton lui-même a rebuté , & qu'il n'a
oſé avoüer. Au moins chés ce grand Homme , il y a
ce fonds , cette ſubſtance , ce corps de bonne ſcience : &

tout cette Kyrielle de termes de vertus , de qualités , ne font qu'abftraites & géométriques.

Elles n'y viennent qu'à la fuite , & avec l'efcorte & l'enveloppe d'une Mathématique, & fur-tout d'une Géométrie admirable : enforte qu'il n'eft point deshonorant pour l'efprit , d'en être féduit.

Au moins la gloire de Phyficien venant à lui échapper, il en retrouve une tout auffi brillante , & plus folide dans la force géométrique , avec laquelle il manie un fujet fi ingrat.

La plûpart des *Newtoniens Anglois* ont fûrement partagé cette gloire d'une Géométrie profonde avec leur Maître.

J'ai eu fouvent occafion de reconnoître dans le commerce dont j'ai été honoré par ces Savans Hommes , qu'ils ne tenoient à la Phyfique que par une bonne Géométrie , c'eft-à-dire , qu'ils étoient au moins de profonds Géometres , fe fouciant la plûpart affés peu de ce que nous appellons Phyfique , & fe contentant des points de vûe de cette Science , aufquels Newton avoit jugé à propos de fe borner : ce qui n'a rien que de bien & de fort eftimable.

Mais les *Newtoniens Phyficiens* , & purement Phyficiens me permettront de les plaindre , lorfque je les vois réduits à des Corollaires , à des réfultats , à des conclufions fans principes , fans corps de Syftême , fans ſubſtance , ne ſe repaiſſant que de *Vuides* & *d'Attrac-tions* , ſans autre garant , ſans autre aſſurance que celle qu'ils ont de dire , *cela eſt démontré.* Ils n'y manquent pas : jamais on ne l'a tant dit en Phyſique.

Ils traitent les Carteſiens de *Philoſophes à hypothe-ſes :* & les Carteſiens ne peuvent-ils pas les traiter de *Philoſophes à Articles de Foy ?* Foy humaine s'entend.

Jamais l'Attraction n'a été qu'une Hypotheſe , Ma-thématique même & abſtraite chés Newton.

Le Vuidè même , quoiqu'érigé en Corollaire dog-matique , n'eſt qu'une ſuite de ſa propre ſuppoſition préliminaire.

Newton épuiſé par ſa propre force géométrique , a pu s'y méprendre , & croire avoir démontré ce qu'il n'a-voit que ſuppoſé. Dans les Matieres de Phyſique , ces cercles vicieux ſont très-pardonnables.

Les Diſciples Phyſiciens ne pouvant percer cette tri-ple enveloppe mathématique qui maſque l'une & l'autre hypotheſe à leurs yeux , ont la docilité de croire tout démontré. Tant-pis pour eux s'ils y ſont pris pour du-pes , & ſi on leur revend , & s'ils achetent du verre pour du diamant , du *Vuide* pour des *Réalités.*

Les Carteſiens les plus ſerviles , uniquement repré-henſibles de penſer d'après leur Maître , penſent au moins comme lui avec lui.

Les hypotheſes qu'ils adoptent , ſont intelligibles ,

& ils les adoptent en effet & avec connoiſſance de cauſe, comme hypotheſes.

Ils en ſentent, ils en peſent, ils en meſurent tous les degrès de vrai-ſemblance, & de non-vraiſemblance; ils en font toutes les applications, ils en conſtruiſent tout l'Edifice. Ils en ſuivent tout le fil du Raiſonnement; ils en éprouvent toutes les difficultés.

Il ne leur eſt pas défendu même d'y toucher, d'y changer, de modifier, de retrancher, d'ajouter. Ils marchent avec Deſcartes, ils raiſonnent avec Deſcartes, ils philoſophent avec Deſcartes; & ils ſont Philoſophes tout court. Pour être Philoſophe, il n'eſt pas abſolument néceſſaire d'inventer.

Un des plus beaux genies qui ait fait l'honneur à la ſecte Newtonienne de lui prêter la célébrité de ſon nom, a trahi en homme intelligent le ſecret du myſtere, lorſqu'il a dit des Newtoniens, *Newton a calculé pour eux.* C'eſt un mot à graver ſur l'Airain, en lettres d'or.

Car chez Newton, *penſer* & *calculer; raiſonner* & *calculer.; philoſopher* & *calculer* ſont termes ſynonimes. Donc Newton a *penſé* pour eux, *a raiſonné* pour eux, *a philoſophé* pour eux.

Or il l'a fait *pour eux ſans eux*, puiſqu'il a bien ſurement *calculé ſans eux pour eux.* Donc: *ce qu'il falloit démontrer.*

Quand je compoſai, il y a 22 ou 23 ans, l'Ouvrage

que je donne aujourd'hui , j'avois un avantage que je
fais eftimer , quoiqu'il puiffe ne pas paroître tel à tout le
monde.

Newton étant encore fans Commentaire phyfique ,
au moins pour moi qui étois placé fort loin de Paris , le
Syftême de fes Difciples , beaucoup moins celui de fes
Antagoniftes , s'il y en avoit déja , ne pouvoit me faire
aucune illufion.

Je n'avois que Newton pour juger de Newton , & en
conféquence je ne crois pas m'être mépris dans l'Analyfe
que j'en fis , & dans le parti que je pris à fon égard fur
le fimple expofé de fon vrai texte , que je commençai
par décrire de ma main , prefque mot pour mot.

Je parle de l'Ouvrage entier des Principes mathématiques que je copiai , pour m'en remplir mieux l'efprit.

Quelle que fut mon intention , dans cette pénible &
dégoutante opération , Newton méritoit bien que j'en
priffe la peine , & que j'en effuyaffe le dégoût. L'Ouvrage m'étoit , par hazard , tombé entre les mains. J'en
fentois la conféquence. On ne me le prêtoit que pour
deux mois.

Je voyois la difficulté de l'approfondir & de le poffe-
der en fi peu de tems ; & je n'avois point d'autre reffource , pour me le prouver fi-tôt. Je fis mon calcul.

Deux mois ne me fuffifoient pas pour entendre Newton ; mais ils me fuffifoient pour l'écrire. Je l'écrivis

donc à la hâte pour avoir droit de l'entendre à loifir.
J'en ai gardé la copie.

Si une centaine de lectures, affés attentives, fuffifent,
je crois les avoir faites à peu-près, avant que d'entreprendre l'Analyfe d'un fi terrible Ouvrage.

Je laiffai donc les Réfultats, les Corollaires, les
Suppofitions, les Sous-ententes, dont Newton eft tout
plein, les Gravitations, les Attractions, le Vuide même.

Mais je m'attachai fortement, & avec une forte d'â-
preté au Corps de l'Arbre, au Tronc, aux Racines, &
tout au plus aux quatre ou cinq Maîtreffes Branches qui
ne peuvent fe foutenir ou tomber, fans entraîner tout
ce menu branchage, qui ne mérite pas, en vérité, qu'on
s'amufe à l'éplucher en détail.

L'*Optique* même de Newton, avec fes *Réfrangibilités*
& fes *Colorabilités*, n'étant point encore alors venue à
ma connoiffance, j'en perdis d'autant moins de vûë mon
véritable objet.

Voici donc mon Plan, ou plutôt celui de Newton,
que je mets en regard avec celui de Defcartes, afin qu'on
en juge mieux : d'autant plus que Newton, qui n'a cité,
je crois, que trois fois Defcartes, & toujours pour le
critiquer féchement, comme quelqu'un qui lui déplaifoit
fort, l'a comme fuivi tacitement par tout, je dis fuivi
ou *pourfuivi* pour le fuir mieux & le contredire plus fûrement.

On en dira ce qu'on voudra. Je ne trouve pas le Procédé de Newton avec Defcartes affés franc , affés noble , affés philofophique. Une critique ouverte & mefurée me paroît convenir mieux.

Je me flate qu'on va me trouver fort impartial entre ces deux illuftres Rivaux , & que le cœur au moins ne fera pour rien dans la difpute , de quelque côté que l'efprit la faffe pancher.

PREMIERE

S.P.G. de Clermont Inv. et del.　　　　　　*J. Ingram Sculp.*

PREMIERE ANALYSE.

PLAN GENERAL

DU SYSTÊME NEWTONIEN EN GRAND,

Comparé au Syſtême général de DESCARTES.

C 'EST dommage pour Newton, que Deſcartes l'ait prévenu, ſans quoi il auroit été un
Deſcartes pour la Phyſique, comme il l'a ſû-
rement été pour la Géometrie.

Car celle-ci allant pas à pas d'une découverte à l'autre;
il y en a aſſés dans la région du poſſible, pour tous les
eſprits capables de s'y ſignaler : au lieu que tout a été dit
en Phyſique, & qu'heureux eſt le premier qui, en diſant
bien, ne laiſſe à ſon émule, que la gloire de lui ſervir d'é-
cho, ou la honte de s'égarer en lui refuſant cet hommage.

C

Je doute pourtant que Defcartes ait tout dit , ou tout bien dit ; & qu'il n'y eut pas après lui beaucoup à gla-ner pour un homme tel que Newton.

Newton , je penfe , valoit bien Defcartes pour le gé-nie. C'étoient pourtant deux génies differens.

L'Anglois n'avoit pas la facilité du génie du Fran-çois : ce qui peut n'être qu'un fimple air de Nation , c'eft-à-dire , une affaire de pure éducation. Car il en avoit toute la force & l'étenduë.

On dit , or je crois que c'eft en Angleterre même qu'on dit , qu'à génies égaux , le François bâtit *en hau-teur*, & l'Anglois *en profondeur* : celui-là au-deffus , celui-ci au-deffous du niveau de la Terre ; l'un en dehors , l'au-tre en dedans. Si ce n'eft pas là le caractere des deux Na-tions , c'eft celui des deux grands hommes en queftion.

Defcartes a *penfé en grand* fur la Nature ; & , quoique tout le monde ne veuille pas en convenir , je trouve que Newton a penfé en grand auffi fur le même fujet.

Defcartes a eu l'ambition de faire un monde. New-ton n'a pas eu à cet égard une moindre ambition. C'eft la même forte d'ambition dans le cœur humain , que celle qui aiguillonna le *Grand Alexandre* à le conquerir.

Le troifiéme Livre des Principes Mathematiques de la Philofophie naturelle , eft uniquement intitulé *de Mundi fyftemate* : & fûrement dans ce Livre , il n'eft queftion d'aucun petit détail de Phyfique , mais feule-ment du Syftême général & aftronomique de l'Univers.

Qu'on ne m'objecte pas que le moindre Auteur de Phyfique intitule fon Livre : *Du Syftême du Monde.*

Ce petit Auteur n'eſt point *Auteur*, car on prodigue ce nom. Il eſt *Copiſte*. Newton eſt l'Inventeur & le propre Auteur de ſon Syſtême.

Le Point de vûë général de l'Univers, préſente un nombre de Corps arrondis autour de leurs *Centres propres & intérieurs*, & roulans dans des Orbes circulaires ou elliptiques, les uns autour des autres, & ſe ſervant mutuellement de *Centres extérieurs*.

Le commun des Phyſiciens panchés vers le détail des Corps particuliers & terreſtres, perdent facilement ce grand Point de vûë, par lequel les génies élevés commencent ordinairement à philoſopher.

Tous les grands Corps de l'Univers, le Soleil, la Lune, la Terre, les Planetes, les Etoiles, les Cometes mêmes, ſont des corps ronds ou à peu-près.

La Lune roule autour de la Terre, les Satellites de Jupiter autour de Jupiter, toutes les Planetes autour du Soleil, &c.

Ces deux Points, 1°. l'arrondiſſement des Aſtres, 2°. la rondeur ſimple ou modifiée de leurs mouvemens, ſont ce que j'appelle *le Grand de la Phyſique*, & de la nature qui en eſt l'objet. Et tout ſe réduit à une multitude de Centres, Centres de deux eſpeces.

1°. Centres de matiere.

2°. Centres de mouvement, autour deſquels tout le grand détail de l'Univers affecte, s'il n'atteint la plus exacte rondeur.

PREMIERE BRANCHE

DU SYSTÊME DE L'UNIVERS EN GRAND.

La Conftitution des CENTRES.

LES Centres font les fondemens uniques , ou les vrayes clefs du grand Edifice , & de tous les grands Edifices de l'Univers.

Dieu parlant en Dieu propofoit à Job ce grand Problême au fujet de la Terre , *fuper quo Bafes illius folidatæ funt ?* fur quoi pofe fa Bafe , & toute la folidité de fa ftruĉture ?

Sans prétendre répondre à Dieu , & fans ceffer d'adorer la profondeur de fes fecrets , qu'en tout cas je ne puis deviner fans fon fecours très-immédiat , oferois-je dire , que les fondemens de la Terre portent fur un point des plus indivifibles.

Ce qui me les rend d'autant plus admirables , & me les fait paroître plus dignes de Dieu , qui ayant tiré la Terre & l'Univers de rien , les a fait comme aboutir à rien , les a fufpendus fur rien , c'eft-à-dire , fur euxmêmes , pour vérifier cet Oracle du même Job : *Univerfus orbis tanquam nihilum coram te.*

Je croirois même , s'il étoit permis fans vouloir être trop fcrutateur des merveilles celeftes , que c'eft à cette efpece de néant des fondemens de la Terre & du Monde , que fait allufion le Problême divin propofé à Job.

Comme fi Dieu difoit à ce faint homme , & il le lui
dit en effet, explique moi comment j'ai fufpendu la Terre
fur un point , & comme fur le néant même , fans qu'elle
ceffe pour cela d'être bien fondée , & d'avoir une ftabilité à toute épreuve , éternelle même , car *terra in æter-*
num ftat.

Tout tendant à un point intérieur & au même point ,
rien ne peut tomber , & les parties fe fervent toutes ,
l'une à l'autre , de clef , de bafe ; voilà la merveille.
Rien ne pouvant tomber que par fon poids , c'eft ici le
poids même qui empêche toutes chofes de tomber.

La conftitution des Centres eft donc le premier objet
du Phyficien qui penfe un peu en grand : & à cet égard
je ne vois gueres que Defcartes & Newton parmi les modernes connus , qui fe foient accordés , malgré leur peu
de concert dans tout le refte , à faire de ce point le premier objet de leur fyftême. Peu de leurs difciples mêmes en ont fenti la conféquence.

Defcartes , fi je m'en fouviens d'un peu loin , pour
fon premier mot du Syftême du Monde , commence
par fuppofer que Dieu détermine un Centre & un nombre même de Centres, autour de chacun defquels il fait
tourbillonner une quantité de matiere , plus ou moins
étendue , & en divers fens , felon fon bon plaifir.

On prend communément cela comme une pure Hypothefe. Il n'en eft rien. C'eft une pure vérité. En faifant le Monde , Dieu y a déterminé les divers *Centres*
des divers Corps & des divers Mouvemens qu'il a réfolu
d'y faire paroître.

Le Centre du Soleil.

Le Centre de la Lune.

Le Centre de chaque Planete & Etoile, avec le Centre & le fens de chaque Mouvement.

Dans tout Syftême, on doit reconnoître le vrai de cette détermination, & la néceffité d'en faire la *Pierre angulaire* de ce Syftême.

Dieu n'a-t'il pas déterminé un Soleil, une Lune, un Mars, une Terre, &c ? Et les mouvemens & les révolutions d'Orient en Occident, ou d'Occident en Orient, Dieu ne les a-t'il pas déterminés ? Or déterminer des mouvemens périodiques & des corps circulaires, fans en déterminer les Centres, feroit un manque d'attention dont Dieu au moins ne peut être capable. Une courbure pareille fans Centre, eft une montagne fans vallée.

Le Centre appartient à la forme & à l'intégrité des courbures périodiques. La Terre feroit bientôt diffipée fans la loi du Centre ou de la Pefanteur qui retient fes parties, & les ramene dans leurs écarts. Le Soleil a encore plus de befoin de la même loi, vû l'agitation exceffive de fes parties. La Lune & tous les corps faits pour durer en ont befoin. Les mouvemens celeftes en ont befoin.

Tous ces mouvemens courbes font centrifuges. Si donc ils n'avoient pas le contrepoids d'une force centripete ou tendante à un Centre conftant, ils s'échapperoient à l'infini, & tous les aftres iroient fe coller à la derniere voute du firmament.

M. Newton avoit le génie trop élévé, pour perdre

de vûë cette conſtitution primitive de la nature. Il en a
ſaiſie l'idée juſte, puiſqu'il en a fait, comme Deſcartes,
le grand Préliminaire de ſon Syſtême.

La belle facilité de Deſcartes lui avoit fait trouver
la choſe ſi évidente qu'il ne l'avoit énoncée qu'en ſuppoſition, au hazard de la voir méconnuë de ſes diſciples,
& critiquée par ſes Antagoniſtes. Newton l'établit diſtinctement, & la prouve dans les formes, juſqu'à s'en
faire regarder comme l'Auteur & le premier Inventeur.

Je dis qu'il la prouve, ou qu'il prétend la prouver dès
les premieres Propoſitions de ſon Syſtême du Monde ;
car celui qui dit *je prouve*, ne faiſant ſouvent rien moins
que cela, prouve au moins qu'il a bien ſçu la choſe, & la
prouve même par cela ſeul aux trois quarts des eſprits.

La premiere Propoſition de Newton établit Jupiter le
Centre de ſes ſatellites, & Saturne le Centre des ſiens.

La ſeconde fait le même pour le Soleil, par rapport
aux Planetes principales.

La troiſiéme regarde la Lune, rapportée à la Terre
comme Centre.

Les ſept à huit Propoſitions ſuivantes, ne roulent que
ſur la conſtitution du Centre général, & des Centres
particuliers de l'Univers.

Newton ne s'en tient pas même à une détermination
vague de tous ces Centres. Il les conſtitue Centres par la
double propriété ſpécifique du mouvement de *gravité*
& de celui de *revolution* des corps environnans vers eux,
& autour d'eux.

Encore une fois, je ne dis pas que Newton prouve ni

démontre cela ; mais qu'il croit & qu'il tâche de le prouver. Defcartes l'a fuppofé : Newton l'a mis en thefe. Ce
font deux pas avancés vers le but. *Non omnia poſſumus
omnes.*

Toutes les grandes vérités éclofent avec lenteur. Elles
luifent d'abord : peu à peu elles éclairent : avec le tems
elles font un jour plein. Defcartes en a vu le crepufcu-
le , Newton l'aurore. Peut-être en eft-ce ici le jour &
bientôt le midi.

SECONDE BRANCHE

DU SYSTÊME DE L'UNIVERS EN GRAND.

La *Conſtitution des* TOURBILLONS.

AUTOUR des Centres déterminés , Defcartes
avoit fuppofé le Monde , c'eft-à-dire, la matiere
partagée en autant de Tourbillons , en autant de corps
tournant autour de ces Centres , & tendant chacun au
fien.

L'idée de ces Tourbillons n'étoit pas abfolument neu-
ve. On la trouve chés Ariftote d'après Empedocle ou
tout autre Ancien. Et il feroit bien difficile & bien hu-
miliant pour l'Efprit humain, que cet efprit tourné à
l'Obfervation & au Raifonnement Philofophique depuis deux ou trois mille ans , eut attendu jufqu'à Defcartes pour avoir le premier foupçon de ces Tourbillons ,

lons , dont le mouvement des Aftres eft l'expreffion fi
fenfible.

Du refte l'idée de Defcartes étoit fort imparfaite à
cet égard. Sa facilité à tout comprendre & imaginer,
lui avoit fait conftruire fes Tourbillons fort à la hâte , &
les conftituer fort mal.

Ils étoient trop jettés au hazard , trop entaffés , trop
preffés, par-là trop irréguliers , & trop fujets à fe confondre.

Le grand vice furtout du Syftême Cartefien, la fragilité des fubftances , fe faifoit trop fentir dans fes Tourbillons. Ils étoient tous d'une matiere uniforme, fragile,
tendre , & infiniment fluide , ou toute prête à le devenir à l'infini.

Croirons-nous que ce vice fut l'efprit même du Syftême Cartefien ? Ses Sectateurs non feulement ne l'ont
jamais corrigé, mais fe font toujours volontiers portés
à le rendre exceffif.

Le celebre Malebranche qu'on peut regarder comme
un des plus illuftres difciples de Defcartes , a fuppofé
fans façon toute la matiere molle & fluide , & par conféquent uniforme & mifcible à l'infini : ce qui même n'a
point trop revolté les autres Cartefiens.

Newton n'a donc pas eu grand peine à bouleverfer de
fond en comble ce Syftême ruineux des Tourbillons
mollaffes & fans confiftence. Mais il a été peut-être plus
loin que l'objet. S'il fe fut contenté de relever les défauts des Tourbillons Cartefiens , il auroit rendu un
grand fervice à la Phyfique.

D

Mais dans un mouvement d'indignation géométrique , il a profcrit toutes fortes de Tourbillons , faits &
à faire , imaginés & imaginables , fe réfervant toutes-
fois par une contradiction qu'on aura peine à croire , la
liberté d'en imaginer lui-même, d'une conftitution fort
finguliere.

On ne connoît gueres Newton; & celui qui s'y laiffe
prendre aux premieres apparences , ignore les profondeurs où ce grand homme a pû lui-même s'égarer.

Newton , l'ennemi juré des Tourbillons Cartefiens ,
& en apparence de tous les Tourbillons , a pourtant
admis des Tourbillons. Car comment s'en paffer ? Il
étoit trop grand homme & trop clairvoyant. Et c'eft
ce qui déconcerte les Cartefiens , lorfqu'ils entrepren-
nent de répondre à Newton & de le refuter.

Ils ne conçoivent pas qu'on puiffe nier les Tourbillons. Auffi Newton ne les a-t'il pas niés. Et Meffieurs
les Newtoniens qui déclament à perte de vûë contre les
Tourbillons , me paroiffent avoir lu fort rapidement
leur Maître & , tout franc , ne l'avoir pas entendu.

Pour entendre Newton, il faut favoir que chez lui les
Tourbillons & le Plein font fynonimes , & que dire qu'il
n'y a point de Tourbillons, c'eft dire, qu'il y a du vuide , & nommément que les efpaces celeftes font vuides ,
vuides de matiere & de corps.

Le mot le plus fort de Newton contre les Tourbillons ,
eft celui-ci , dans fa derniere *Scholie du fecond Livre des
Principes. Hinc liquet Planetas à vorticibus corporeis non
deferri.* Voilà le mot de l'énigme. Ce ne font pas les

Tourbillons tout court, mais les *Tourbillons corporels* que Newton rejette.

Un monde plein de matiere & d'une multitude innombrable de corps, a de tout tems embarraffé extrêmement les Philofophes. La Phyfique ne peut avoir que cela d'embarraffant, n'ayant que cela à arranger, à expliquer.

M. Newton a merveilleufement fimplifié l'objet en l'immatérialifant comme à l'infini. Les Aftres ne font pas la milliéme, la millioniéme, la &c. partie de l'étendue de l'Univers. Voila où Newton eft la vraie antipode de Defcartes.

Defcartes étoit bien mal confeillé, non feulement de remplir l'Univers de matiere, mais d'étendre cette matiere au-delà de toutes les bornes à l'indéfini.

Il femble qu'il n'en avoit jamais affez, pour faire briller cette inconcevable facilité de génie, qui n'étoit embarraffé à rien expliquer, par une varieté non moins indéfinie de formes qui ne lui coutoient rien.

Newton, je le repete, n'avoit point cette facilité de génie, cette fécondité d'imagination, cette richeffe d'invention.

Il s'étoit trop féchement livré à la Géométrie. Avare des formes, comme on le verra dans la fuite, car il ne concevoit gueres d'autres differences dans les corps que la matiere même, la denfité, le poids, il étoit en conféquence tout auffi avare de matiere, que Defcartes en étoit prodigue.

Non content d'immatérialifer les efpaces celeftes, il

réduit comme à rien la matiere qui compofe les Aftres mêmes, & tous les corps, les concevant tout pleins de pores, & de très-grands pores, c'eft-à-dire, de très-grands vuides.

Son Problême favori, eft célébre. *Avec le plus petit atome de matiere, remplir le plus grand efpace, de maniere que les pores vuides, foient chacun plus petits qu'aucun ef-pace donné.* Le Problême eft vrai dans fon Enoncé.

Avec le plus petit atôme, on peut faire un fil qui tienne toute la longueur de l'efpace, partageant ce fil par fa largeur; on en fait deux fils, dont l'un partage la lon-gueur, l'autre la largeur de l'efpace.

De ces deux on en fait quatre, 8, 20, 30, 100, 1000, un million, & toujours de plus en plus; & en étendant ces fils, les croifant, les entrelaçant, on par-tage l'efpace en quarreaux, dont chacun fera partagé en deux, en quatre, en mille plus petits, fi on tranche les fils qui en font l'enceinte, & qu'on les mette entre deux, &c.

Copernic, dit ingénieufement *M. de Fontenelle*, fit main-baffe fur les Cieux de Cryftal ou de Bronze, qu'a-voit imaginés l'Antiquité. *Scheiner* les rendit tous flui-des. Defcartes ne leur laiffa prefque point de confiftence. *Mallebranche* les fondit tout-à-fait par une fluidité infinie.

Enfin M. Newton leur a ôté jufqu'à la matiere pre-miere de la folidité ancienne. Car voilà le progrès du Syftême moderne, qui doit être ou une plénitude de vé-rité, ou une confommation d'erreur.

Cependant pour revenir aux Tourbillons avec M.

Newton qui y revient, il les a maintenus fous le nom
d'*Orbes*.

Ces Orbes, il eft vrai, ne font point des Corps folides. Ce ne font pas même des Corps : ce font des Plans.
Ce ne font pas même des Plans ; ce font des Lignes circulaires ou elliptiques. Sont-ce même des Lignes ? Non,
ce font des Points.

C'eft un Aftre qui décrit un orbe dont les points n'e-
xiftent que les uns après les autres, & jamais tous enfemble, fi ce n'eft idéalement, abftractivement dans la
penfée de M. Newton, & dans les figures de fon Livre.
Sont-ce des fubftances immaterielles, fpirituelles, ou
non fpirituelles ? Sont-ce des accidens abfolus ? On n'y
connoît rien.

Il y a bien des fous-ententes, & des fuppofitions,
vrayes hypothefes, chés le celebre Anglois. Naturellement profond, il a retenu la moitié de fon Syftême dans
fon Efprit. Il faut fouvent deviner.

Il a bien eu fes raifons. Son Syftême étoit de nature,
qu'en mille occafions il avoit un peu de honte à l'avouer
tout haut.

Il vouloit accoutumer aux Principes, prévoyant,
comme il eft arrivé, que des Difciples plus zelés &
moins circonfpects, courroient affés vîte aux conféquences ; d'autant plus à plaindre qu'ils ont laiffé-là les
Principes, dont de pareilles conféquences auroient pourtant un befoin bien prefent.

Les Orbes en queftion n'ont de réel que l'Aftre qui
les parcourt fucceffivement. Tout le refte eft fictice. Ce-

pendant M. Newton parle toujours de ces Orbes comme de quelque chofe de très-réel.

Il leur attribuë des Propriétés très-réelles, corporelles même, du mouvement, du repos, des interfections, des nœuds, des apfides, des centres, des foyers, des tiraillemens, des attraƈtions, des forces, tout ce qu'il veut.

C'eſt-à-dire, qu'en profcrivant la matiere des Tourbillons, il en a retenu la forme : tant l'idée en eſt naturelle, & néceſſaire dans la Phyſique & dans l'Aſtronomie, dont l'objet n'eſt manifeſtement qu'un amas de corps tourbillonnans.

TROISIÉME BRANCHE

DU SYSTÊME DE L'UNIVERS EN GRAND.

La Conſtitution des *LOIX D'EQUILIBRE* ou de *PESANTEUR.*

DESCARTES, après tout, fuivoit ſa pointe, & faiſoit un vrai Syſtême. En rempliſſant bien l'Univers de matiere, il n'avoit en vûë que de faire une bonne, une vraye *Machine.*

Il avoit fixé les *Centres* & les *Rouës :* mais comment fixés ? Ce n'eſt point ici une machine encadrée & bien chevillée : ce ne ſont point des rouës enfilées de bons effieux inébranlables.

C'eft une *machine* comme *toute en l'air*, & dont toutes
les pieces en liberté, veulent pourtant une certaine ftabilité réguliere, & plus réguliere que nos horloges & nos
meilleures machines.

A cela Defcartes avoit d'abord pourvu par la Plénitude du monde, qui tient chaque piece à fa place par la
raifon que les autres places font prifes, & qu'il faut de
bonnes raifons, raifons méchaniques de force, de pré-
valence, raifons d'Equilibre pour les déplacer.

Car de foi la matiere ne réfifte que materiellement à
fon déplacement. Dans un Syftême d'intelligence fou-
veraine & de fageffe incréée il y a quelque chofe de
plus : & c'eft furtout par la forme que l'Univers eft digne de Dieu, comme fouverain, comme fuprême Mo-
narque.

Et ce font les *Loix de l'Equilibre*, qui font ici la *raifon d'Etat*, & comme *ratio ultima naturæ*.

Ce fut donc un des plus grands points de vuë du Syftême de Defcartes, de regarder l'Univers entier & toutes
fes parties comme des machines, & tous leurs Mouvemens, Opérations & Phénomenes comme des Méchanifmes reglés par les loix d'un jufte Équilibre.

En faveur d'une fi grande vuë générale, on doit pardonner à Defcartes, de s'en être fouvent écarté dans le
détail des opérations de la nature ; d'avoir fouvent manqué les véritables loix de l'Equilibre, & d'avoir même
quelquefois trop voulu tout expliquer par-là.

C'eft l'écueil des bons Principes comme des bons Re-
medes, qu'on les prodigue trop.

Le Monde eft une Machine en général : mais il contient en particulier bien des Machines indépendantes, & qui en prenant la loi du Méchanifme général, ont bien des Méchanifmes qui leur font propres.

Et les Loix de l'Equilibre font fufpenduës, interrompuës, contredites même de bien des façons, & en bien des endroits.

Or en fuppofant des Loix d'Equilibre, Defcartes a fuppofé auffi celles de la Pefanteur, & reconnu cette Pefanteur pour le Principe le plus général de tous les Méchanifmes de la nature.

D'autant mieux qu'expliquant la Pefanteur par le Tourbillonnement, & faifant tout Tourbillonner, il eft cenfé avoir voulu tout expliquer par les Loix d'une Pefanteur univerfelle.

Le tout cependant plus par voye de fuppofition ou d'hypothefe fans même l'énoncer, que d'une maniere expreffe, démontrée & bien didactique.

C'étoit la grande façon de ce beau génie. Il difoit bien ce qu'il difoit , & tout le monde pouvoit l'entendre.

Mais il parloit à demi-mot, & ne difoit pas tout. Ce n'étoit pas fa faute, s'il ne parloit pas toujours à de bons entendeurs.

Ses Difciples ne fe font pas toujours piqués d'énoncer ni d'entendre même fes fuppofitions tacites. Et fes adverfaires fe font au contraire piqués de ne pas les entendre ; réfolus de lui faire un crime de ces réticences.

M. Newton a été un peu trop de ce goût, de n'aider

jamais

jamais à la lettre, & de juger cet illustre Antagoniste rigoureusement sur ses énoncés : souvent même sur des demi-énoncés.

Descartes avoit articulé le Principe de l'Equilibre, & sous-entendu celui de la Pesanteur, qui est pourtant au fond le même. Newton a fait sonner bien haut ce dernier, en sous-entendant, je crois, un peu trop le premier.

Descartes avoit expliqué la gravité universelle sans presque le dire. Tout tourbillonnant dans le Tourbillon solaire, par exemple, tout y pese vers le soleil : & c'est le même de tous les autres Tourbillons & de l'Univers entier.

Newton, sans expliquer la gravité, ou, ce qui va au même, ne l'expliquant, au moins dans ses Principes, que par l'attraction ou par une Gravitation naturelle, a beaucoup parlé de cette Gravité, & avancé plusieurs Propositions affirmatives & en titre, *Lunam Gravitare; Planetas Gravitare,* &c.

Mais l'Equilibre, nulle part il ne l'a mis en These : & la raison en est prise du fond de son Systême qui, pour le dire tout franc, n'est point du tout méchanique.

Et comment le seroit-il ? Il n'est point materiel, ou ne l'est que dans les effets, & nullement dans les causes.

Il n'y a, quoiqu'on veuille dire, de méchanique que la matiere. Pour toute Machine il faut matiere, forme & mouvement.

La forme & le mouvement supposent essentiellement la matiere. La matiere & la forme font le Corps de la

E

Machine ; ce Corps joint au mouvement fait le Méchanifme.

M. Newton dit formellement (*Prop. 6. Theor. 6.
Cor. 1.*) *Hinc Pondera corporum non pendent ab eorum
formis & texturis.*

Et dans le *Corollaire 2.* il ajoûte que les Poids des
Corps font fimplement comme leur quantité de matiere,
funt ut quantitates materiæ in iifdem.

Je ne voudrois pas pour l'honneur de M. Newton,
que ces Affertions lui euffent échappé. Elles font fi contraires à la faine Phyfique, à toute idée même de Phyfique.

Il faut que cette fcience foit bien tombée aujourd'hui
ou bien prête à tomber, lorfqu'on regarde une maniere
de Syftême qui réfulte de-là, comme capable de balancer une idée auffi faine que celle de Defcartes fur le Méchanifme de la Nature.

Du refte ces Affertions n'ont pas fimplement échap-
pé à M. Newton. Elles font la quinteffence de tout fon
Syftême de Phyfique. Si on exprimoit fon Livre des
Principes Mathématiques, il n'en fortiroit que cela.

Dans le moment que j'écris ceci, le fouvenir vague
qui me refte du total de ce Livre des Principes, Ouvrage
admirable d'ailleurs, me fait naître l'idée que M. Newton n'y a jamais parlé d'Equilibre, & furtout de Loix
d'Equilibre. Ce feroit avoir porté loin l'antipathie pour
Defcartes ou pour fes Principes Méchaniques.

Car M. Newton étoit non-feulement un grand Géometre, mais auffi, comme j'ai dit, un grand Méchani-

cien. Tout le Volume des Principes n'eſt que la Science du Mouvement appliquée à l'Aſtronomie par la Géometrie.

Or au milieu de tout cela, & malgré tout cela, il me revient pourtant dans l'eſprit, qu'il n'y eſt point ou preſque point queſtion d'*Equilibre*, ni de *Loix d'Equilibre*. Le doute eſt ſingulier, & mérite d'être éclairci.

Dans l'inſtant je laiſſe la plume. Je prens le Livre des Principes, je le parcours des yeux, je l'avoüe & par les titres généraux des Sections, gliſſant un peu rapidement ſur les Propoſitions & ſur les Figures, choſes que je connois pourtant aſſés d'ailleurs pour en ſentir la portée comme ſur le champ : & voici tout ce que j'y trouve de plus relatif aux Loix de l'Equilibre.

A la page 290 ſeulement, je trouve la cinquiéme Section du ſecond Livre, avec ce titre remarquable, *De Denſitate & Compreſſione fluidorum, deque Hydroſtaticâ*.

Voilà donc de la *Statique*, & par conſéquent de la vraye Méchanique, outre la *Dynamique* dont j'ai reconnu ailleurs que Newton étoit bien fourni.

C'eſt dans l'Hydroſtatique ſans doute, qu'il doit être queſtion de l'Equilibre des Liqueurs. Mais cette Hydroſtatique n'eſt ici traitée qu'en ſecond, & comme après coup.

L'objet principal en eſt la denſité & la compreſſion des fluides, c'eſt-à-dire, pour parler clair, leur *materialité* ; la compreſſion n'étant ici qu'une façon de les rendre plus materiels. Et du reſte la Section eſt une des plus petites de l'Ouvrage.

E 2

Or qu'a-t'elle encore de fort Hydroſtatique ? Une Définition des fluides , & deux Propoſitions, qui diſent

Qu'*un fluide comprimé dans un vaſe , l'eſt également
partout* , & que

*Les fluides peſent en raiſon compoſée de leurs baſes & de
leurs hauteurs ;* Propoſitions qu'on trouve partout.

Il eſt vrai que dans les Préliminaires de tout l'Ouvrage , le célébre Auteur donne un précis de Méchanique & de Statique , qu'il intitule *Axiomes ou Loix du
Mouvement.*

Ce qui ſe réduit pourtant à rendre raiſon des 5 ou 6
Machines ſimples vulgaires , le *Levier*, le *Plan incliné*,
la *Vis* , &c. & à établir les Loix de Percuſſion de M.
Huguens.

Qu'on ne ſe laiſſe non plus prévenir d'aucune idée
d'Equilibre naturel ou autre , par des figures de tuyaux
communiquants, qu'on trouve en quelques endroits des
Principes.

L'Auteur y ſuppoſe l'Equilibre ſans en parler. Il n'y
recherche qu'en Géometre la viteſſe & la durée des Oſ-
cillations qui y ſont occaſionnées par l'interruption ac-
cidentelle du niveau des liqueurs.

Il paroît donc conſtant , que M. Newton n'a point
connu l'*Equilibre de l'Univers*, & qu'il n'a même fait entrer pour rien dans le Syſtême de la nature , le Principe
de l'Equilibre , & la contranitence ou le contrebalance-
ment des corps autour d'un *Centre* ou *Point fixe.*

Son *Immaterialiſme* univerſel & ſes Emiſſions Solaires ou Aſtrales en général excluant *à priori* cette con-

tranitence & cet Equilibre ; fans parler de fon *Principe général d'Attraction* qu'il a infinué s'il ne l'a admis, & qui n'a aucun rapport à la contranitence des Corps.

On me dira que chés Newton, la force centrifuge contrebalance la force centripete des Aftres pour les tenir fufpendus dans leurs Orbes. Sans quoi ces Aftres tomberoient fur la Terre, ou s'enfuiroient dans les Efpaces libres du Ciel.

Mais c'eft *M. Huguens* dans fon *Traité de la Péfanteur*, & non *M. Newton* dans fon *Syftéme du Monde* ni ailleurs, qui a parlé de ce prétendu *Équilibre* des forces centripete & centrifuge.

On aime à retrouver partout fes propres penfées. *M. Huguens* né & nourri dans le Cartefianifme, mais plus Géometre que Phyficien, fut féduit par l'air géometrique de la Phyfique Newtonienne, à laquelle en s'y rendant, il prêta liberalement les vuës faines qu'il avoit puifées chés Defcartes, & nous avertiffant même affés clairement qu'il ne le faifoit qu'à cette condition, & proteftant qu'il ne renonçoit point aux *Loix du Méchanifme Cartefien.*

QUATRIÉME BRANCHE

DU SYSTÊME DE L'UNIVERS EN GRAND.

La Constitution des ORBES ELLIPTIQUES.

CET article doit naturellement être plus favorable dans le Parallele, à Newton, que le précedent.

Les Modernes ont regardé comme une de leurs grandes Découvertes, l'observation de l'*Elliplicité des Orbes & des Mouvemens Celestes.* Les Anciens la connoissoient *à priori*, & ils l'expliquoient.

Il seroit même difficile de comprendre qu'ils ne la connussent pas *à posteriori*, par le Phénomene même. Ils connoissoient bien surement les Excentricités, les Apogées & les Aphelies, les Perigées & les Perihelies.

Jamais ils n'ont pu ni prétendu représenter par un Cercle ni par un mouvement circulaire, la route orbiculaire des Planetes. Il est de fait qu'ils y compliquoient deux ou trois Cercles.

Ils imaginoient le corps de l'Astre tournant dans un Cercle nommé *Epicycle*, lequel Cercle lui-même tournoit comme tout d'une piece emporté par son Centre, dans la circonférence d'un autre Cercle, nommé *Défé- rent.*

Ces deux mouvemens circulaires bien ajustés produisoient bien surement une Ovale dans la route composée de l'Aftre. Les Anciens connoiffoient les Ovales, les El-lipfes : nous les tenons d'eux.

Je ne nie pas cependant qu'il ne pût fe faire qu'après avoir décrit des ovales par ces deux mouvemens, ils n'y fiffent point d'autre attention que celle de fuivre l'aftre dans fes differentes pofitions, fans fe piquer de réunir ces pofitions dans un feul orbe, ni de caraêterifer cet orbe du nom ni de l'idée précife d'une ovale.

Les hommes font fi diftraits & fi bornés, qu'avoir fait une chofe n'eft pas toujours une raifon pour eux de l'avoir connuë. Le Bourgeois Gentilhomme n'eft pas le feul qui faffe de la Profe fans le fçavoir. Les Anciens ont décrit des Ellipfes, & les modernes font venus deux mille ans après, leur dire que ce qu'ils avoient décrit étoient des Ellipfes.

C'eft le fameux *Kepler* qui en a fait la découverte, fi ç'en eft une. Il a vu un Aftre tourner autour de la Terre à diverfes diftances, en étant tantôt près dans fon *Perigée*, tantôt loin dans fon *Apogée*, tantôt entre deux dans fes *Quadratures*. Eft-il donc fi difficile de voir qu'une courbe fermée qui embraffe un Centre tantôt de près, tantôt de loin, eft une ovale ou une maniere d'ovale ?

Une chofe me feroit penfer que les Anciens pour-roient avoir vu ce qu'à vu *Kepler*, mais qu'ils auroient vu en même-tems un peu au-delà. L'Ellipfe en quef-tion n'eft point dans le fond une vraye Ellipfe. C'eft peut-être une ovale en général.

Mais il eft certain que ce n'eft point une Ellipfe géo-

metrique, une *Ellipſe Apollonienne* au moins. Et alors
les Anciens qui ne connoiſſoient point d'autre Ellipſe,
auroient été fort ſages & fort ſçavans de ne point appeller Ellipſe ce qui n'en étoit point une.

Et Kepler dans ce cas, au lieu d'avoir fait une ſi belle
Découverte, aura eu tort de n'avancer qu'une erreur.
Réellement les orbes des Planetes ne ſont que des *manieres d'Ellipſes:* & il n'y a pas deux Aſtronomes d'accord ſur la nature de ces courbes.

Chacun a voulu imaginer des Ellipſes céleſtes. Pas
une, non pas même celle du très-célebre *M. Caſſini* ne
répond, dans la derniere rigueur, aux obſervations.

Deſcartes voyant bien que ce n'étoient que des à peu
près d'Ellipſes, n'y a pas non plus regardé de fort près
pour les former. Il a profité du deſordre de ſes Tourbillons pour cette formation.

Ses Tourbillons naturellement ronds, mais entaſſés
& preſſés comme des Balons reſſerrés dans un cofre, ont
du, ſelon lui, dégenerer de leur rondeur, & prendre
une forme ovale. Et l'aſtre entraîné par un Tourbillon
ovale a du ſuivre une route, ovale auſſi.

Deſcartes, admirable pour le grand d'un Syſtême, &
trop grand ſans doute pour en ſuivre le détail, c'eſt-à-
dire, bon pour l'enfanter, mais non pour l'élever & le
former, bon pour inventer, non pour diſpoſer, n'a du
tout point réuſſi dans ce point.

Il ne s'eſt pas donné ſans doute la peine d'y penſer.
Il n'y a point fait éclater la moindre des vues qui auroient pu l'y diriger au But. On voit, à y regarder de
bien

bien près, que ce grand homme avoit autant de pareffe d'efprit que de facilité de génie.

Du premier coup d'œil il faififfoit l'à-peu-près général des chofes : il s'en tenoit-là. Ce qu'il n'avoit pas vu d'un clin d'œil, il ne le voyoit plus, fe flatant fecretement d'avoir tout vu.

Cependant comme il falloit toujours s'expliquer fur les détails, il les prenoit alors & les donnoit comme ils fe préfentoient, n'allant jamais chercher bien loin ce qui fe trouvoit fous fa main.

D'où il arrivoit cependant affés fouvent, qu'une grande découverte qu'il avoit faite en général, lui échappoit en détail ; & que tout fon Syftême épluché aujourd'hui avec un peu de rigueur, fe trouve prêt à lui échapper tout-à-fait, par la faute néanmoins de ceux qui auroient dû fuppléer à ce détail qu'il eft lui-même bien excufable d'avoir laiffé imparfait.

Un feul homme n'eft pas obligé de faire tout : & ce qu'il a fait de bien, eft toujours bien.

Or le point des *Ellipfes céleftes* où Defcartes a pleinement échoué, a été le grand triomphe & eft le morceau brillant du *grand Newton*. Ces Ellipfes préfentent un côté tout géometrique que ce profond Géometre n'a pas manqué.

Il s'agit de leur Defcription. Qui étoit plus propre que l'*Archimede Anglois* pour décrire des Ellipfes & toutes fortes de Courbes ?

Defcartes, à la vérité, étoit auffi l'*Archimede de la France*, & étoit bien capable de décrire géometrique-

F

ment des Ellipſes, ſurtout des Ellipſes Apolloniennes, puiſque dans ſa *Dioptrique* il en a décrit quatre eſpeces bien plus difficiles, & dont M. Newton n'a pas eu raiſon de parler, avec une eſpece de dédain, dans ſon ſecond Livre des Principes Mathématiques.

Mais Deſcartes ne connoiſſoit pas cette maniere pure-ment géometrique de traiter la Phyſique. Il vouloit tout expliquer phyſiquement par des cauſes phyſiques; c'eſt-à-dire ſelon lui, méchaniques & corporelles, dépen-demment de la matiere & de la forme des corps.

M. Newton qui n'avoit pas ce ſecours ou cet embar-ras, a eu recours à des *cauſes métaphyſiques purement géo-metriques*, qui ſont admirables, & peuvent paſſer pour des efforts de tête & de génie. Je m'explique par une comparaiſon.

La force du mouvement réſultant de la combinaiſon de la maſſe du corps mu & de ſa vîteſſe, il faut qu'à me-ſure que la maſſe diminuë, la vîteſſe augmente afin que la même force ſubſiſte; en ſorte que ſi la maſſe deve-noit nulle, il faudroit pour y ſuppléer, que la vîteſſe augmentât à l'infini.

De même *la Méchanique* étant, dans ſa notion cor-reĉte, *la Géometrie du mouvement*, c'eſt-à-dire, la com-binaiſon du mouvement des corps avec la Géometrie, Deſcartes qui a tout donné à l'aĉtion des corps dans l'ex-plication des cauſes phyſiques, s'y eſt aidé de la Géo-metrie, mais avec moderation comme il lui convenoit, tout Géometre profond qu'il étoit d'ailleurs.

Newton au contraire, plus il a ſupprimé l'aĉtion mé-

chanique des corps, plus il a été obligé de donner à la
pure Géometrie. Et comme il a totalement anéanti cette
operation méchanique, en introduifant des vuides parfaits dans les cieux, & qu'il a profcrit toute influence
des formes qui font la bafe de la Méchanique, il a bien
fallu qu'il rendît la Phyfique toute géometrique.

Il y étoit très-propre : & fa grande capacité en ce
genre a furtout éclaté dans la defcription prefente des
ovales céleftes. Il les a prifes toutes régulieres des mains
mêmes de Kepler.

Il a fuppofé de vrayes *Ellipfes Apolloniennes du fe-*
cond degré, comme difent les Géometres ; c'eft-à-dire,
les plus régulieres, les plus fimples, les plus approchantes
du cercle qu'on puiffe imaginer.

Et il a entrepris de les décrire au milieu des *efpaces ou*
des vuides céleftes, fans le fecours, comme on voit, d'aucun corps environnant, environnant au moins de près
& touchant immédiatement.

La maniere fimple & très-naturelle dont ce grand
homme conçoit toutes les courbes comme formées par
la réunion de deux mouvemens rectilignes, l'un uniforme par la *tangente*, l'autre centripete (uniforme ou
variable) par la *fécante*, lui a donné la Réfolution facile du Problême en queftion.

Car fuppofant, en effet, un Aftre livré à deux mouvemens pareils, & dont le centripete foit uniforme comme
le centrifuge ; il eft vifible que cet Aftre décrira alors une
courbe uniforme, & par exemple un cercle (*Fig. 1.*)
dont la fécante *SC* entre la tangente & la courbe, re-

préfentant la force centripete, eft partout la même.

Au lieu que la force centripete devenant variable &, comme dit M. Newton, *accéleratrice*, alors la courbe décrite doit ou peut devenir une Ellipfe : parce qu'en effet fa courbure ne doit plus être uniforme, ni fa circonference également éloignée de fon centre.

Cela vient de la variation de la force centripete exprimée toujours par la fécante extérieure (*Fig.* 2.) qui eft variable dans ce cas, étant plus grande là où la courbure eft plus grande, c'eft-à-dire, où la courbe s'éloigne plus de la tangente.

Rien n'eft certainement mieux, géometriquement parlant; & je regarde comme un chef-d'œuvre en ce genre, d'avoir fimplifié la defcription des courbes & des courbes les plus compofées, & de les avoir analyfées en deux mouvemens rectilignes dont l'un tout au plus eft variable.

Cela s'appelle extrêmement encherir fur les Anciens qui y mettoient deux cercles, c'eft-à-dire, deux courbes, qui avoient befoin elles-mêmes d'être décompofées en deux mouvemens rectilignes chacune.

Fabri, avant M. Newton, avoit fait un pas, & fimplifié la chofe à demi. Pour décrire les Ovales céleftes, ou pour fatisfaire en général aux Phénomenes des *Apfides*, qui rendent les *Aftres* tantôt *Apogées*, tantôt *Perigées*, c'eft-à-dire éloignés ou voifins de leurs centres de mouvement, il compliquoit enfemble un Cercle & une ligne droite.

Par-là il faifoit tourner l'Aftre dans un Cercle, & en

même-tems le faifant s'éloigner & fe rapprocher alternativement de fon Centre, en allant du Perigée à l'Apogée,
& de celui-ci à celui-là, comme par un *mouvement ofcil-
latoire de Pendule*, déplacé de fa direction & de fon repos.

Phyfiquement parlant, cette Defcription d'Ovales céleftes, me paroît préférable à celle de M. Newton. Son
mouvement uniforme primitif eft une fiction dans la nature. Le mouvement naturel eft celui de Révolution dans
un Cercle : fauf à décompofer ce mouvement circulaire
en deux uniformes, s'il en eft befoin.

Auffi *M. Leibnitz* a-t'il adopté le fentiment de *Fabri*
préférablement à celui de *M. Newton* qui s'eft plaint à
tort que M. Leibnitz le lui eût volé.

Je difcuterai tout cela ailleurs. Je ne fuis ici prefque
qu'Hiftorien, & je ne fais qu'ébaucher la matiere, ou la
préparer.

CINQUIÉME ET DERNIERE BRANCHE.

DU SYSTÊME DE L'UNIVERS EN GRAND.

L'Explication des ANOMALIES ou TROUBLES CÉLESTES.

C'Est ce morceau avec le précedent, qui conftituë
le propre fonds du Syftême de Newton.

Defcartes a expliqué tout cela comme il a pu, c'eft-à-dire, par de petites fictions ingénieufes, qu'il ajuftoit à fon Syftême général, à mefure que le détail des obfervations fe préfentoit à fa mémoire.

Il y a même mille chofes dans les *Anomalies* des Aftres & dans les mouvemens céleftes, qu'il a ignorées, ou qu'enfin il n'a jamais entrepris d'expliquer.

Le Syftême de Newton en ce point, a été bien prémédité. Connoiffant en habile Aftronome tous les Phénomenes du Ciel, il les a réduits en Regle & en un vrai corps de Syftême, les enchaînant enfemble avec un fil géometrique fi exact & fi liant, qu'ils femblent tous découler les uns des autres avec une merveilleufe facilité.

C'eft-là qu'il réunit au fuprême degré, fes trois grandes qualités de *Géometre*, de *Méchanicien*, d'*Aftronome* *mefurant*, *pefant*, *calculant* tout. Car il va, ce qui feul marque une force de tête, telle qu'on n'en a peut-être jamais vu de pareille, il va jufqu'à *Pefer les Aftres*.

On les avoit jufques-là *mefurés*, & *calculés*. Je ne connois que lui qui ait entrepris de les *Pefer*.

Le Vulgaire rit à des Propofitions fi paradoxes, bien affuré que fon ignorance mettra toujours les plus fçavans & Newton même, hors d'état de le confondre & de le défabufer.

C'eft un fait qu'on fe moqua d'*Archimede* à Syracufe, lorfqu'il propofa de mefurer ou de nombrer les grains de fable qui couvrent la furface de la Terre.

Mais on dut s'en moquer bien davantage, lorfqu'il parla de démarer la Terre de fa place, & de la Pefer par conféquent. Cette derniere Propofition n'étoit pourtant

que conditionelle ; & il demandoit , pour la remplir,
un point fixe, qu'on ne pouvoit lui donner, hors de la
Terre , dans le Firmament.

Archimede nombra pourtant *les grains de fable* de la
Terre ; & nous avons un Livre de lui là-deſſus, Livre qui
fit l'admiration de ceux qui s'étoient moqué de lui d'a-
bord , & que nous n'admirons plus, parce que nous ſen-
tons trop la poſſibilité de faire ce qui eſt une fois fait.

Newton a réuni & executé les deux Propoſitions
d'Archimede, non pour la Terre ſeule , mais pour la
Lune , le Soleil & toutes les Planetes.

Il a déterminé , meſuré , compté la denſité des ſub-
ſtances lunaires , ſolaires , planetaires , leur quantité de
matiere : il a peſé non-ſeulement le corps abſolu & total de ces Aſtres, mais les parties des uns relativement
aux parties des autres.

Cela eſt admirable. Je ne dis pas qu'il ſoit vrai; c'eſt-
à-dire , qu'il ait trouvé le vrai poids , la vraye denſité ,
la vraye quantité de matiere abſoluë ni relative de ces
corps & de leurs parties.

Tout cela dépend beaucoup de ſon Syſtême , & ſurtout de mille *Hypotheſes tacites* , dont ce grand homme
eſt auſſi plein que Deſcartes l'eſt d'*Hypotheſes articulées
& de bonne foy.*

Mais il eſt vrai, qu'il a tenté la choſe , & qu'il l'a
tentée en grand homme , & avec un appareil de *Géometrie* , de *Méchanique* & d'*Aſtronomie* qui forme un
point de vuë , terrible tout enſemble & admirable pour
des têtes qui peuvent ſuivre juſques-là la ſienne.

Il est beau qu'un Mortel jusques aux Cieux s'éleve ;
Il est beau même d'en tomber, dit *Quinaut.*

L'esprit de tout cela & le but étoit, après avoir décrit des Orbes régulierement Elliptiques , d'y introduire d'une maniere sçavante les Troubles , les *Inégalités,* les *Anomalies* que réellement les Observations nous y font découvrir dans la Lune surtout , & dans toutes les Planetes satellites ou secondaires.

Je le répete; le grand du Systême de Newton , & son grand & propre & unique Systême tout court, consiste en ces deux points.

1°. La Description ou la Génération des Ellipses célestes.

2°. Les *Troubles* comme il les appelle , ou les *Irrégularités* de ces Ellipses.

C'est par-là non-seulement qu'il prétend rendre raison de tout le Systême du Ciel, des Planetes , des Cometes mêmes; mais surtout du flux & reflux des mers, qui est en possession d'être regardé comme tenant au grand Systême de la Nature & du Monde entier.

Il est bien facile de prendre Newton par les Attractions, par le Vuide , par les Réfrangibilités par où il ne donne que trop de prise en effet.

J'avouë cependant que c'est-là un grand préjugé contre un Systême d'où il ne résulte que cela , à quoi on puisse se prendre pour l'adopter ou le rejetter.

Mais il est tems de pénétrer jusqu'au fond des choses, & au corps du Systême. Autrement on coupe les branches , & l'arbre subsiste toujours; on fauche l'herbe & la racine renousse.   Tandis

Tandis que les Newtoniens croiront tout démontré dans l'intérieur fecret de ce *Livre impénétrable des Principes*, on aura beau démontrer même le *Plein* & l'*Impulfion*. La feule idée des Démonftrations de Newton diffipera les Contre-Démonftrations les plus évidentes, les plus palpables.

Voyons donc une bonne fois ce qui en eft; Newton fût-il faux & paralogiftique dans tous les points, ce qui ne peut être, il y auroit toujours à s'inftruire, dans l'art infini qui doit regner dans un Syftême, capable d'impofer à tout l'Univers.

SECONDE ANALYSE

DU SYSTÊME DE NEWTON,

Comparé à celui de DESCARTES.

PREMIERE BRANCHE.

La Description des ORBES ELLIPTIQUES.

JE commence par les deux derniers Articles de l'Analyfe précédente. Peut-être feroit-il plus régulier d'en fuivre les cinq Articles dans leur ordre naturel, en commençant par les Centres qui font les fondemens de l'Edifice.

Mais, outre que s'il eft naturel de commencer la conftruction d'un Edifice par les fondemens, il eft naturel au contraire d'en finir par-là la Démolition, bien des raifons me portent à m'attacher d'abord à ce corps même d'Edifice.

1°. Parce que c'eft l'Edifice & le Corps même, & en quelque forte *Newton en perfonne ;* ce grand Homme n'ayant déja été que trop pris par ce qu'il a de moins perfonnel, de moins propre, de moins digne de lui. Quand je dis *perfonnel,* je ne parle que de la *Perfonne fcientifique*, ou fyftêmatique, comme on le voit.

2°. J'ai déja moi-même pris Newton par ce côté des *Centres de Pefanteur & de Révolution*, dans mon *Traité de Phyfique fur la Pefanteur univerfelle des Corps;* & je n'aime point à me copier. Pour le moins ne fuis-je donc pas fi preffé de m'expliquer là-deffus.

3°. Comme la Defcription Newtonienne des Ellipfes céleftes, eft le fort du Syftême, je crois auffi que ce que j'ai à en dire eft le fort de tout ce que je puis avoir à dire fur Newton.

Or dans un pareil Ouvrage, plus fait pour les Sçavans que pour les Commençans, il convient de commencer par le plus fort, puifque c'eft ce qui doit entraîner tout le refte.

I.

Etat de la Queftion, & But de M. Newton dans fon
3ᵉ Livre des PRINCIPES MATHÉMATIQUES
de la Philofophie naturelle.

L'OUVRAGE des Principes eft partagé en trois Livres, dont les *deux premiers tout Mathématiques*, fervent de Préparation prochaine & très-immédiate au troifiéme, *tout Phyfique*, felon l'intention de l'Auteur, quoique non moins *Mathématique dans fa façon.*

Car en général il faut bien fe fouvenir, que tout ce qui a été établi *Mathématiquement* dans les *deux pre-*

miers Livres, furtout dans le *premier*, fe trouve adopté *Phyfiquement* au *troifiéme*, & tout au plus amplifié un peu par un Calcul pratique, immédiatement dérivé des Principes fpéculatifs de ce premier Livre.

De forte qu'il eft de fait que le Syftême de Phyfique de M. Newton, c'eft-à-dire, le Syftême qu'il donne dans fon troifiéme Livre pour un *Syftême de Phyfique*, eft réellement un *Syftême tout Mathématique*.

Ce qui lui affure inconteftablement le nom de *Phyfico-Mathématique*: reftant à fçavoir fi un Syftême vraiment Phyfico-Mathématique peut être regardé comme un vrai Syftême de Phyfique.

M. Newton n'a formé lui-même aucun doute là-deffus. Il termine fon fecond Livre, après la Réfutation des Tourbillons céleftes de Defcartes, par ces paroles très-remarquables.

Quomodo vero motus ifti (cœleftes) *peragantur, intelligi poteft ex Libro primo, & in Mundi Syftemate* (Lib. 3.) *plenius docebitur.*

D'abord il faut remarquer, qu'il fe flate d'avoir expliqué la Génération des Mouvemens céleftes dans le premier Livre, & qu'il n'annonce le troifiéme, que comme une Explication plus pleine & plus détaillée de ces Mouvemens.

Enfuite il faut bien prendre garde au mot *quomodo* dont il fe fert. Le *comment* de la *Génération des Mouvemens céleftes*, eft la *Partie Phyfique de l'Aftronomie*. C'eft-là bien furement l'intention & l'idée du célebre Auteur.

Remarquons même, que c'eft après avoir réfuté les

Tourbillons Cartéfiens, qu'il parle ainfi, oppofant fon *quo-modo* à des Tourbillons, & promettant de faire dans le troifiéme Livre, à l'aide du premier, ce que Defcartes n'a point pu faire avec fes Tourbillons.

Et preuve que c'eft bien en effet la penfée de New-ton, c'eft qu'il commence fa *treiziéme Propofition du troi-fiéme Livre* par ces paroles :

Jam cognitis motuum Principiis, ex his colligimus Mo-tus cœleftes à priori.

C'eft-à-dire que, connoiffant les principes des Mou-vemens céleftes, il prétend en déduire *à priori* les Mou-vemens céleftes.

Or cette Propofition treiziéme a pour titre, *Planetæ Moventur in Ellipfibus.*

Son But eft donc d'y donner la *Génération Phyfique des Ellipfes céleftes*, en la tirant *à priori*, de fes premiers Principes.

Dans la trente-neuviéme Propofition du même Livre, il fe flate d'avoir rempli fon Deffein ; puifqu'il la termine par ces paroles :

Defcripfimus jam Syftema Solis & Terræ & Planeta-rum.

I I.

Expofition des Principes Phyfiques de Newton.

JE remarque dans fon Syftême & dans fes Principes, une qualité fort eftimable qui eft la plus extrême fimplicité.

Tout pefe : Tout pefe en raifon réciproque des Quarrés des Diftances, voilà tous les Principes.

Donc les Aftres fe meuvent dans des Ellipfes. Voilà tout le Syftême : rien n'eft plus débarraffé.

Il y a bien plus d'attirail dans le Syftême des Tourbillons. D'abord il faut un vafte Fluide, conditionné comme ceci & comme cela.

C'étoient des *Cubes.*

Ce font des *Globules.*

C'eft de la *Matiere fubtile.*

C'eft un mêlange de ces deux Matieres.

Chaque Planete doit y trouver fa place avec fa *Matiere ftriée,* felon les Loix d'un *jufte Equilibre.* Et puis ces Loix font le *Nœud-Gordien.* La vie de Defcartes n'a pas fuffi pour le délier.

Il faut encore une diverfité de Centres & de Tourbillons, les uns adoffés aux autres, les uns ayant leurs *Poles,* aux *Ecliptiques* des autres, les uns tournant à l'Orient, les autres à l'Occident, au Midi, au Septentrion. Newton dégage mieux fa Phyfique.

Tout Peſe ; voilà ſon Principe univerſel.

Mais d'où-vient cette Peſanteur, & quelle en eſt la cauſe ?

Deſcartes s'y tourmente l'eſprit. M. Newton ne s'en met point en peine.

La _Peſanteur_ eſt, ſelon lui, un _Syſtéme primitif._ Qu'elle le ſoit même ou ne le ſoit pas, Newton ne s'en informe pas. Deſcartes y a ſi mal réuſſi, que Newton ſe croit diſpenſé d'y perdre du tems.

Il trouve d'ailleurs, que la Peſanteur eſt proportionnelle à la matiere des Corps peſans, & que la forme n'y fait rien.

Pondera Corporum non pendent ab eorum formis & texturis, dit-il, Lib. 3, Prop. 6, Cor. 1. C'eſt encore-là un grand Principe de moins, que la ſuppreſſion des formes dans la Phyſique.

La _Matiere comme Matiere_, n'eſt ſuſceptible que de _Création._ Dieu a créé la Matiere, la choſe eſt bien-tôt dite.

Mais lorſqu'on entreprend enſuite d'expliquer les Générations des choſes par une _diverſité de formes_ de cette matiere premiere, voilà l'embarras & la compoſition du Syſtême. M. Newton n'en connoît point de pareil.

Outre cela, _vacuum neceſſario datur_, & voilà encore l'Univers ſimplifié des trois quarts, des quatre cinquiémes, des, &c. par la matiere autant que par la forme.

Et les Aſtres qu'il s'agit de mouvoir, ſe trouvent par cette ſuppreſſion infinie de matiere dans des eſpaces libres, très-libres *in ſpatiis liberis... liberrimis*, dit l'Auteur. Que veut-on de plus *ſimple* & de plus débarraſſé ?

Ceux qui appellent ce Monde le Monde materiel, & qui penſent qu'il eſt tout matiere, jettent des Entraves à la Nature, & brouillent tout par un entaſſement de Corps, qui ne ſont pas ſi faciles à mettre en mouvement.

Auſſi M. Newton ne ſe laſſe point de dire, que l'Hypotheſe des Tourbillons, *Tourbillons corporels* s'entend, combat tous les Phénomenes Aſtronomiques, & n'eſt bonne qu'à troubler les Mouvemens céleſtes, bien loin de les expliquer.

Itaque Hypotheſis Vorticum cum Phænomenis Aſtronomicis omnino pugnat, & non tam ad explicandos quam ad perturbandos Motus cæleſtes conducit.

Examinons pourtant un peu de près ce Syſtême de Newton ; & voyons ſi ces Principes ſont bien Phyſiques & bien ſuffiſans.

Car enfin *la Nature eſt ſimple*, & il ne faut point trop de Principes. Mais il en faut, & il en faut aſſés.

Expliquons cependant auparavant quelques *Principes Mathématiques*, qui ne ſont pas connus de toutes ſortes de Lecteurs, & qui pourroient arrêter de ſimples Phyſiciens.

III.

III.

*Quelques Principes de Géometrie, pour mettre
les Physiciens à portée d'entendre le
Systême de Newton.*

TOUT le monde connoît la *Ligne Droite* & le *Cercle.* La premiere n'a point de pli, de détour, d'inflexion ni d'*angle.*

La *Ligne Poligone* eft pliée en divers points.

La *Triangulaire* en 3.

La *Quadrangulaire* en 4, &c.

La *Courbe* eft pliée dans tous fes points, mais *infiniment peu* & d'une maniere imperceptible dans chaque point. Ce font des *Angles,* mais *infiniment petits:* au lieu que dans les *Poligones* les Angles font fenfibles, mais en petit nombre.

Le *Cercle,* ou plutôt la Ligne Circulaire eft uniforme comme la ligne droite. Celle-ci l'eft à n'être pliée en aucun point. Celle-là à l'être également dans tous fes points.

Auffi tous les points de cette ligne ou circonférence font-ils également diftans du point du milieu nommé *Centre;* & tous les *Rayons* tirés de ce Centre jufqu'à cette *Circonférence,* font égaux.

Et les *Diametres* qui font des lignes traverfant le Cercle par le centre, & le coupant en deux également, font égaux, & de doubles rayons.

H

L'*Ellipfe* ou l'*Ovale* (*Fig. 3.*) eft un *Cercle allongé* d'un fens & rétréci de l'autre. Cela caufe une certaine inégalité , mais réguliere dans fes rayons , dans fa courbure & dans toute fa forme fpécifique.

Il y a toujours un centre *C*. Mais les rayons *CA* vont en diminuant, & *CH* eft plus court : *CI* l'eft encore plus jufqu'à *CE* le plus court de tous.

Dans les quatre quartiers de l'Ovale, il y a les mêmes progrès d'accroiffement & de décroiffemens alternatifs.

AB qui mefure la longueur de la figure , eft le *Grand Axe* ; & *DE Petit Axe*, en mefure la largeur. Entre deux les *Diametres HK* & les autres tiennent le milieu, felon qu'ils approchent des deux extrémités.

La courbure eft plus grande aux deux extrémités *A* , *B* de la longueur. Elle va de-là en diminuant : & aux extrémités *D* , *E* de la largeur, la courbure eft. moindre.

On appelle *Foyers* deux points *F* , *G* pofés entre le centre *C* & les extrémités du grand axe. Ce nom vient de ce que dans un miroir concave ou creux qui a la forme d'une Ellipfe, les rayons de lumiere partant de l'un *G*, vont fe réunir à l'autre *F*, qui devient par-là un *foyer brûlant*, *cauftique*, *lumineux*.

Le petit axe a auffi deux foyers placés entre le centre & la courbe. Et toutes les figures courbes ont des foyers, ramaffant les rayons par leur courbure en quelque point placé au-dedans.

La *Parabole* (*Fig. 4.*) eft une *Ellipfe allongée au-delà de toutes les bornes*, en un mot *à l'infini*.

On n'a qu'à concevoir une Ovale extrêmement longue & dont on ne peut jamais voir qu'un bout. On ne voit pas non plus l'autre bout de l'axe.

Du reste toutes les propriétés de l'Ellipse, lui conviennent; avec cette seule différence que l'une est finie en tout sens, & l'autre infinie en longueur, & même en largeur.

Car elle va toujours en s'élargissant; quoique l'élargissement selon l'essence de l'Ellipse, soit toujours moindre que l'allongement.

La Parabole est plus courbe au sommet *A*, que partout ailleurs. Et la courbure va toujours en diminuant de part & d'autre depuis ce sommet.

La Parabole a un foyer *F*; & de tous les *Miroirs* brûlans, les *Paraboliques* sont les meilleurs. Mais la Parabole n'a qu'un foyer & n'a point de centre : parce que ce centre & ce foyer sont censés infiniment éloignés du sommet *A*, & du foyer *F*.

Le Cercle allongé produit l'Ovale. L'ovale infiniment allongée produit la Parabole. Peut-on pousser l'allongement au-delà de l'infini ? Oui, disent les Géometres, & aller au *plus qu'infini*. Ce n'est-là qu'une expression, dira-t'on, & *Expression hyperbolique*.

Je conseille à la plûpart des Physiciens, de l'entendre de la sorte. Il est pourtant vrai que la *Parabole* & l'*Hyperbole* sont deux courbes réelles, qui répondent fort juste à cette expression & à l'idée des Géometres. Mais encore une fois, je ne conseille à personne de se fatiguer l'esprit à les prendre à la rigueur.

H 2

Seulement il faut remarquer que, comme l'Ovale eſt ſur les côtés plus redreſſée que le cercle, & la Parabole plus que l'Ovale, l'*Hyperbole* (*Fig. 5.*) eſt auſſi beaucoup *plus redreſſée que la Parabole ;* & qu'elle a preſque la forme d'un *Triangle.*

Elle eſt pourtant, en rigueur, courbe partout. Et à ſon ſommet *A* elle eſt même plus courbe que la Parabole & l'Ovale même.

Car l'allongement rendant le ſommet de l'Ovale plus courbe que celui du Cercle, l'*Hyperbole*, étant plus allongée, doit être encore *plus courbe.* Cela ſuit de la nature même de l'allongement.

On n'a qu'à prendre un cerceau de fer mince. Plus on l'allongera en Ovale, plus le ſommet s'arrondira ou ſe courbera.

Remarquons que toutes ces courbes, & toutes les autres mêmes, ne ſont jamais qu'une *modification du Cercle combiné avec la ligne droite.*

I V.

Principes de MÉCHANIQUE DYNAMIQUE *pour l'intelligence de Newton.*

DE ſoi tout *mouvement* eſt *rectiligne* & tend à la ligne droite. Un *mouvement courbe* eſt un mouvement détourné de ſa Direction, & détourné à chaque pas, en chaque point.

De foi un corps (*Fig. 6.*) partant de *A* tend à aller vers *B ;* & s'il va en *C* c'eft qu'il eft empêché d'aller en *B* , & comme repouffé de *D* vers *C*, en même-tems qu'il eft pouffé de *A* vers *B*.

On conçoit un corps mu dans une courbe, comme en proye à deux forces dont l'une le meut par la tangente *AB* uniformément, & l'autre le repouffe à chaque inftant vers l'intérieur, & vers le centre ou le foyer de la courbe.

Auffi appelle-t'on *Force Centripete* cette derniere force : & l'autre force M. Newton l'appelle Force Naturelle, *vim infitam :* parce qu'en effet le corps conferve toujours cette force, & eft toujours porté à s'échapper par la tangente.

Ouï, à chaque point *A* , *B* , *C* d'une Ellipfe (*Fig. 7.*) ou courbe quelconque, le corps qui la décrit, la décrit comme malgré foi, & a befoin d'une force centripete qui le repouffe vers le point *F*, felon les directions *AF*, *BF*, *CF*.

Sans quoi il fuivroit en effet la tangente du point, où il fe trouve par fon mouvement naturel, ou plutôt par le naturel de fon mouvement.

La force centripete (*Fig. 8.*) s'eftime par la ligne *BC* ou *AD* qui exprime de combien le corps arrivé en un inftant de *A* en *C* au lieu d'arriver en *B*, s'eft écarté de ce point *B* auquel fa force naturelle le portoit, ou de combien ce corps s'eft rapproché du centre ou du foyer *F*.

Par fon mouvement de *A* dirigé en *B* , ce corps ré-

fifte à la force qui le porte de *B* en *C*. Or cette réfiftance ou ce *contreffort* pour s'éloigner du centre, oppofé
à l'effort centripete, s'appelle *Force Centrifuge*, laquelle
eft précifément égale à la force centripete, & s'exprime
auffi par *CB* ou par *AD*.

C'eft un Axiôme en cette matiere, que *la force cen-*
tripete & la force centrifuge qui en réfultent, font d'autant
plus grandes, que la courbure eft plus grande.

En effet *BC* furpaffe *HI*, & *AD* furpaffe *EG*. Ce
qui doit être : un corps naturellement porté à la ligne
droite réfifte à fuivre la ligne courbe, d'autant plus
qu'elle eft plus grande ; & une plus grande Courbure
s'éloigne plus de la tangente.

Il paroît donc que, de foi, un corps mu dans une
Ellipfe, a une plus grande force centripete aux deux
extrémités de fa longueur ; & la plus petite de toutes
aux extrémités de fa largeur.

C'eft-là le droit de la chofe : & il me femble que c'eft
auffi l'idée commune, fpéculative au moins des Géometres & des Philofophes.

J'avoue cependant que ce n'eft pas l'idée de M. Newton, ni celle des Géometres & des Philofophes qui
raifonnent d'après lui.

V.

Principes Dynamiques de M. Newton,
sur les FORCES CENTRIPETES.

MOnsieur Newton ne s'embarrasse point de la
courbure plus ou moins grande des Courbes,
ni de la diversité de courbure des diverses parties d'une
Courbe, & de l'Ellipse en particulier. (*Fig. 9.*)

Selon lui un corps mu dans une Ellipse *ADB* autour d'un foyer *F* conçu comme le centre de ce mouvement, & comme le point vers lequel est dirigée sa
force centripete dans tous les points *A*, *D*, ou *B* de
cette Courbe trouve ou prétend trouver géometriquement.

1°. En général, que plus le corps mu est loin de *F*,
moins il a de force pour y tendre, & que plus il en est
près, plus il y tend avec force ; & cela même *en Raison*
doublée, comme disent les Géometres, *des Distances :*
c'est-à-dire, avec un Redoublement multiplicatif de
cette force.

En sorte que *AF* étant par exemple double de *FB*,
la force centripete en *B* est non-seulement double, mais
doublement double ou quadruple de la force en *A*.

Et de même si *AF* est triple ou quadruple de *FB*,
la force en *B* est *triplement triple* ou *quadruplement qua-*
druple, c'est-à-dire, *noncuple* ou *sexdecuple* de la force

en *A.* Car 3 fois 3 font 9, & 4 fois 4 font 16.

2°. De forte que, quoique la courbure de l'Ellipse soit en *A* la même qu'en *B*, la force centripete qui se trouve à la verité plus grande en *B* que partout ailleurs, se trouve en *A* plus petite que partout ailleurs, plus petite même qu'en *C* où la courbure est la moindre de toute l'Ellipse.

Et cela sans aucun égard à la courbure, & par la seule raison que *B* est le point le plus voisin du centre ou foyer *F*, que *A* en est le point le plus éloigné, & que *D* est plus voisin que *A*.

On appelle les points *A* & *B* les *Apsides* en termes d'Aftronomie. *A* est la *Haute Apside* & *B* est l'*Apside Basse*, comme qui diroit les *points culminans*, le plus haut & le plus bas.

Et lorfqu'on confidere l'Ellipse *ADB* comme l'Orbe Lunaire, la Terre étant en *F*, on appelle auffi *A* l'*Apo-gée*, & *B* le *Perigée*. Et lorfque le Soleil est en *F* & que *ADB* est l'Orbe d'une Planete, de la Terre, de Mars, de Venus ou de telle autre, tournant autour, *A* s'appelle l'*Aphelie*, & *B* le Perihelie.

Ces mots font Grecs. En Grec la Terre s'appelle *Gi* ou *Geos*, & le Soleil *Ilios*. Et *Apogée* fignifie le point le plus loin de la Terre, & *Aphelie* le plus loin du So-leil, & *Perigée* ou *Perihelie*, le point le plus voisin de la Terre ou du Soleil.

Voilà donc M. Newton, ce femble, en contradiction dans fes Principes, avec les Principes naturels du mou-vement, & fa *Dynamique* contraire aux plus fimples
axiômes

axiômes de la *Dynamique commune.* M. Newton n'eſt pas un homme, qu'il faille ſe preſſer de condamner.

Pour moi dans tout cet Ouvrage, je ne viſe qu'à l'entendre pour le goûter.

Car quoique dans des affaires de pure Phyſique, on puiſſe ſans lui manquer trop de reſpeſt, prendre la liberté de le contredire ; il a cependant toujours mêlé ſi bien la Phyſique avec la Géometrie, qu'on n'oſe preſque contredire en rien *Newton Phyſicien*, crainte de contredire *Newton Géometre.*

Ce grand homme ne paroît gueres que *Géometre*, dans la Détermination des forces centripetes des Courbes, & de l'Ellipſe en particulier.

S'il n'avoit fait cette Détermination que dans ſon *troiſiéme Livre*, qui eſt comme *tout Phyſique*, encore ſeroit-on plus hardi à la révoquer en doute.

Mais c'eſt dans ſon *premier Livre* qu'il donne comme *tout mathématique* & *tout géometrique*, & dès les premieres Seſtions, qu'il a en bonne forme géometrique, par des Lemmes, des Théorêmes, des Corollaires, des Problêmes ſéchement géometriques, démontré que la force centripete dans tous les points d'une Ellipſe étoit *en Raiſon renverſée ou Réciproque des diſtances redou-blées.*

C'eſt-à-dire, d'autant plus grande que les diſtances redoublées étoient plus petites, & d'autant plus petite, que ces diſtances étoient plus grandes ; & par conſéquent plus petites à l'Apogée ou à l'Aphelie, & plus grandes au Perigée ou au Périhélie.

I

De dire que fes Démonftrations géometriques en ce point foient fauffes, c'eft ce que je n'entreprendrai pas, pour deux raifons.

La premiere, parce que c'eft Newton, le plus grand Géometre que nous ayons depuis Defcartes.

La feconde, parce qu'il faudroit le prouver, chofe impoffible par deux endroits, & parce qu'il y auroit à faire une trop grande difcuffion de plufieurs Lemmes, Théorêmes, Problêmes & Corollaires de Géometrie, & parce que le commun des Lecteurs n'eft pas affés Géometre pour fuivre cette difcuffion, & qu'il faudroit trop d'explication géometrique pour la mettre à la portée de tout le monde.

D'ailleurs, fi la prétention de Newton eft fauffe en ceci, il me fuffit d'indiquer, comme je l'ai fait, le Principe fimple par lequel tout Phyficien peut le convaincre de faux : qui eft que *la Force centripete eft plus grande à mefure que la Courbure eft plus grande.*

L'effentiel n'eft pas de connoître une erreur, mais de connoître la verité précife qui la démafque & la fait tomber.

V I.

Principes de Phyſique ſur leſquels porte la Détermination
Newtonienne de LA FORCE CENTRIPETE
DE L'ELLIPSE & de toutes les Courbes.

JE ne dis pas, je le proteſte, qu'il y ait de l'erreur
dans cette Détermination de la force centripete des
Orbes céleſtes, des Orbes elliptiques en particulier.
J'en ſuis ſi éloigné que je fais cet article pour découvrir
les Principes de Phyſique qui peuvent favoriſer M. Newton dans cette Détermination géometrique.

Ce grand homme n'a pas articulé toutes les raiſons
profondes qu'il a euës de dire tout ce qu'il a dit. Il a eu
de vrayes raiſons phyſiques de croire la force centripete
de l'Ellipſe & de toutes ſortes d'Orbes céleſtes, telles
qu'il les a énoncées, c'eſt-à-dire, dans la raiſon $\frac{1}{D^2}$.

Car pour abreger, je me ſervirai de cette formule
géometrique ou algébrique $\frac{1}{D^2}$ qui eſt la vraye pour exprimer *la Raiſon renverſée des diſtances redoublées.*

La lettre D ſignifie la diſtance, DD ou D^2 en exprime le redoublement, & $\frac{1}{DD}$ ou $\frac{1}{D^2}$ exprime le ren-
verſement de ce redoublement.

Dans les matieres phyſico-mathématiques, la Géometrie ſe prête un peu aux Principes de Phyſique. Et
M. Newton qui étoit ſi Géometre, ne pouvoit manquer
d'expreſſion géometrique pour faire paſſer ſes Principes
de Phyſique.   I 2

Or quels font ou peuvent avoir été les Principes de Phyſique qui l'ont ici fecretement dirigé ? Les a-t'il énoncés ailleurs lui-même diſtinctement ? Je ne voudrois point l'aſſurer ni le vérifier dans ce moment.

Mais pluſieurs de ſes Diſciples les plus habiles, n'y ont pas manqué : & voici ce que la mémoire me fournit là-deſſus. Il y a ici deux preuves de la loi centripete $\frac{1}{D^2}$. Preuves de Fait, & Preuves de Syſtême.

La Preuve de fait ſe tire, de ce que les corps ont été trouvés plus peſans dans les Vallées que ſur les Montagnes, & dans les Mines mêmes, qu'à la ſurface de la Terre. D'où on a conclu que la *cauſe de la Peſanteur*, qu'on a volontiers confondue avec la *force centripete*, décroiſſoit en force à meſure qu'elle agiſſoit plus loin du Centre.

Peut-être en comparant les divers poids d'un même corps, a-t'on trouvé qu'ils étoient dans la raiſon inverſe des quarrés des Diſtances, ou des Diſtances redoublées.

Car on appelle quarré de 2, de 3, de 4, le nombre 4 ou 2 fois 2, le nombre 9 ou 3 fois 3, le nombre 16 ou 4 fois 4, &c.

Mais, ſi l'expérience immédiate n'a rien dit là-deſſus, d'autres expériences analogues ont parlé, & la Géometrie a tout-à-fait favoriſé cette idée d'un décroiſſement de force en raiſon renverſée $\frac{1}{D^2}$.

La plûpart des forces méchaniques ſuivent cette proportion redoublée des quarrés ; juſques-là même que la force générale du mouvement qu'on avoit crue avec

Defcartes réfulter de la maffe & de la vîteffe multipliées enfemble, paroît déformais, d'après *M. Leibnitz*, ré-fulter de la maffe & du quarré de la vîteffe, ou de la vî-teffe redoublée par la multiplication ; quoique M. New-ton ne foit pas de cet avis, non plus que Defcartes.

C'eft furtout le Syftême analogique de la Lumiere qui paroît avoir guidé ce profond Géometre.

La Lumiere éclaire tout autour en rond, par des rayons qui vont comme fe dilatant en cônes, & dont la réunion forme une *Sphere de Lumiere*, ayant fon cen-tre dans l'objet lumineux.

Cette Lumiere ainfi dilatée perd de fa force ou de fon *intenfité*, comme on dit, à mefure qu'elle fe dilate ainfi ; parce qu'une certaine quantité mefurée de force, répar-tie à un plus grand nombre de corps, devient à propor-tion plus petite dans chacun.

Or on démontre dans l'*Optique*, qu'à une double dif-tance une lumiere éclaire 4 fois moins, à une triple 9 fois moins, & ainfi toujours *en Raifon inverfe des diftances redoublées.*

M. Newton, qui n'a tant protefté contre l'*attraction* & l'*action en diftance*, que parce qu'il s'en fentoit effec-tivement un peu fufpect, a toujours fecretement regar-dé la Pefanteur comme une certaine vertu ou force for-tie d'un centre ou corps central, & répandue tout au-tour à la façon de la Lumiere.

Voilà je crois *la clef* de fon Syftême *des forces cen-tripetes.*

Car il a, comme j'ai dit, confondu la *force centripete*

avec la *Pefanteur;* & cette confufion a paru & paroît avoir quelque chofe de fort naturel.

Malgré ce naturel cependant, il me femble que la force centripete, dérivée fans difficulté de la Pefanteur, n'eft pas précifément la même chofe ; & qu'elle en eft l'effet immédiat tout au plus : & que c'eft en un mot *la Pefanteur réduite en Acte*, au moins dans l'Ellipfe.

Car la fimple Pefanteur eft une *force morte* comme on dit. Or la force centripete eft une *force vive* & agiffante qui a fes accroiffemens & fes décroiffemens alternatifs ; dans une Courbe au moins comme l'Ellipfe, dans laquelle un corps qui s'y meut, s'approche tantôt & tantôt s'éloigne de fon centre ou de fon foyer.

Or la *force vive* fuit une *Loi* toute différente de la *force morte ;* & celle-là eft infiniment fupérieure à celle-ci, felon le *Théorême de Galilée*, que *la Percuffion vaut une infinie Preffion.*

En effet, un grain de plomb qui en cent ans ne caffera pas un verre ou une porcelaine qui le fupportent, les caffera s'il tombe deffus, de la hauteur d'un pouce ou deux.

M. Newton, me dira-t-on, parle de la force vive de la Pefanteur, lorfqu'il parle de la force centripete ; puifqu'il l'appelle *acceleratrice.* Ce mot eft équivoque.

La force morte eft acceleratrice ; en ce qu'elle peut produire une Acceleration. Telle eft la force de la pefanteur. Mais la force vive eft *accelerée,* & confifte dans l'*Acceleration même.*

L'Auteur, dira-t-on encore, conçoit le *Mouvement*

courbe comme une *Chûte véritable.* On le croiroit d'a-
bord. Mais, outre que fes expreffions font affés équivoques à cet égard, ces prétendues chûtes qui n'ont aucun effet de la Chûte, ni celui d'une vraye Acceleration, ni celui de réunir les corps tombans à leur Centre, font-elles de véritables chûtes, comme celle d'une
pierre fur la Terre ?

On ne voit donc pas trop clairement, pourquoi la
force centripete qui dans toute courbe paroît devoir
être proportionnée à la Courbure, & plus grande à
mefure que la Courbure eft plus grande, plus petite
dans les courbures plus petites, & égale dans les courbures égales, fe trouve dans les Principes de M. Newton plus petite au Perigée ou au Perihélie d'une Ellipfe,
qu'à l'Apogée, où la Courbure eft égale, plus petite
même qu'aux endroits où l'Ellipfe eft le moins courbe,
aux extrémités du petit axe ou de la largeur.

VII.

PREMIER PROBLEME.

Si la RÉVOLUTION curviligne contient une vraye
CHUTE : Et si la FORCE CENTRIPETE est la
même que la SIMPLE PESANTEUR.

J'AI traité ce point, peut-être même affés à fond, il
y a quinze ans dans mon Ouvrage de Phyſique ſur
la Peſanteur univerſelle. M. Newton avoit pris ſa
courſe, & étoit alors dans le premier eſſor de ſon Développement.

Les Progrès en étoient trop rapides, & j'étois trop
nouveau venu pour me flater de rien ſuſpendre, de rien
arrêter. Voici un précis de mes raiſons en ce tems-là.

M. *David Gregory,* un des plus célebres Diſciples de
Newton, a mis dans ſes Elemens Phyſico-Géometriques
de l'Aſtronomie, *Liv. 1. Prop. 46.* la ſubſtance de la
Doctrine que j'entreprens ici de diſcuter, & qui eſt la
vraye Doctrine de Newton, quoiqu'il ne l'ait peut-être
pas encore énoncée ſi diſtinctement.

Puiſqu'un corps mu dans une Ellipſe (*Fig. 10.*) de *A*
en *B*, a une tendance poſitive & actuelle vers le centre
C, & qu'en effet il s'en rapproche, ſans quoi il décriroit
la tangente *AT*, l'Auteur prétend qu'il eſt vrai de dire
que ce corps eſt tombé vers le centre *C* de la hauteur *AS*,
&

& que de même parvenu de *A* en *D*, il eſt tombé de la hauteur *AC*.

A cela j'oppoſe le mouvement d'un Corps dans un Cercle (*Fig. 11.*), & je dis : le Corps en allant de *A* en *D*, eſt tombé de la hauteur *AC* du rayon ; & le voilà cependant à la même diſtance où il étoit du Centre en commençant.

C'eſt qu'en tombant de la hauteur *AC*, il eſt monté de la même hauteur *CD*. Or tomber & monter en même-tems de la même hauteur, ce n'eſt ni tomber ni monter. C'eſt ſe ſoutenir à la même hauteur. *c. q. f. d.*

On abuſe des termes &, qui pis eſt, des notions des choſes & des notions géometriques, dans ce Syſtême.

Concevons un Corps (*Fig. 12.*) partant du Centre *C*, & s'en éloignant à l'infini par le contour d'une *ſpirale* ou *volute CHIAB* : il ſera toujours vrai, ſelon M. Gregory, que ce Corps allant de *A* en *B* eſt tombé de la hauteur *TB* ou *AS*, & même qu'arrivé de *C* en *A* il eſt tombé de la hauteur *AC*, quoique bien réellement il ſoit monté & ne ſoit que monté de cette même hauteur. *c. q. f. d.*

Je ne dis pas que dans cette ſpirale il ne tombât réellement s'il alloit revenir de *B* en *A*, de *A* en *I*, de *I* en *H*, de *H* en *C*.

Je ne connois d'autre chute ni d'autre meſure de chûte, que le rapprochement d'un centre de peſanteur ; & j'appelle, avec tout le monde *monter*, tout ce qui éloigne de ce Centre.

Je ne dis pas cependant non plus que dans une Ellipſe

K

il n'y ait une vraye chute lorſque (*Fig. 10.*) le corps va
de *A* en *D*, puiſqu'en *D* il eſt plus près de *C* qu'en *A*.
Oui, arrivé de *A* en *D* le corps eſt tombé, non pas de
la hauteur *AC* tout court, mais de *AC* moins *DC*.

Mais ſi ce corps a eſſuyé une chute en parcourant le
quart d'Ellipſe *AD*, il va eſſuyer une contre-chute pareille de *D* en *E*, s'éloignant autant du Centre qu'il
s'en étoit approché. *c. q. f. d.*

Réellement il y a chute & alternative de chute dans
les mouvemens elliptiques & dans les mouvemens céleſtes.

Les Aſtres ſe rapprochent & s'éloignent tour à tour
de leur Centre en allant de l'Apogée au Perigée, ou de
l'Aphelie au Perihélie, & en remontant du Perigée ou
du Perihélie à l'Apogée ou à l'Aphelie.

Auſſi M. Leibnitz vouloit-il qu'on expliquât les mouvemens céleſtes par un mouvement circulaire ou de tourbillon combiné avec un mouvement nommé par lui *Paracentrique*, mouvement rectiligne d'allée & de retour
de l'Apogée au Perigée & du Perigée à l'Apogée, ou
en général d'une *Apſide* à l'autre.

Cette idée n'étoit pas de M. Leibnitz, quoiqu'il n'ait
peut-être cité perſonne. Elle eſt toute entière du célebre
Fabri, qui concevant la Lune, par exemple, en *Equilibre* à une certaine diſtance de la terre, autour de laquelle la ſimple révolution lui feroit décrire un Cercle
exact, la concevoit enſuite ôtée de cette place, & miſe
ou plus haut ou plus bas, afin qu'elle y revînt ou tendît
y revenir par un *Mouvement de Pendule* ou *d'Oſcil-*

lation ; duquel, avec le mouvement circulaire, réful-
toit une Ellipfe.

C'eft une des belles idées, j'ofe dire, & une des plus
grandes Découvertes du Siécle précédent, en fait de
Phyfique & de Raifonnement philofophique. Defcartes
même pourroit l'envier à Fabri, fi un homme comme
Defcartes pouvoit être envieux ou jaloux.

L'idée eft toute dans le goût de Defcartes & de la
plus faine Phyfique. Jamais le *Monde* n'a été mieux
conçu comme une *Machine*, qu'en cette occafion ; &
jamais les *Loix de l'Equilibre* n'y ont été plus fçavam-
ment exécutées.

Il n'y a que l'interruption même de l'Equilibre, fuppofée par Fabri, à quoi on peut phyfiquement trouver
à redire.

Dieu a pu rompre l'Equilibre des Aftres, & réellement il eft rompu. Je crois l'avoir démontré fans réplique dans le *Traité cité de la Pefanteur*.

Ce fimple mouvement de Pendule que tous les Aftres
ont d'une *Apfide* à l'autre, & même d'un *Tropique* à
l'autre *en Latitude*, démontre bien une *interruption d'E-
quilibre*.

Mais elle eft conftante cette interruption ; au lieu
qu'un Pendule par un petit nombre de balancemens toujours décroiffans tend & arrive bien-tôt à l'Equilibre &
au repos.

Il y a même plus. Les Balancemens des Aftres, foit
en Hauteur, foit *en Latitude*, croiffent & fe renouvellent
après avoir décru & paru tendre à leur fin, comme fi on

avoit foin de retenir le Pendule hors de fon repos après l'en avoir une fois ôté.

Je me flate d'avoir expliqué tout cela, fort au long même, dans le *Traité fufdit*, & d'y avoir affigné les caufes naturelles qui entretiennent une *perpetuelle interruption d'Equilibre* dans l'Univers.

Ici il me fuffira de remarquer, que le mouvement courbe, en tant que mouvement courbe, n'eft point du tout un mouvement de chute, & que la force centripete qui le rend courbe n'eft point une chute, quoiqu'elle foit l'effet de la gravité.

C'eft la gravité qui maintient fes droits, & qui conferve fon effet naturel en le reproduifant fi l'on veut à chaque inftant, dans le mouvement comme elle le produit dans le fimple repos.

Que la Terre tourne ou ne tourne pas, la gravité retient fur la furface une pierre qui y eft en repos.

Dira-t'on que cette pierre tombe toujours au centre, en fe tenant auffi dans un repos parfait à la circonférence, je dis repos parfait relativement au centre?

Réellement la force centripete eft la même foit que le corps tourne dans une Courbe, nommément dans un Cercle, (*Fig. 13.*) foit qu'il fe tienne en repos à une certaine diftance du Centre de ce Cercle; & fi le corps tombe en allant de *A* en *B*, ce n'eft pas tant en en-bas qu'il tombe, que d'en-haut.

Il tombe de la tangente *AT* ou du point *T* en *B*, & non de *B* en *C*. Il ne tombe pas proprement, mais il s'empêche en quelque forte de monter. Il ne fe rap-

proche pas du centre, feulement il ne s'en éloigne
pas.

Réfolution du Problême propofé. La force centripete
n'eft donc dans le Cercle que la fimple gravité, la même
qui tient un corps en Equilibre à une certaine diftance
convenable du centre de ce Cercle. Mais dans une Ellipfe il y a chute & montée alternatives ; & la force
centripete eft la gravité tantôt accelerée & tantôt retardée. *c. q. f. t. & d.*

VIII.

*Difcuſſion du Syſtême de M. DAVID GREGORY
fur la Génération des Ellipfes céleſtes.*

SECOND PROBLEME.

Si la CHUTE ordinaire des Corps eſt PARABOLIQUE.

CHEZ ce fçavant Auteur, dont le Syftême peut en
ce point paffer pour le Développement de celui de
fon Maître, le Cercle *ABCE* (*Fig. 14.*) dont le Centre eft *T* repréfente la Terre. La Courbe *GKMF* eft
une Ellipfe dont *T* eft le Foyer, *G* l'Apogée, & *M* le
Perigée.

Qu'on jette un Corps, dit *M. Gregory*, dans la direction *GH* tangente de l'Ellipfe, mais d'abord avec une
force infiniment petite.

Ce Corps, comme non jetté, tombera fimplement par fa Pefanteur, le long de la ligne. *GA* au centre ou foyer *T*.

Qu'on jette enfuite ce Corps par *GH* avec une force moderée, alors ce mouvement combiné avec la Chute produira une Courbe, *Parabolique* fans doute *GB*.

Et fi la force *GH* augmente, la Courbe *GC* aura plus *d'amplitude* ou de largeur.

Et augmentant toujours ainfi la force *GH*, le Corps tombera par une Courbe plus ample en un point *I* par exemple plus éloigné de *A*; & cela jufqu'au point *E* diametralement oppofé au point *A*.

Car M. *Gregory*, fans que je voye trop pourquoi, prend ce point *E* pour le *terme des Chutes* de ce corps fur la Terre; prétendant que fi la force *GH* étoit telle que le corps tombât par la Courbe *GKM*, qui n'atteignît point la Terre avant le point *E*, cette Courbe feroit une vraye Ellipfe qui n'atteindroit plus la Terre nulle part.

En forte que le Corps feroit une Révolution &, après celle-là, d'autres fans fin, étant par cela feul devenu une *Planète*, comme la Lune & les autres.

Il faut citer les propres paroles de M. Gregory. Je les prens dans mon Traité de la Pefanteur, où je crois les avoir fidellement rapportées, n'ayant pas d'ailleurs cet Auteur à ma main.

Si augeatur vis projiciens eoufque ut Terram non attingat, donec ultrà E punctum ipfi oppofitum perveniat, tum rurfùs versùs G afcendens Ellipfim GKMF comple-

bit, atque eandem rursùs perpetuò non impeditum defcri-
bet, & Planeta fiet.

Je remarque d'abord dans ces paroles ce mot *afcen-*
dens, qui fait voir que non-feulement l'Auteur regarde
en général le mouvement par cette Courbe comme une
Chute, mais en particulier comme une Chute analogue
aux Chutes ordinaires qu'il croit *Paraboliques.*

Il n'eft pas douteux qu'il ne les croye Paraboliques,
puifqu'il ne conclut pour l'*Ellipfe* dans le cas prefent,
qu'au défaut de la *Parabole,* qu'il fent bien ne pouvoir
fe replier au-delà du point *E.*

C'eft même déja trop que de fe replier au point *E,* ou
même au point *I.*

La Parabole eft encore plus ouverte que l'Ellipfe.
Elle n'embraffe fon Centre ni fon foyer que d'infiniment
loin. Elle s'en écarte toujours.

Surtout elle ne revient plus couper fon Axe ni même
s'en rapprocher; chofe qu'elle feroit ici, fi partant du
Sommet *G,* elle venoit aboutir au point *A* ou même en
I, au-deffous de l'Horizon *CT.*

Galilée a défini, que la Chute des Corps jettés obliquement à l'Horizon, fe faifoit dans une *Parabole,* en
fuppofant le Centre de la Terre infiniment loin, & l'*Horizon* de la Terre, *plan* & non curviligne. Et M. Newton a expreffément obfervé cette claufe, quelque
part.

Cela n'a pas empêché la plûpart & peut-être tous les
Phyficiens & les Géometres depuis Galilée, de preten-
dre, fans aucun correctif, que les Chutes en queftion

étoient purement paraboliques; ce qui eft purement faux dans le cas d'une Terre fphérique.

Il y a bien quatorze ou quinze ans que j'ai démontré le faux de cette idée. Ma Démonftration a été alors fans réplique : & cependant les Chutes paraboliques font un vieux préjugé dont on ne revient point, & dont mille Livres font pleins depuis ce tems-là.

Je le pafferois à un Phyficien ordinaire qui ne va pas plus loin. Je le pafferois même à un Géometre Auteur d'une fimple *Balliftique*, c'eft-à-dire, de *l'Art de jetter les Bombes.*

Dans la Pratique, on peut, à-peu-près, prendre la route d'une *Bombe* pour une *Parabole*, dont effeƈivement elle ne s'écarte que peu en général, quoique M. Newton même croye l'*Hyperbole* plus conforme à l'Expérience & à la Pratique, & que *MM. Leibnitz & Huguens* veuillent y fubftituer des *Logarithmiques.*

Mais je ne puis paffer la chofe a d'auffi habiles gens que *Newton & Gregory*, qui font faits pour tout ce qu'il y a de plus exaƈ & de plus parfait, & qui font gens à rendre la moindre erreur féconde en mille autres erreurs, par la raifon qu'ils ont le génie fécond, & qu'ils vont de fuite & en avant.

La preuve en eft complette dans le cas préfent. Tout leur Syftême d'Ellipfes céleftes n'eft fondé que fur le prétendu *Parabolifme* ou *Hyperbolifme* des Chutes ordinaires.

La Parabole, l'Hyperbole, l'Ovale, le Cercle, ne font prefque que la même Courbe modifiée, & un peu

plus

plus ou moins allongée. Il eſt facile, en raiſonnant au moins, de ſubſtituer l'une à l'autre.

S'agit-il d'une ſimple chute ? C'eſt une Parabole ou une Hyperbole. S'agit-il d'une chute ſuſpendue & comme infinie ? Mais ce terme d'*Infini* me rappelle.

N'a-t'on pas pris ici tout le contrepied des choſes ? L'Ellipſe eſt une Courbe bornée qui ſembleroit convenir mieux à une chute bornée.

Et la Parabole & l'Hyperbole étant des Courbes infinies, ne devroient-elles pas être pour des chutes infinies ?

Pour les *Cometes* dont on croit les Orbes extrêmement grands ou allongés, M. Newton & ſes Diſciples reviennent à la *Parabole* & à des *Courbes paraboliques*, c'eſt-à-dire, à des *Ovales fort étroites* & fort allongées.

Cela eſt fort ſingulier, que la Parabole tienne les deux extrémités des chutes bornées & des chutes non bornées; & que l'Ellipſe ſe trouve dans le milieu.

Enfin voici ma Démonſtration telle que je l'ai déja donnée bien des fois, & à laquelle je prie au moins Meſſieurs les Phyſiciens de ſe rendre un peu attentifs, ſi c'eſt le vrai qu'ils cherchent dans tout ceci.

I X.

Réfolution du Problême des Chutes Paraboliques.

Iere.
PROP.

*Tout Corps qui tombe fur la Terre, tombe-
roit jufqu'au Centre, fi la Terre étoit ouverte
jufques-là.*

Démonftration. La chofe peut paffer pour un axiôme.
Si la Terre fe trouvoit percée à l'endroit où tombe une
pierre, la pierre tomberoit dans le trou.

Lorfque la pierre en tombant, trouve de l'eau, ou un
puits, elle va jufqu'au fond. Une Bombe s'enfonce même fous terre, ayant affés de force pour la pénétrer.
Une pierre qu'on lâche à l'entrée d'une mine profonde,
va jufqu'au fond.

Il n'y a pas de doute, qu'il n'y ait des Corps au Centre de la Terre & tout autour.

Et il n'eft pas douteux non plus que tous les Corps
terreftres ne tendent à y être, & que fi ceux qui y font
n'y étoient pas, ceux qui les environnent ne priffent
auffi-tôt leur place.

Et qu'enfin fi la pénétration étoit poffible, ils n'y fuffent tous, l'impénétrabilité feule maintenant le Globe
terreftre dans fon étendue de trois mille lieues de diametre, & de neuf mille de tour. *c. q. f. d.*

IIe. PROP. *La ligne de la Chute des Corps, quelle* qu'elle foit, eft telle qu'étant prolongée autant qu'elle peut l'être, elle aboutiroit au Centre.

Démonſtr. Cela ſuit de la Propoſition précédente. La Nature eſt ſimple, continue & bien liée dans ſes opérations.

Après avoir commencé la Chute d'une pierre par une Courbe, elle ne la finira pas par une autre ligne.

A une Parabole elle ne coudra pas, même une Hyperbole, ni une Ellipſe, & beaucoup moins une Courbe d'un tout autre genre ou d'une forme diſparate ou hétérogêne.

Nul Géometre au moins, ſçachant ce que c'eſt que Courbes, ne penſera autrement. *c. q. f. d.*

IIIᵉ. Prop. *Aucune* Courbe conique, *c'eſt-à-dire, ni le Cercle, ni l'Ellipſe, ni la Parabole, ni l'Hyperbole n'aboutit à ſon Centre.*

Dem. Toutes ces Courbes embraſſent leur Centre ou tournent enfin tout autour. Le *Cercle* a ſon Centre tout-à-fait au milieu.

L'*Ovale* plus longue que large, a ſon Centre au milieu de ſa longueur & de ſa largeur comme on l'a vu ci-deſſus.

La *Parabole* auſſi : mais étant infinie, ſon Centre eſt cenſé infiniment loin, mais toujours dans l'intérieur de la Circonférence qui s'en écarte ſans pouvoir jamais y arriver quand même on la ſuppoſeroit arrivée au vis-à-vis ou paſſée par-delà.

L'*Hyperbole* tourne même le dos à ſon Centre, ſa forme étant celle d'une *Croix de Malthe* (*Fig. 15.*) qui

L 2

auroit ſes branches infiniment longues, & par-tout re-
courbées en-dehors autour du Centre *C. c. q. f. d.*

IV*e*. P*ROP*. *Il y a des Courbes* C*ENTRIQUES*, C*EN-*
TRALES ou C*ENTRIPETES qui partent d'un Centre ou*
y vont aboutir.

Dem. Les *Spirales*, ou *Volutes*, ou *Coquilles de Li-*
maçons (*Fig. 16.*) ſont de ce genre. Elles ſont une infinité de Révolutions autour de leur Centre *C.*

Il y en a telle cependant qui part de ſon Centre &
y revient, quelquefois ſans autre Révolution comme
une *Poire* ou un *Citron* (*Fig. 17.*).

Quelquefois après une Révolution comme (*Fig. 18.*)
après deux, après trois, &c. Un Hüit de chifre a ſon
Centre dans ſon Nœud, &c. (*Fig. 19.*)

V*e*. P*ROP*. *La Courbe de la Chute ne peut être* P*A-*
RABOLIQUE, ni à plus forte raiſon H*YPERBOLIQUE*
ou L*OGARITHMIQUE, mais elle eſt* C*ENTRIQUE &*
terminée au Centre.

Dem. Cette Propoſition eſt démontrée par les pré-
cédentes, & je ne comprens pas comment on a pu s'en-
têter du *Paraboliſme de Galilée*, malgré Galilée même,
& beaucoup moins comment M. Newton ayant diſtinctement reconnu la condition d'un *Centre infiniment éloi-*
gné pour ce *Paraboliſme*, a pu donner dans l'*Hyperbo-*
liſme, qui demanderoit un *éloignement plus qu'infini.*

La *Logarithmique* eſt une Courbe infinie comme la
Parabole, & ne peut convenir à une chute eſſentiellement finie, & bornée par le Centre qui lui donne la
loi.

VIe. PROP. Suivant les Principes de Galilée, la Courbe de la Chute doit être une SPIRALE ORDINAIRE.

Dem. Suivant Galilée ſoit conçue la ſurface *BDEC* de la Terre (*Fig. 20.*) en ligne droite. Car un cercle infiniment grand, c'eſt-à-dire, dont le centre eſt infiniment loin, eſt rectiligne dans ſon contour infini, le contour ſe redreſſant à meſure que le cercle eſt plus grand.

Suivant cette Hypotheſe géometrique ſoit conçu un corps parti de *D* montant en *A* & retombant en *E* par la ligne parabolique *DAE.*

Soit enſuite la ligne *BDEC* conçue s'arrondir autour d'un Centre. Alors tous les points de la Parabole *DAE* s'arrondiront auſſi un peu plus à cauſe de la loi du centre qui les ramene un peu en-dedans, & d'autant plus qu'il eſt plus voiſin.

Or *Grégoire de S. Vincent* a démontré que dans ce cas la Parabole devient une *ſpirale ordinaire.* Donc c. q. f. d.

Scholie. Dans le cas de *Gregory* où le corps jetté du point *G* en *H* (*Fig. 21.*) avec beaucoup de force paſſeroit le point *E* avant que d'atteindre la Terre, il iroit tomber en un point par exemple *K* par une ſpirale *GHIK*, laquelle étant prolongée iroit aboutir au Centre *I.*

Et le corps fît-il une, deux, vingt, trente & mille Révolutions avant que de pouvoir atteindre la Terre, il l'atteindroit tôt ou tard; & après s'en être éloigné juſqu'à un certain point par la premiere force du jet, il s'en rapprocheroit toujours dans la ſuite juſqu'à ce qu'il y fût réuni.

VIe. Prop. La génération des Ellipses ou Orbes quel-
conques célestes n'est point une Chute, si ce n'est de l'Ap-
side haute à l'Apside basse, & n'a rien d'ana-
logue avec la Chute des Corps.

Dem. Un Corps fait pour tomber, tombe toujours
quelque Révolution qui le suspende pour un tems. Car
dans le Syftême Newtonien de la Terre mobile, une
pierre qu'on jette en l'air tourne avec cet air autour de
la Terre, & tombe cependant malgré cette Révolution. *c. q. f. d.*

VIIIe. Prop. Suivant M. Gregory le Corps jetté
avec force de G en H (Fig. 22.) & qui arrive en M
vis-à-vis de E sans avoir atteint la Terre, doit continuer
à s'en rapprocher jusqu'à la toucher enfin & s'y fixer en
repos.

Dem. 1°. En *K*, felon l'Auteur, le Corps eft plus
proche de la Terre qu'en *G* ; & en *M* il eft plus proche
qu'en *K*. Il n'apporte point de raifon pourquoi, après
s'être rapproché dans toute la demie révolution *GKM*,
il va s'éloigner en *F* pour remonter çomme il dit en *G*.

2°. Ce corps n'a que de la pefanteur, en vertu de laquelle il s'eft rapproché en *K* & en *M*. Et la pefanteur
n'eft capable que de rapprocher du Centre.

3°. Si au lieu de partir du point *G* le même corps
avec la même force étoit parti du point *B* fuppofé
à la même diftance du Centre *T* que *M*, alors le corps
auroit atteint la Terre en *E*, ou même avant. Or quand
ce corps parti de *G* eft arrivé en *M*, c'eft comme s'il partoit de *M* ou de *B*. Donc. *c. q. f. d.*

X.

TROISIE'ME PROBLEME.

Si la RÉVOLUTION DE LA LUNE ceſſant,
elle TOMBEROIT ſur la Terre,
comme le veut Newton.

Ire. PROP. LA Révolution de la Lune ceſſant, M. Newton ſuppoſe purement & n'entreprend pas mê-
me de prouver en aucune ſorte, que cet *Aſtre tomberoit*
ſur la Terre comme une Pierre, & auſſi vîte qu'une
Pierre.

Démonſtration. 1°. A la Propoſition quatriéme du
troiſiéme Livre, & à la ſixiéme, M. Newton entreprend bien de prouver que *la Lune eſt peſante*, & peſante à la maniere d'une Pierre & de nos Corps terreſtres; mais nulle part il ne prouve ni n'entreprend de
prouver, ni ne met en doute ou en Propoſition que
la Révolution ceſſant, la Lune doive tomber.

2°. Il doute ſi peu de cette *Chute*, qu'il s'en ſert
comme d'un moyen pour prouver la *Peſanteur* de cette
Planette; & s'en ſert comme d'un Axiôme clair &
évident qui n'a beſoin lui-même ni de démonſtration,
ni de preuve, ni même d'une ſimple expoſition.

3°. A la quatriéme Propoſition il parle ainſi.

Si Luna motu omni privata demitti fingatur, ut urgente vi illâ omni quâ in orbe suo retinetur, descendat in terram.

Et à la sixiéme Prop.

Elevari fingantur corpora hæc terrestria ad usque orbem Lunæ, ut una cum Lunâ motu omni privata demitti, ut in terram simul cadant.

4°. Le célebre Auteur & ses célebres Disciples font bien du bruit contre les *Hypotheses de Descartès.* Voilà pourtant deux bonnes suppositions, énoncées même avec franchise, sous le nom de *fiction.*

Qu'on remarque bien ces mots *fingatur, fingantur.* D'où je conclus *c. q. f. d.*

IIe. PROP. M. *Newton a ici renversée l'ordre naturel, & mis la These en Preuve & la Preuve en These.*

Dem. 1°. Il est singulier que le *moyen* soit plus fort que la *fin,* & que le *facile* soit opéré par le *difficile.* Que la *Lune* soit *pesante,* on l'a assés pensé avant M. Newton. Pour le moins Descartes & même bien d'autres l'avoient supposé avant M. Newton.

Il entreprend de le prouver & de le démontrer. Mais comment & par où ? Par la *Chute de la Lune.* Voilà pourtant ce à quoi personne n'avoit même pensé avant lui, & ce qui méritoit cependant d'être bien démontré, prouvé du moins.

2°. Si la *Lune tombe,* la *Lune est pesante,* cela va de suite : au lieu que la Lune étant *pesante,* il ne s'ensuit pas qu'elle *tombe* pour cela.

L'Atmosphère

L'Atmofphere eſt *peſante*, la Mer eſt *peſante*, une Montagne eſt *peſante*, une Maiſon eſt *peſante*; & cependant tous ces corps ſe ſoutiennent fort bien. *c. q. f. d.*

*III*ᵉ. **PROP.** *La ſuppoſition de la Chute de la Lune, eſt une pure ſuppoſition chés Newton.*

Démonſtr. 1°. C'eſt une ſuppoſition ouverte, étayée de mille ſuppoſitions tacites. L'Atmoſphere, la Mer, la Montagne, la Maiſon, quoique peſantes, ſe ſoutiennent au-deſſus de la Terre qui eſt plus peſante. Le célebre Auteur ne daigne pas même l'indiquer.

Mais on voit bien qu'il le ſuppoſe tout bas, & qu'il ſuppoſe en même-tems ou que le milieu qui ſupporte la Lune, eſt *moins peſant que cette Planete,* ou même mieux qu'il eſt *nul,* & que rien ne ſupporte la Lune placée dans un *vuide parfait.*

2°. Newton, dit-on, ne ſuppoſe point le vuide : il le prouve. *Itaque vacuum neceſſario datur,* dit-il, au troiſiéme Corollaire de la ſixiéme Propoſition.

Il étoit facile de le prouver ou de le déduire d'une Propoſition où il venoit de le ſuppoſer.

Car il faut bien remarquer que cette ſixiéme Propoſition eſt la même où il ſuppoſe que la Lune tombe avec nos corps terreſtres : & que dès la quatriéme Propoſition, la même ſuppoſition avoit eu lieu amplement, pour favoriſer la même chute de la même Planete.

3°. Dans ce Corollaire, ajoute-t'on, Newton ajoute une autre raiſon, ou même deux, c'eſt que s'il n'y avoit du vuide, l'air peſeroit autant que l'or, & que tous les autres corps les plus peſans.

M

Mais je prens toujours acte, que la Lune étoit suppo-
fée tombant dans la fixiéme & dans la quatriéme Propofition ; & que ces Propofitions que tout Lecteur Newtonien trouve immédiatement démontrées en les lifant,
ne peuvent l'être cependant qu'au troifiéme Corollaire
en queftion où elles reçoivent leur complément, quoique l'Auteur n'en dife mot.

4°. Mais cela même n'eft-ce pas une fuppofition ou
une *fourmilliere de fuppofitions* nouvelles, que l'air pe-
feroit autant que l'Or s'il n'étoit plein de vuides ; qu'*être
Matière & pefer* font chofes fynonimes, que la pefanteur eft proportionnelle à la *quantité de matiere*, à la
denfité abfolue de l'efpace, &c ? *c. q. f. d.*

*IV*ᵉ. *PROP. Les fuppofitions Newtoniennes font en ceci
contraires à des fuppofitions tout auffi ou plus vraifembla-
bles, plus naturelles, & plus univerfellement reçues que
les fiennes dans la faine Phyfique.*

Dem. Sont-ce même de pures fuppofitions ?

1°. Qu'il n'y a point de vuide & que le Monde eft
réel & matériel dans tous fes points ?

2°. Que la matiere n'eft point de foi pefante, &
qu'elle ne pefe que par une impreffion méchanique qui
la porte vers un ou plufieurs centres ?

3°. Qu'une matiere très-fluide, très-mobile & non
pefante caufe cette Pefanteur, dans les feuls corps groffiers ?

4°. Que cette matiere impalpable n'a point de vraye
réfiftance, & que les corps groffiers ne réfiftent que par
leur matiere propre, par leur poids, par leur propre denfité ?

5°. Que les Cieux font *pleins* d'un fluide pefant, mais plus ou moins dans fes diverfes couches ?

6°. Que la Lune eft en *Equilibre* avec le fluide qui la fupporte, & que dans aucun cas elle ne peut tomber ni monter même, fi ce n'eft par une *interruption d'Equilibre*, & un fimple *balancement* d'une *Apfide* à l'autre ? &c. *c. q. f. d.*

*V*e. *PROP. La fuppofition immédiate de Newton, eft une pure SUPPOSITION MATHÉMATIQUE, & qui n'a rien de Phyfique.*

Démonftr. 1°. En Mathématique, en Géometrie, il eft permis d'analyfer le mouvement courbe, & de le regarder comme le réfultat de deux mouvemens, l'un par la *Tangente* & centrifuge, l'autre par la *Sécante*, & centripete.

Et tout de fuite il eft permis au Géometre *pur Géometre*, d'examiner chacun de ces mouvemens en particulier, *abftractivement* l'un de l'autre ; & de calculer à perte de vue les effets de l'un fans l'autre ; & à quel point du Ciel le mouvement par la Tangente porteroit l'Aftre s'il étoit dégagé du mouvement centripete, comme auffi en quel tems celui-ci le porteroit au centre, s'il étoit dégagé du mouvement par la Tangente.

2°. Mais le Phyficien n'a point de liberté à cet égard. Il doit commencer par prouver, s'il eft poffible, que le mouvement courbe dont il traite, eft réellement, phyfiquement le réfultat de deux mouvemens diftincts & indépendans, dont l'un fubfifte, l'autre étant anéanti.

M. Newton le *fuppofe*, mais en Phyfique il n'a pas

droit de le fuppofer, ou du moins on a droit de lui montrer que fa fuppofition n'eft point prouvée, qu'elle eft même improbable.

Car 1°. Tout mouvement rectiligne *AB* (*Fig. 23.*) produit par une force qui pouffe d'*A* en *B*, peut bien mathématiquement être décompofé, & regardé comme le réfultat de deux forces dont l'une pouffe de *A* en *C*, & l'autre de *C* en *B*.

Mais phyfiquement & lorfqu'il s'agit de la vraye Caufe de ce mouvement, il n'eft pas permis d'en affigner deux, ni d'autre que celle qui réellement pouffe de *A* en *B*.

2°. Pour ce qui eft du mouvement Courbe autour d'un Centre, il fuffit qu'un corps foit en Equilibre autour d'un Centre, pour que tout mouvement qui l'agitera foit courbe, fans qu'on puiffe conclure autre chofe, fi ce n'eft que ce mouvement-là ceffant, tout mouvement ceffera, & le corps reftera en Equilibre & en repos au point de diftance centrale où ce mouvement l'avoit pris. *c. q. f. d.*

VIe. PROP. *Il eft faux pofitivement que la Révolution empêche la Lune de tomber, & qu'elle doive tomber, cette Révolution ceffant.*

Dem. 1°. Cette Propofition eft déja prouvée par tout ce qui précede. J'ai déja fait voir que la *Révolution* n'eft point une *Chute*, & ne contient point de vraye chute.

J'ai remarqué que cette Révolution n'empêche pas une pierre de tomber fur la Terre, lorfqu'on l'a jettée en l'air.

J'ai même, je crois, démontré que la Chute des Corps ne peut se faire par une Parabole, ni par conséquent dégénerer en Ellipse, & qu'ainsi un Mouvement Elliptique ne pouvoit être le résultat d'un mouvement de *Chute centrale* ou centripete.

Mais 2°. on prétend que la Pesanteur décroissant en raison doublée, à mesure qu'on s'éloigne du Centre, un Corps qui monte à un certain point de hauteur, saisi par la Révolution des Cieux ne peut plus retomber.

Cette pensée est ancienne : on la trouve chés *Aristote* qui la cite, je pense, comme d'*Empedocle*.

Parmi les modernes, je crois que c'est *Mersenne* qui l'a renouvellée, en prétendant qu'un Boulet de Canon lancé verticalement, n'avoit plus reparu, étant sans doute devenu *Planete* suivant l'expression de *Gregory*.

Tout cela est fort équivoque, & n'a rien de constaté, de simplement prouvé. Et le contraire est plus que probable.

Si la Pesanteur diminue en s'éloignant du Centre, la Révolution diminue aussi, & sa force centrifuge par conséquent. Or les diminutions de celle-ci sont, selon M. Newton même, égales à celles de celle-là.

3°. L'effet incontestable de la Pesanteur, est d'être *accélératrice*. Voilà une Expérience certaine, un Phénomene constant auquel il ne faut pas facilement renoncer, surtout pour des suppositions & des fictions.

La force centrifuge au contraire, n'a point d'accélération. Elle paroît même *retardatrice* de son naturel, si l'on peut user de cette expression analogue.

Avec quelque force qu'on lance un corps quelconque loin de son Centre, la Pesanteur & son Accélération prennent tôt ou tard le dessus. Phénomene encore bien constaté.

Ainsi quelque part qu'on place un Corps pesant & capable de chute, il doit tomber en accélérant toujours sa chute ; & la Révolution, à moins le cas d'une rapidité infinie, ne peut l'empêcher d'arriver à son terme tôt ou tard. *c. q. f. d.*

X I.

QUATRIÉME PROBLEME.

Les Principes de Newton font-ils physiquement suffisans pour la GÉNÉRATION DES ELLIPSES CÉLESTES ?

J'AI déja remarqué que les deux premiers Livres des *Principes Mathématiques de la Philosophie Naturelle*, font en effet tout Mathématiques, & qu'il n'y a de Physique dans ce bel Ouvrage, que le troisiéme Livre tout au plus, intitulé, *De Mundi Syſtemate*.

Or je crois avoir remarqué aussi, que ce troisiéme Livre n'a de Phisique que l'adoption, le plus souvent, pure & simple que Newton y fait, *en Physicien*, des Principes qu'il avoit établis, *en simple Mathématicien.*

Par exemple, sur le sujet présent, Newton a établi

dans le premier Livre, qu'un Corps mu dans une Ellip-
fe, a une force centripete en raifon $\frac{1}{D^2}$; c'eft-à-dire, qu'il
y a trouvé *mathématiquement*, & par les Principes de
la Géometrie & de la Dynamique, que la force centripete d'une Ellipfe eft dans cette proportion renverfée
des diftances redoublées.

Il s'agit de voir comment cet illuftre Auteur rend
toute phyfique, une Propofition jufques-là toute mathématique, comment il fait paffer cette Propofition, de
l'état d'*abftraction* à l'état de *Réalité concrete*, comme
difent les Philofophes.

S'il le fait quelque part, c'eft fans doute à *la treiziéme
Propofition du troifiéme Livre*, où il met en affertion ce
titre pofitif & théorématique, *Planetæ moventur in Ellipfibus*, c'eft-à-dire, les Planetes décrivent des Ellipfes.

Cette Propofition, il eft vrai, femble n'annoncer
qu'un fimple *fait d'obfervation* affés facile à conftater par
l'Aftronomie ancienne autant que par la moderne.

Car 1°. Les Anciens en faifant mouvoir une Planete
dans un Cercle *Epicycle*, qui tournoit lui-même dans
un autre cercle nommé *Déférent*, lui faifoient décrire
en effet une Ellipfe.

2°. Les Obfervations modernes repréfentant ces
Aftres tantôt Apogées ou Aphélies, & tantôt Périgées
ou Périhélies, c'eft-à-dire, tantôt près, tantôt loin de la
Terre ou du Soleil dans leur Révolution, vont au même
but.

Mais ce n'eft pas par-là que Newton prend la chofe ;

& il y entend plus de fineſſe. Il entre dans ſa Propoſition par ces mots.

Diſputavimus ſuprâ de his motibus ex Phænomenis.
Jam cognitis motuum Principiis, ex his colligimus motus
cœleſtes à priori.

C'eſt-à-dire, qu'il a donné ailleurs les Obſervations,
les Phénomenes, le fait de l'Ellipticité des Aſtres, ou
que du moins il s'en flate ; mais que deſormais ayant
élevé le *Fait* juſqu'au *Droit*, & déduit des obſervations
les vrais Principes, il va tout à l'heure donner les mouvemens céleſtes *à priori*, c'eſt-à-dire, en aſſigner les
Cauſes, & expliquer *pourquoi* & *comment* les Aſtres ſe
meuvent dans des Ellipſes.

Rendons-nous donc attentifs aux Cauſes qu'il aſ-
ſigne.

Quoniam, dit-il tout de ſuite, *Pondera Planetarum*
in ſolem ſunt reciprocè ut quadrata diſtantiarum à centro
ſolis, &c.

En voici le ſens entier en François.

La Peſanteur des Planetes par rapport au Soleil, étant
en raiſon réciproque des quarrés de leurs Diſtances à l'é-
gard de cet aſtre qui eſt comme leur centre commun, ſi
cet aſtre étoit en repos, & que les Planetes n'euſſent point
d'Action & de Réaction les unes ſur les autres, leurs
Orbes ſeroient exactement Elliptiques, ayant le Soleil
à leur Foyer, &c.

Le reſte de la Propoſition ſe réduit à faire voir, que
le mouvement du Soleil & la Réaction des Planetes,
dérange fort peu l'Ellipticité de leurs mouvemens.

Et

Et voilà toute cette Ellipticité phyſiquement expli-
quée par Newton, qui la ſuppoſe par-tout ailleurs, démontrée ſuffiſamment par cela ſeul.

Qu'y a-t'il donc de *Phyſique* dans cette Démonſtration ou dans cette Explication ? Mais, dira quelqu'un
peu accoutumé à la *maniere Newtonienne*, ſur-tout s'il
a un peu d'habitude avec la *maniere de Deſcartes*, y
a-t'il donc-là aucune ſorte de *Démonſtration* ou d'*Explication* ?

Pour moi je veux croire juſqu'à un plus amplement
informé, que c'eſt-là en effet une *Démonſtration, mathématique* s'entend : mais j'ai bien de la peine à y décou-
couvrir une *Démonſtration phyſique*, & une ſorte d'*Explication à priori*.

Les Poids des Planetes ſont, relativement au Soleil, en
raiſon $\frac{1}{D}$. Donc, conclut Newton, les Planetes ſe meuvent dans des Ellipſes, dont le Soleil occupe le foyer.

Or cette raiſon $\frac{1}{D}$ eſt une affaire toute mathématique,
toute géometrique ; ou bien ce n'eſt tout au plus qu'un
fait d'Expérience ou d'Obſervation.

L'*Ellipticité* des Mouvemens céleſtes eſt auſſi un *Fait
d'Obſervation*. M. Newton déduit celui-ci de celui-là.
Cela n'explique rien.

Ce n'eſt qu'un enchaînement de deux faits : ce ſont
deux faits conciliés. Cela eſt bon. Mais ce n'eſt que cela, & l'un n'explique point l'autre ; l'un n'eſt point l'*à
priori*, la Cauſe, la Raiſon de l'autre.

S'il y avoit même à décider de la *priorité* des deux,
il ſeroit inconteſtablement plus naturel de déduire la

N

Raiſon $\frac{1}{D}$ de l'Ellipticité , que l'Ellipticité de la Raiſon $\frac{1}{D}$.

L'Ellipticité eſt une choſe bien plus connuë que cette
Raiſon. Elle nous eſt donnée par l'obſervation immédiate des mouvemens céleſtes, & eſt un fait ſenſible &
de pure phyſique.

Au lieu que la Raiſon $\frac{1}{D}$ eſt une affaire de Géometrie
& d'une Géometrie profonde, ſubtile, *Newtonienne* en
un mot.

Auſſi *Kepler* obſerva fort bien cette Ellipticité ; &
je croirois même que tous les Anciens l'avoient au moins
à demi obſervée ; puiſqu'enfin ils ſçavoient fort bien que
les Planetes étoient tantôt près, tantôt loin de leur Centre de révolution.

Or il a fallu un Newton pour obſerver, ou plûtôt pour
déduire géometriquement la raiſon $\frac{1}{D}$.

Je ne diſſimulerai aucun ſubterfuge : je ne cherche
que le vrai. Kepler, peut-on dire, obſerva le Phénomene : du Phénomene Newton remonta à la Cauſe. Il
eſt naturel que la cauſe ſoit plus cachée que l'effet. En
phyſique on ne réfute point un Syſtême, en diſant qu'il
explique *obſcurum per obſcurius*.

J'en conviens, ſi l'on veut ; & je conviens que chés
Deſcartes même la *Matiere ſubtile* & les *Globules* ſont
toujours des choſes moins ſenſibles, que les mouvemens & les qualités très-ſenſibles qu'on leur attribue,
qu'on en déduit, & dont on les donne pour *Cauſes primitives* & *à priori*.

Soit : mais ce ſont enfin des cauſes, des raiſons *à*

priori, des Explications fenfibles, ou du moins très-in-
telligibles pour l'efprit, des *Explications phyfiques* en
un mot.

On fçait ce qu'on dit, & on parle Phyfique, lorfqu'on repréfente un Tourbillon de matiere, refferré &
rendu ovale par le preffement des Tourbillons environnans, & qui entraîne une Planete dans une Figure qu'il
a lui-même.

Ce Tourbillon, ce preffement, cette Figure peuvent
bien n'être pas des chofes réelles. Mais ce font des chofes
phyfiques. On peut les perfectionner, les rectifier, les
rapprocher du vrai. On le peut & on le doit.

Pour le moins doit-on leur fubftituer des *chofes phy-*
fiques auffi, plus vrayes, plus vraifemblables, mais
toujours *phyfiques ;* & non des *raifons purement idéales*,
abftraites & mathématiques qui ne portent avec elles
aucune idée de *Caufe* & d'influence *phyfique*, *effective*,
opérative.

XII.

CINQUIE'ME PROBLEME.

*On examine de plus près, l'influence de la force centri-
pete en raison $\frac{1}{D^2}$, dans L'ELLIPTICITÉ
DES ORBES CELESTES.*

L'*ELLIPSE* n'eſt qu'un *Cercle allongé*, tantôt plus
près de ſon centre ou de ſon foyer, tantôt plus
loin.

Expliquer comment ou pourquoi un Aſtre ſe meut
dans une Ellipſe, c'eſt uniquement expliquer pourquoi
cet Aſtre eſt, dans ſa *Révolution* circulaire ou *orbiculaire*,
tantôt plus près de ſon Centre, & tantôt plus loin.

Je ne parle point encore de la Révolution circulaire,
dont M. Newton ne dit pas même un mot; mais il s'a-
git ſur-tout ici de la variation des diſtances centrales qui
caractérise non la Révolution en général, mais la *Révolution elliptique* en particulier.

M. Newton nous apprend bien, je veux le croire,
que les Aſtres mus dans des Ellipſes, & variant par conſéquent leurs Diſtances, ont dans ces diverſes Diſtances
des forces en raiſon renverſée des quarrés de ces Diſtances.

Mais ce n'eſt-là qu'une verité conſéquente, & de fait
mathématique, ou, ſi l'on veut, phyſique. Et l'affaire

eſt de ſçavoir *à priori* pourquoi ces *Diſtances* varient,
& pourquoi l'*Orbe* naturellement circulaire, devient
Elliptique & allongé.

La force centripete Newtonienne, étant exprimée
par $\frac{1}{D^2}$, renferme eſſentiellement & ſuppoſe le changement des Diſtances : elle n'eſt telle, elle n'eſt tantôt
plus grande, tantôt moindre, que parce que les Diſtances varient.

Ce ſont les *Diſtances, qui produiſent les forces.* Or
pour rendre raiſon de l'Ellipticité en queſtion, il s'agit
de trouver les forces ou la Force qui produit les Diſtances ou leur variation.

La force Newtonienne eſt une *Force relative, toute
géometrique.* La force phyſique qu'on cherche ici, eſt
une *Force abſolue & primitive.*

Si l'aſtre ſe meut dans une Ellipſe, ſa force actuelle
à chaque point, dit Newton, eſt $\frac{1}{D^2}$, & ſi la force eſt à
chaque point $\frac{1}{D^2}$, l'aſſemblage des points ſucceſſifs eſt
une Ellipſe. Je veux le croire.

Mais je demande, ou *Pourquoi l'Aſtre ſe meut dans
une Ellipſe,* ou *Pourquoi ſa Force varie en raiſon $\frac{1}{D^2}$?*

C'eſt-là le vrai *à priori* de la choſe. Or M. Newton
ne paroît pas y avoir ſeulement penſé : je m'explique
encore.

Un Corps mu ſur un *Plan incliné,* à un certain angle,
n'a que la moitié de ſa force abſolue, & un Corps qui
deſcend avec la moitié de ſa force, eſt cenſé deſcendre
ſur un plan pareillement incliné. Ces deux choſes-là
vont enſemble ; mais l'une eſt-elle la cauſe phyſique de
l'autre ?

Un Aſtre mu dans une Ellipſe, eſt cenſé mu dans une ſuite de plans différemment inclinés. M. Newton n'eſt pas pour deſavouer cette idée toute mathématique.

Cet Aſtre peut bien avoir par-tout une même force abſolue, mais n'en faire ſentir à chaque point, que la partie qui convient à l'inclinaiſon de ce point ou, ce qui va au même, à l'inclinaiſon, à la poſition biaiſante de la Tangente.

Que cette partie de force ſoit $\frac{1}{D^2}$, je veux bien le ſuppoſer; mais il s'agit de la force totale, abſolue & primitive, & ſur-tout de la cauſe qui détermine cette force à diminuer ou à augmenter en cette raiſon.

Suppoſé qu'il y ait un tel plan incliné ſous un corps, la force de ce corps eſt diminuée de moitié. Suppoſé que l'Aſtre ſe meuve dans une Ellipſe, ſa force eſt $\frac{1}{D^2}$.

Dites-moi donc ce qui a mis-là ce plan incliné, & ce qui a déterminé l'aſtre à décrire une Ellipſe.

Car le Plan incliné eſt à bien dire la cauſe immédiate *à priori* de la diminution de force du corps qui y deſcend; & l'Ellipticité des aſtres eſt antérieure à la modification de leur centripetence en raiſon $\frac{1}{D^2}$.

Les cauſes phyſiques & leurs opérations ſont une chaîne. Lorſqu'un corps ſe meut on doit toujours dans l'inſtant précédent trouver là cauſe immédiate de ſon mouvement dans l'inſtant ſuivant.

Dans un premier inſtant l'aſtre eſt à la Diſtance D, & la force eſt $\frac{1}{D^2}$. Dans l'inſtant ſuivant la diſtance eſt d, plus petite, & la force eſt $\frac{1}{d^2}$ plus grande.

C'eft donc la diftance D qui a produit la force $\frac{1}{D}$, ou du moins celle-ci qui a produit celle-là. Et de même $\frac{1}{d}$ produit d.

Donc D ne produit pas $\frac{1}{d}$ ni d, mais $\frac{1}{D}$. Et $\frac{1}{D}$ ne produit ni $\frac{1}{d}$ ni d. Pourquoi donc la diftance D & la force $\frac{1}{D}$ du premier inftant produifent-elles d & $\frac{1}{d}$ au fecond inftant ?

Je demande nettement, pourquoi une force déterminée à produire une certaine Diftance ou produite par cette Diftance, fe change-t'elle en une autre force productive d'une autre Diftance, ou produite par une autre Diftance ?

Je demande même, fi c'eft la Diftance qui produit la Force, ou la Force qui produit la Diftance ?

Chés M. Newton il paroît que c'eft la Diftance qui produit la Force, ce qui eft tout-à-fait contre la queftion.

Mais de quelque fens qu'il prenne la chofe, la queftion eft toujours en échec, & incapable d'aucune vraye Réfolution.

Il y a même-là un Cercle vicieux d'où je ne vois pas qu'on puiffe fe tirer. Car c'eft tantôt la Diftance qui produit la Force, & tantôt la Force qui produit la Diftance.

Qu'on fe retourne comme on voudra. Une Force qui fuppofe une Diftance, ne peut jamais produire une Diftance incompatible avec celle qui la produit.

Pour le moins a-t-on droit d'exiger, qu'on affigne la Caufe & la maniere dont fe fait cette production, c'eft-à-dire, le changement fucceffif des *Forces* & des *Diftances.*

Or ce changement fucceffif n'eft autre que l'Ellipticité même dont il s'agit. Cette Ellipticité paroît donc être jufques-là fans Caufe phyfique, & fans aucune forte de véritable Explication.

XIII.

SIXIE'ME PROBLEME.

MATHEMATIQUEMENT même, l'ELLIPTICITÉ DES ORBES CÉLESTES, eft-elle démontrée chés Newton ?

C'EST prendre Newton dans fon fort, que de le ramener à la Détermination mathématique des chofes. Analyfons bien la Propofition treiziéme du troifiéme Livre des Principes mathématiques.

Les Planetes ayant, dit-il, une Gravité $\frac{1}{D^2}$ vers le Soleil, elles doivent décrire des Ellipfes, dont il foit le Foyer commun. Je demande fur quel fondement eft appuyée cette détermination des Ellipfes planetaires.

Or je penfe que c'eft fur les *Propofitions onze, douze & treize du premier Livre & leurs Corollaires.* Car à la *onziéme Propofition* il cherche la Loi de la force centripete d'un corps mu dans une Ellipfe ; & il l'y trouve en raifon réciproque des quarrés des diftances, comme j'ai dit.

Il

Il eſt vrai qu'à la *douzième Propoſition*, il trouve la même, préciſément la même Loi obſervée dans une Hyperbole; & à la *treizième Propoſition*, il retrouve encore le même Syſtême obſervé dans la Parabole. Et les Géometres ſçavent bien que ce Syſtême s'appliqueroit encore mieux au Cercle par rapport à ſon Centre.

Ces trois ou quatre Courbes ont, il eſt vrai, une grande affinité enſemble ; l'Ellipſe dérivant du Cercle allongé, la Parabole de l'Ellipſe encore plus allongée, & l'Hyperbole de la Parabole.

Mais, malgré cette affinité, l'Ellipſe n'eſt pourtant pas le Cercle, la Parabole n'eſt pas l'Ellipſe, & on ne peut en confondre aucune avec l'autre, ni paſſer même tout-à-fait de plein pied de l'une à l'autre, ſans obſerver les différences qui les ſpécifient.

Auſſi M. Newton, un des plus Géometres hommes qui ayent peut-être jamais été, n'a point oublié cette différence ſpécifique des *Courbes coniques* dans ſon premier Livre, où il ne fait profeſſion que de Géometrie ou de Mathématique.

Et dans le *premier Corollaire* qui ſuit les trois Propoſitions ſuſdites, il a fort géometriquement conclu (*Prop. 13. Cor. 1.*) que ſi un corps ſe meut avec une force centripete en raiſon $\frac{1}{D}$ dans une courbe, cette courbe doit être une des trois ou quatre courbes coniques ſuſdites.

Voici les propres paroles du Corollaire cité.

» *Ex tribus noviſſimis Propoſitionibus conſequens eſt,*
» *quod ſi corpus quodvis P. ſecundùm lineam quamvis rec-*

» *tam P R , quâcumque cum velocitate exeat de loco P. &*
» *vi centripetâ quæ fit reciprocè proportionalis quadrato*
» *Diftantiæ locorum à centro , fimul agitetur ; movebitur*
» *hoc corpus in aliquâ feĉtionum conicarum , umbilicum*
» *habente in centro virium.* «

Mais ce que M. Newton n'a pu oublier dans fon *premier Livre*, où il faifoit profeſſion de Géometrie, je
fuis néanmoins furpris qu'un homme auſſi Géometre
que lui, paroiſſe l'avoir totalement oublié à la *treiziéme Propoſition du troifiéme Livre*, malgré la profeſ-
fion qu'il y fait de Phyfique, d'autant plus que toute fa
Phyfique n'eſt, là même, qu'une pure Géometrie.

Il s'agit de Logique : voici l'argument complet de ce
grand homme.

*Si un corps fe meut en ligne courbe, avec une force cen-
tripete $\frac{1}{D^2}$, il fe mouvera par fon premier Livre dans une
feĉtion conique , c'eſt-à-dire , dans l'Ellipfe , dans la Parabole ou dans l'Hyperbole.*

Cette majeure eſt furement de lui comme on voit
par le Corollaire cité.

Or eſt-il que *les Planetes fe meuvent avec une force
centripete $\frac{1}{D^2}$.*

Cette mineure eſt bien de lui auſſi dans la *treiziéme
Propoſition du troifiéme Livre.*

Donc les Planetes fe meuvent dans une Ellipfe.

Cette conféquence en eſt auſſi dans la même *treiziéme
Propoſition.*

Je demande fi elle eſt jufte, & fi logiquement parlant, l'argument eſt en forme, s'il y eſt même, parlant
mathématiquement.

Il falloit conclure que les Planetes se mouvoient donc dans une section conique, ellipse, parabole ou hyperbole, & non dans l'Ellipse seule à l'exclusion des autres deux.

Dans cette *treiziéme Proposition du troisiéme Livre*, M. Newton n'a pas manqué de citer sa *onziéme du premier Livre*, dans laquelle il ne s'agit que de l'Ellipse.

Il est vrai qu'il a eu la bonne-foy de citer tout de suite le *premier Corollaire de la treiziéme du même premier Livre*, dont j'ai tout-à-l'heure rapporté les propres paroles en Latin.

Mais ce Corollaire qui est indéterminé aux trois courbes coniques, détruit manifestement la détermination spécifique de l'Auteur pour l'Ellipse.

On me dira qu'il falloit bien s'y déterminer, l'Orbe des Planetes étant fermé & révolutif ; & la Parabole & l'Hyperbole étant ouvertes à l'infini.

Il falloit donc dire cette raison, en dire quelqu'une au moins. Or M. Newton n'en dit pas un mot ; & parce que les Planetes ont une force $\frac{1}{D^2}$, & qu'une telle force convient à une des trois ou quatre Sections coniques, *il conclut immédiatement que les Planetes se meuvent déterminément dans une Ellipse.*

Cela ne s'appelle-t'il pas un *sophisme*, même en Géométrie ?

M. Newton est plein de pareilles réticences. Or ce n'est pas sans raison, & je les trouve toutes affectées pour aider au Systême, pour pallier l'Hypothese, pour suppléer aux raisons physiques, qui lui manquent partout, & qu'il ne daigne pas même chercher dès qu'il a une apparence de raifon mathématique.

Sa raifon de ne pas parler ici de la Révolution des Orbes céleftes, & de la fuppofer tacitement, eft qu'on auroit bien pu lui fubftituer le Cercle à l'Ellipfe ; ce qui eût anéanti toute l'Ellipticité dont il étoit uniquement queftion.

Le Cercle eft révolutif, périodique, fermé comme l'Ellipfe. Et du refte il a toutes les propriétés des Sections coniques dont il eft le modele & la perfection.

Il n'a point de *Foyer*, dit-on. Mais ce n'eft pas un Géometre comme Newton qui le dira. Son *Centre* eft fon *Foyer*, & le plus parfait des Foyers.

Sa force centripete, dit-on, n'eft pas $\frac{1}{D^2}$. Mais voilà encore ce que M. Newton ne diroit jamais, puifqu'elle eft cela & mieux que cela, étant invariable dans fes diftances, & à l'abri de toutes les difficultés que j'ai faites, dans les articles précédens, contre la variabilité fuppofée de ces diftances.

Mais les Diftances des Planetes varient de fait, & l'obfervation fuffit ici pour exclure le Cercle.

Sans doute, & c'eft tout ce que je prétens, que M. Newton n'avoit que faire de fe jetter dans tout ce laby-rinthe de Propofitions & de Calculs géometriques, pour nous prouver ce que l'obfervation feule prouve affés, & ce qu'il ne peut après toute cette Géometrie nous prouver lui-même fans cette obfervation, que les Af-tres fe meuvent dans des Ellipfes.

Ce n'eft point *à priori* ; c'eft par le feul fait, & qui

pis eft, par fuppofition, par hypothefe que le fçavant
Auteur établit cette Ellipticité.

Ce qu'il y a de merveilleux, c'eft qu'enfuite, fans
autre raifon ni demi, M. Newton lorfqu'il s'agit de
l'Orbe des Cometes, fubftitue la Parabole à l'Ellipfe,
fur cela feul que les Cometes ont auffi (il le fuppofe)
une force centripete $\bar{\mathrm{D}}$.

X I V.

SEPTIE'ME PROBLEME.

La FORCE PROJECTILE *combinée par* M. *Newton
avec la centripete, explique-t'elle fuffifamment la*
GÉNÉRATION DES ÉLLIPSES CÉLESTES ?

IL eft facile, avec Newton, d'oublier bien des chofes dans la difcuffion du Syftême de l'Univers. La
force de fon génie entraîne les plus précautionnés. Il
préfente les objets d'une maniere fi faififfante, c'eft-à-
dire, fi difficile & fi géometriquement affirmative,
qu'on s'y borne avec lui fans regarder au-delà.

De trois forces qui paroiffent néceffaires pour la Defcription des Orbes elliptiques, M. Newton ne s'attache
qu'à une qu'il démontre avec grand appareil. C'eft la
force centripete que je crois avoir affés difcutée jufqu'ici.

Mais cette *Force centripete*, confondue par cet Auteur même avec la *Pefanteur*, & avec la *Chute* des corps, n'explique en effet que cette Chûte, & ne feroit bonne qu'à faire tomber les Planetes fur la Terre ou fur le Soleil.

Or il s'agit de les fufpendre & de les faire tourner tout autour, & même à des diftances tantôt plus grandes & tantôt plus petites.

Ce qui demande encore *deux Forces*, l'une par la Tangente *en Longitude*, l'autre *en Hauteur*, alternativement agiffante d'une Apfide à l'autre.

M. Newton fuppofe ces deux forces, fans les expliquer, fans les démontrer, & en les nommant feulement, l'une force innée *vis infita*, l'autre force *acceleratrice*.

Ce qui ne dit rien ni de Mathématique, ni de Géometrique, ni de Phyfique, & ne peut pas même être appellé du nom d'*Hypothefe*.

Car, pour le dire en paffant, une *Hypothefe* doit être au moins articulée, expofée, déduite, appliquée, & même prouvée à demi. Celles de *Defcartes* font toutes de ce caractere.

Qui doute qu'il ne foit auffi effentiel pour l'explication complette de la *Génération des Ellipfes céleftes*, d'établir, de prouver, de démontrer la *Force par la Tangente*, que celle que l'Auteur établit *par la Sécante*.

La Révolution, la courbure dépend effentiellement de l'Effence & de la combinaifon de ces *deux Forces* : & n'en donner qu'une, comme le fait Newton, c'eft ne donner que la moitié du Syftême qu'il fe flate cependant toujours de donner en entier.

Les *Tourbillons Cartéfiens* faifoient ici des merveilles. D'une feule impulfion Dieu avoit déterminé leur matiere, & les Aftres enclavés, à tourner, c'eft-à-dire, aux *deux Mouvemens* que Newton ne peut combiner, le *centripete* ou *le centrifuge*, & le *curviligne par la Tangente.*

Après l'anéantiffement de ces *Tourbillons*, & après avoir mis les Planetes dans le *vuide*, M. Newton a dû fe trouver fort embarraffé.

Il a imaginé une Vertu centrale, une *Centripetence*, une *Attraction*, une Gravité. Paffe pour celle-là.

Mais elle n'eft bonne qu'à faire tomber ces Corps au Centre : & la grande difficulté eft de les en tenir toujours éloignés, plus ou moins.

Il a donc fallu une *Force d'une nouvelle efpece*, & il faut croire que M. Newton, qui a pu la fuppofer par *Voye de fait*, n'a pu l'imaginer, la conftater par *Voye de droit.*

Tantôt il l'a nommée *Force innée*, tantôt *Force projectile* : & fes Difciples entraînés par la force de fon génie & de fa Géometrie, ont bien voulu n'y pas regarder de plus près, & la fuppofer, & la nommer comme lui, fans jamais fe piquer de la caractérifer, de l'expliquer, & beaucoup moins de l'établir en preuve, ou même par forme de fuppofition explicite & articulée.

Pour la *Force innée*, on n'en tient plus dans la faine Phyfique ; & c'eft déja trop que d'y avoir ouvertement introduit la *Force d'Attraction*, qui n'eft que trop *innée* auffi.

Sentons pourtant en paffant, que M. Newton étoit bien en goût de *termes occultes*, puifqu'en voilà trois, Force *Innée*, Force *Attractive* & Force *Accélératrice*, pour la feule Ellipticité des Orbes céleftes.

Pour ce qui eft de la *Force projectile*, elle eft plus dans le vrai goût de la Phyfique, & dans l'analogie des *Corps Projectiles* ordinaires.

Dieu a donc jetté les Planetes en ligne droite d'Occident, par exemple, en Orient; & la force centripete ou attractive les empêchant de fuivre cette droiture, les a affujeties dans la circonférence courbe d'une Ellipfe. Tel eft, tacitement au moins, le *Syftême Newtonien*.

Mais j'ai déja démontré le faux de cette idée, en montrant que dans ce cas les Planetes tomberoient au Centre tôt ou tard par une *Ligne Spirale*, plus ou moins révolutive. Je n'ai ici qu'un mot à ajouter en général.

Ou la force projectile feroit égale à la centripete, & alors la courbe feroit un Cercle. Ou la premiere furmonteroit la feconde, & alors la courbe s'éloigneroit du Centre à l'infini.

Ou ce feroit le contraire, & alors la Courbe rameneroit le Corps jetté, au Centre, comme il arrive dans nos projections journalieres d'une Balle, d'un Volant, d'une Bombe, d'un Boulet.

J'ajoute encore, que fi Dieu avoit lancé d'abord une Planete vers l'Orient, elle devroit aller toujours de ce côté-là par une *Courbe infinie* fans revenir jamais vers l'Occident, comme le font les Planetes.

Car

Car si la Planete (*Fig. 24.*) poussée d'*A* en *B* va à l'Orient dans la partie supérieure de sa courbe, elle va de *C* en *D*, c'est-à-dire, à l'Occident dans la partie inférieure, & dans l'entre-deux sur les côtés sa direction est tantôt de haut en bas, tantôt de bas en haut, changeant à chaque point de direction, sans qu'on sçache pourquoi.

Quand on jette une Bombe en-haut vers l'Orient, elle n'a pas une seule direction dans aucun instant, dont on ne puisse assigner la cause précise. 1°. Elle monte jusqu'à ce que la pesanteur ait anéanti la premiere direction que la poudre lui a donnée pour monter.

2°. En montant elle décline vers l'Orient, parce que rien ne s'oppose à cette direction primitive.

3°. En descendant elle tombe vers le centre, la pesanteur l'y dirigeant sans cesse.

2°. Elle continue à avancer vers l'Orient, rien n'ayant détruit cette partie de sa première direction.

P

X V.

Huitiéme Probleme.

La Force Acceleratrice de Newton est-elle Generatrice des Ellipses ?

J'AVOUE d'abord que je ne connois rien à cette Force accélératrice de Newton. Il ne s'est jamais piqué de l'expliquer lui-même : & je ne sçache aucun de ses Disciples qui ait tenté de l'expliquer.

Il entendoit sans doute par-là la *Pesanteur*, qu'on peut effectivement qualifier de *Force accélératrice*, parce que les corps pesans, en tombant, accelerent leur mouvement.

J'ai fait voir ci-dessus, que la Révolution des Planetes n'étoit ni ne contenoit une vraye chute proprement dite, & que dans aucun cas elles n'étoient faites pour tomber.

J'ai pourtant remarqué que de l'Aphélie au Périhélie il y avoit une sorte de chute ; & de-là je ne nierai pas qu'on ne puisse inferer une sorte de Force accélératrice.

Mais du Périhélie à l'Aphélie, il faut convenir, qu'il y a une Force contraire qui fait monter l'Astre en l'éloignant positivement de son Centre, & qu'on peut & qu'on doit qualifier de *Force retardatrice*, parce qu'en

effet les Corps pefans retardent leur mouvement, en
s'éloignant du Centre de leur Pefanteur.

M. Newton, outre qu'il n'a fait que qualifier cette
Force fans l'expliquer ni l'établir, n'en a donc connu
que la moitié, & l'a très-mal qualifiée par conféquent.

Je doute même qu'on puiffe qualifier d'accélératrice
la force qui précipite une Planete, de l'Aphélie au Périhélie.

Car la Planete étant probablement faite pour fe tenir
en Équilibre & en repos entre l'Aphélie & le Périhélie, felon le Syftême de *Fabri* adopté par *M. Leibnitz*,
il ne peut y avoir de vraye accélération que depuis
l'Aphélie jufqu'à ce point mitoyen, après lequel elle
doit retarder fon mouvement.

Un *Pendule* eft accéléré jufqu'au point le plus bas de
fon Arc, après lequel il retarde fon mouvement en parcourant l'autre moitié de cet Arc.

Et de même du Périhélie au point moyen, l'Aftre,
quoiqu'il remonte, paroît devoir accélérer fon mouvement ; & le retarder enfuite depuis ce point moyen
jufqu'à l'Aphélie.

De forte que non-feulement M. Newton n'a connu
que la *moitié de la Force centripete*, mais il n'en a même
connu que le *Quart :* ce qui fait voir bien du vague,
bien de l'hypothetique, bien du faux dans fon Syftême.

Et du refte comment peut-il traiter d'accélératrice la
force centripete qui affujetit une Planete dans une Circonférence d'Ellipfe ?

Une *Bombe* qui part d'un mortier, après être montée à son plus haut point par une *Force vraiment retardatrice*, retombe par une *Force vraiment accélératrice*, mais qui par-là même la fait aboutir au point de la Terre le plus bas où elle peut pénétrer.

Toute Force accélératrice de Pesanteur, a le même effet. Toujours par une pareille force les corps aboutissent sur la Terre, Centre de leur tendance.

Si la Force centripete de la *Lune*, étoit une vraye Force accélératrice de Pesanteur & de Chute, la Lune ne pourroit se dispenser d'aboutir à la Terre ; & après s'en être rapprochée jusqu'au Périgée, elle devroit s'en rapprocher tout-à-fait jusqu'à tomber sur la Terre même.

On ne comprendra jamais, comment cette Lune avec une force accélératrice de chute, la seule que lui attribue M. Newton, n'arrive pas & n'est pas arrivée depuis six mille ans jusqu'à la Terre, qui est son *Centre* unique, & par conséquent l'*unique Terme de son accélération*.

Point du tout : après être arrivée au Périgée, la Lune remonte à l'Apogée : en quoi il ne peut y avoir ni Chute ni Accélération.

Quoi ? à l'Apogée où il n'y a ni Accélération ni Chute, la Lune commence de son propre mouvement à tomber vers la Terre ; & après cette Chute & l'Accélération qu'elle a dû causer jusqu'au Périgée, cette Lune, en train de tomber & de tomber avec la rapidité d'une accélération prodigieuse, s'arrête & remonte ? Cela ne se conçoit pas.

Le Pendule, dit-on, tombé à son point le plus bas,
remonte par l'accélération même qu'il a reçue en tombant jusques-là.

Quelle différence. Le Pendule a une vraye force
d'accélération qui ne peut s'anéantir, & doit avoir son
effet.

Or ce Pendule, retenu par un Cordon ne peut descendre plus bas, & ne peut que remonter. S'il pouvoit
aller plus bas, & que le cordon vînt à se rompre ou à
s'allonger, surement le Pendule ne remonteroit pas.

Qu'on fasse voir dans la Lune, un pareil *Cordon* ou
un *Équivalent*, qui la ramene du Périgée à l'Apogée.

La Lune est libre, toutes les Planetes nagent *libre-*
ment dans le Ciel, dans le *vuide* même le plus parfait,
selon M. Newton. Il n'y a que les *Loix de l'Équilibre*
qui puissent après une descente de l'Apogée au Périgée,
la ramener du Périgée à l'Apogée.

Ces Loix la font tendre au point moyen entre ces
deux, comme le Pendule tend au point le plus bas. Le
Pendule passe ce point le plus bas. La Planete passe ce
point moyen par une accélération reçue soit en tombant de l'Apogée, soit en remontant du Périgée. Voilà
tout.

XVI.

NEUVIE'ME PROBLEME.

Les Principes Newtoniens rendent-ils raifon A PRIORI des diverfes circonftances du mouvement des Planetes ?

MOnfieur Newton dit quelque part, que Dieu a placé les Planetes en diverfes Diftances du Soleil : *Collocavit Deus Planetas in diverfis à Sole Diftantiis.*

Il n'eft pas douteux que Dieu n'ait conftitué d'abord toutes chofes, comme il l'a voulu. Dieu eft *Libre* & tout *Puiffant*, mais il eft *Sage*, & en un vrai fens il ne fait *rien fans Raifon*. Je m'explique.

Je ne parle pas des *Raifons fupérieures* & en quelque forte *intérieures de Dieu*. Je ne crois pas qu'il foit permis à l'homme de pénétrer jufques-là ; & en ce fens le *fit pro ratione voluntas* me paroît la meilleure *Raifon* qu'on puiffe rendre de ce que Dieu a fait.

Les *Raifons morales* de Dieu, fupérieures aux *Raifons théologiques* mêmes, ne font pas de notre reffort, j'en conviens. Et je m'arrête volontiers à l'exercice même de la liberté, qui eft de toutes les chofes celle dont on peut le moins rendre Raifon.

Mais il n'en eft pas de même des *Raifons phyfiques*,

qui font des chofes conféquentes , contingentes &
toutes , je crois, du reffort du Phyficien , qui les at-
trappe s'il peut & comme il peut , & qu'il fe propofe
au moins d'attrapper.

Car en créant l'exiftence des chofes , Dieu a mis en
elles leurs *Raifons d'exifter.* En rendant le Soleil brillant & la Lune luifante , il a créé le Soleil propre à
briller & la Lune à luire.

En mettant les pierres fur la Terre , il les a rendues
pefantes vers la Terre, propres à y refter en repos ,
propres même à y revenir lorfqu'on les en ôte.

En mettant de même le Soleil au Centre , Mercure
autour du Soleil , Venus autour de Mercure , la Lune
autour de la Terre , quatre Satellites autour de Jupiter , &c. il a tout difpofé méchaniquement, phyfiquement au moins , pour que cela fût toujours ainfi.

Et cela de maniere que la Lune n'eft pas faite pour
tourner autour de Mars, ni Mars autour de Mercure ,
ni Jupiter autour de fes Satellites , ni , &c.

Or c'eft de cette maniere , qu'un Phyficien doit expliquer ; c'eft à-dire, tâcher d'expliquer : car *ad impof-*
fibile nemo tenetur.

Collocavit Deus , dit M. Newton , *Planetas in diver-*
fis à Sole Diftantiis. Cela eft vrai : mais il n'y a que du
Chriftianifme à le dire, & il n'y a en cela pas un mot de
Phyfique.

La Phyfique confifte à dire, de fon mieux s'entend ,
pourquoi le Soleil eft au Centre ou au Foyer, & Mercure & Venus & Jupiter à la Circonférence ; & pour-

quoi Mercure eſt plus près du Soleil que Venus; & pourquoi la Lune & non Mars tourne autour de la Terre, & non la Terre autour de la Lune ou de telle autre Planette, Soleil ou Etoile, &c.

Dieu a placé les Planetes où il a voulu, ſelon Newton; & les Planetes y reſtent ſans autre *Raiſon phyſique* que cette pure & *abſolue volonté.*

Toute Ellipſe a deux Foyers & un Centre. Le Sòleil eſt au Foyer *A*, par exemple, de l'Ellipſe de Venus. Si Dieu l'avoit mis au Foyer *B* ou au Centre *C*, Venus n'en iroit pas moins ſon train.

Venus a une force $\frac{1}{D}$ par rapport au Foyer *A*. Elle a la même force par rapport au Foyer *B*. Et par rapport au Centre *C* elle a, ſelon Newton, une force *D*; & elle l'auroit également ſi le Soleil y étoit.

Il y a même plus: Si Venus étoit au Foyer *A*, & le Soleil à la Circonférence de l'Ellipſe, Venus & le Soleil auroient leur même Force, & le Soleil tourneroit à la place & autour de Venus. Car les Attraĉtions ſont toujours réciproques; & la *Réaĉtion* du Soleil au Centre eſt égale à l'*Aĉtion* de Venus à la Circonférence.

Venus décrit une certaine Ellipſe. On ne voit pas pourquoi. Elle en décriroit tout auſſi-bien toute autre, celle, par exemple, de Mercure, celle de Mars, celle de Saturne,

La force d'une Planete toujours proportionnée au lieu ou à la diſtance où elle ſe trouve, peut ſe proportionner à toutes ſortes de lieux ou de diſtances.

La

La Planete n'a point de vraye force, indépendante de ce lieu & de cette Diſtance. Elle attire tout ce qui ſe trouve dans ſa Sphere, & eſt attirée par tout ce dont elle occupe une partie de la Sphere, prête à attirer tout autre Corps, prête à ſe laiſſer attirer par tout autre.

Les *Raiſons phyſiques* ſont des *Raiſons néceſſaires*, d'enchaînement, de liaiſon, *de Méchaniſme*. Il n'y en a pas une chés Newton de cette eſpece. Ses raiſons phyſiques ſont *Libres*, très-libres comme les eſpaces dans leſquels s'operent tous ſes mouvemens céleſtes. *In ſpatiis*, dit-il, *liberis*, *liberrimis*.

On ſent cette *Liberté* dans le Choix, *Libre* en effet, que fait cet Auteur des *Ellipſes*, préférablement à la Parabole & à l'Hyperbole, auſquelles il avoit démontré que convenoit indifféremment la force $\frac{1}{D^2}$.

En verité, on me permettra de le dire avec le reſpeƐt extrême qu'on doit voir que j'ai pour le grand Newton, il n'y a que de la Géometrie dans ce Syſtême, & la ſaine Phyſique eſt à bas ſi l'on continue à le laiſſer paſſer.

J'admire ſon profond *Raiſonnement Géometrique*: mais il n'y a pas, on doit le voir, un mot de *Raiſonnement phyſique* dans tout cela. Croit-on qu'on en ſoit quitte pour dire que *les Poids des Planetes ſont en raiſon* $\frac{1}{D^2}$?

Deſcartes n'en dit point trop ſur cela; mais il en dit beaucoup plus, & il dit quelque choſe de plus

Q

intelligible & de plus phyſique ; lorſqu'il dit que les Planetes ſe placent dans les Tourbillons , ſelon les *Loix de la Peſanteur* ou de leur *Equilibre ;* & qu'elles ſont entraînées par les Tourbillons qui les ont envahies par la ſupériorité de leurs forces mé- chaniques.

TROISIÉME ANALYSE

DU SYSTÊME DE NEWTON,

Comparé à celui de DESCARTES.

SECONDE BRANCHE.

Le Syſtéme des TROUBLES céleſtes.

I.

CLEF DE NEWTON.

C'EST ici le grand morceau du Syſtême en queſtion. Tout le monde l'admire. Préſque perſonne n'en parle. On en parle, on l'admire en général. Mais on ne ſe pique point de le développer.

C'eſt comme le grand ſecret du myſtere. On le réſpeɛte, on le révére; on n'y touche pas. On diroit que c'eſt une eſpece d'enchantement.

Du reſte il y a effeɛtivement ici un *Air de Phyſique*, qui aide beaucoup à la faſcination, produite par une profondeur de Géometrie & de Calcul, peu acceſſible au commun ſurtout des Phyſiciens.

Le fonds du Syftême fe trouve dans la *onziéme Section du premier Livre des Principes*, furtout à la *foixante-fixiéme Propofition* & dans fes nombreux *Corollaires*: car il y en a vingt-deux.

Tout ce qui eft établi-là mathématiquement, géometriquement, eft adopté Phyfiquement dans les *Propofitions vingt-deux*, *vingt-trois*, *&c. du troifiéme Livre*, felon le ftile de Newton.

Il y a pourtant quelque chofe de merveilleux dans tout cela; & par une certaine tranfpofition de ftile, on diroit que le célebre Auteur n'a eu en vue, que de dérouter ici tout-à-fait fes Lefteurs.

Car les Phyficiens ordinaires vont naturellement chercher Newton Phyficien dans ce *troifiéme Livre*, où il en fait une profeffion affés ouverte.

Et lorfqu'ils trouvent-là le *premier Livre* cité, ils n'ont garde d'y aller voir, prévenus avec raifon, c'eft-à-dire, parce qu'on les en a avertis, que dans ce *premier Livre* Newton eft tout Mathématicien & Géometre.

Point du tout, tout le raifonnement phyfique, & un raifonnement même affés ordinaire, eft dans le *premier Livre* aux endroits cités; & le *troifiéme* au contraire fe trouve couvert d'un *Calcul aftronomique* mêlé d'*Analogies géometriques*.

Or tout cela eft d'autant plus impénétrable que ce ne font prefque que des réfultats, indéchifrables aux plus habiles *Aftronomes-Géometres*, pour qui Newton a calculé, comme pour fes Lefteurs les moins au fait de tout cela.

Réellement il y a un Air de Phyfique & d'explication dans la *foixante-fixiéme Propofition* & les *vingt-
deux Corollaires* cités.

L'Auteur n'y dit pas crûment, en vertu de telle Loi
telle chofe arrivera ; il entre un peu dans le *Comment* de
la chofe. Il en préfente les idées fenfibles. Il étale une
fuite d'opérations. Il détaille les mouvemens confécu-
tifs.

Il ne donne pas des Ellipfes toutes faites, des Orbes
tout formés ; il les forme comme fous nos yeux. Il ne
calcule point, il ne démontre point. Il parle en homme
à des hommes.

J'exhorte tout le monde à lire cette *Propofition* avec
fa fuite. C'eft de tout Newton ce que je connois de plus
lifible ; & s'il a quelque chofe de Phyfique dans fon
Syftême, c'eft-là furement tout ce qu'il en a.

Il y a même plus ; & c'eft-là tout fon Syftême Phy-
fico-Aftronomique, & tout fon Syftême de l'Univers,
au moins à très-peu de chofe près.

Je crois au refte rendre un plus grand fervice au Public, en découvrant cette efpece de mine ou de cache
du Syftême Newtonien, qu'en donnant l'analyfe de ce
qu'on en trouve ailleurs de plus myftérieux.

Ceci fe rapporte à ce que j'ai dit dans la Préface, que
Newton Phyficien eft plus profond & plus enveloppé
que Newton Géometre. C'eft au milieu des profondeurs
de la Géometrie que fon fecret de Phyfique lui a échappé.

Et voilà ce que j'appelle la principale *Clef de Newton.*

Elle est d'autant meilleure & moins suspecte, qu'elle n'est point de ma façon. Il ne m'en a couté que la peine de le parcourir tout entier, ce que je ne pouvois manquer de faire, en le décrivant fidelement comme je le fis pour ma premiere lecture.

I I.

DIXIE'ME PROBLEME.

Qu'est-ce que Newton entend en général, par les TROUBLES dont il remplit le Systême de l'Univers ?

IL y a une sorte de contradiction dans Newton, lorsqu'il taxe les Tourbillons de *Troubler* les mouvemens célestes, & qu'il ne parle ensuite lui-même que des *Troubles* qu'il admet dans ces mouvemens.

Je ne vois pas cependant, que les Physiciens modernes, je dis les Cartésiens mêmes, ayent été fort allarmés de cette nouvelle idée de *Troubles*, admis par Newton dans le Systême du Ciel.

Il faut sans doute que le *Trouble* en général soit de l'essence des Systêmes humains, puisqu'on ne peut rejetter les *Troubles* d'un Systême que par des *Troubles* nouveaux.

Les Cartésiens avec leurs *Elemens* fragiles, leurs

Tourbillons très - fluides , leurs *Encroûtemens* & leurs *Defencroûtemens* cafuels , leurs *envahiffemens* de Planetes & de Tourbillons , expofoient en effet la nature
à des *Troubles* continuels.

Les *Malebranchiftes* en ôtant même au Monde de
Defcartes un refte de ftabilité , en rendant tout fon-
cièrement fluide , & en livrant tout à des tourbillon-
nemens indomptés , ont paru tout-à-fait aguerris aux
troubles infinis , c'eft - à - dire , à la confufion générale
qui ne pourroit manquer d'en réfulter.

Tel Malebranchifte , tel Cartéfien , des plus célebres & des plus ingénieux , n'a pas craint en conféquence , de dire qu'il ne feroit pas fort étonné que la
Machine du Monde fe trouvât au bout moins bien ré-
glée qu'une de nos Pendules.

Un Philofophe moderne , eft le Philofophe ou le
Sage d'Horace , que l'Univers fracaffé fracafferoit fans
le faire trembler : *Si fractus illabatur orbis, impavidum
ferient ruinæ.*

On étoit donc bien préparé pour les Troubles Newtoniens ; & je ne connois que M. Leibnitz qui fe foit
formalifé que M. Newton nous menaçât ou nous fît la
promeffe d'une main réparatrice , *manum emendatricem,*
pour les Troubles futurs de la Terre & de l'Univers.

Dans le vrai , je doute pourtant que M. Newton fût
bien conféquent dans les troubles dont *M. Leibnitz* a
bien voulu fe formalifer.

A force de parler de troubles, M. Newton n'a pas laiffé d'en admettre de véritables dans le détail du Syftême.

Et ſes Diſciples, ſuivant le génie ſubalterne qui anime toujours l'eſpece , *Whiſton* , entr'autres , en troublant les Aſtres par des *Déluges* & des *Embraſemens* émanés des *Cometes* , me paroiſſent avoir trop pris à la lettre le *Trouble* apparent que leur grand Maître a mis , en expreſſion plûtôt qu'en réalité , dans le Syſtême général.

Les Troubles céleſtes admis par Newton dans ſon grand Syſtême du Monde , & qui en font peut-être toute la Baſe & toute l'Eſſence , ne ſont point de vrais Troubles , & nous pouvons nous raſſurer.

Je dis nous , c'eſt-à-dire , tous ceux qui ne reconnoiſſent ni trouble ni imperfeċtion dans le Syſtême général du Monde , qui eſt le propre & l'immédiat Ouvrage de l'éternelle Sageſſe.

Les Anciens étoient fort reſpeċtueux admirateurs de cet Ouvrage divin.

Or les Troubles de Newton , ne ſont que les Anomalies , les Inégalités , les Excentricités , les mouvemens d'Apſides , de Latitude , de Nœuds , &c. que ces mêmes Anciens admettoient , dans la Lune , & dans toutes les Planetes.

C'eſt-là au moins l'eſprit & la premiere intention des Troubles Newtoniens. Car je ne dis pas que Newton n'ait peut-être paſſé le But , comme Deſcartes & Malebranche.

Ses troubles deviennent réels , & une vraye ſource de dérangemens que les Anciens n'auroient jamais reconnus , & que nous ne ſommes point trop forcés de reconnoître nous-mêmes.

Mais

Mais je dis que tous les Troubles qu'il prétend expliquer, fe réduifent, comme on peut le voir par les *Corollaires de la foixante-fixiéme Propofition du premier Livre*, & par tous les titres de fon *troifiéme Livre*, aux inégalités du mouvement de la Lune, aux *Apogées*, aux *Nœuds*, aux *Inclinaifons* des Orbes, à la *Précef-fion des Equinoxes*, & aux Phénomenes ordinaires de l'Aftronomie.

Le Flux & Reflux même des Mers, entre dans la lifte des Troubles reconnus par Newton. Car il explique ce grand Phénomene, en grand comme il convient, & par les grands Principes du Syftême général de l'Univers, auquel il paroît effectivement lié de très-près.

III.

ONZIE'ME PROBLEME.

Quelle eft la propre idée, & la Caufe précife des TROUBLES *Newtoniens?*

LE Syftême fimple & régulier de Newton, confifte à faire mouvoir les Planetes, la Lune, par exemple, autour de la Terre dans une Ellipfe réguliere, en vertu de la *Centripétence* fimple de cette Lune autour de cette Terre, en raifon $\frac{1}{D^2}$.

Mais la Terre n'eft pas la feule qui attire la Lune, ou vers laquelle la Lune ait une Centripétence $\frac{1}{D^2}$.

R

Le Soleil attire auſſi la Lune ; & la Lune a une force centripete vers le Soleil, en une raiſon pareille, par exemple, $\frac{1}{d^2}$; en ſuppoſant *d* pour la *Diſtance heliocentrique* de la Lune, comme *D* eſt la *Diſtance geocentrique*.

Point d'affeЄation de termes ni de faux myſteres. *Helios* ſignifie le Soleil, & la diſtance *heliocentrique* ſignifie la diſtance du Centre du Soleil, comme *geocentrique* eſt la Diſtance du Centre de la Terre.

Je ne me ſers de ces termes que pour abreger le diſcours, comme quand je mets $\frac{1}{D^2}$ pour éviter la circonlocution de *la raiſon réciproque des quarrés des Diſtances*, ou *des Diſtances redoublées*.

L'AttraЄion du Soleil dérange donc le Syſtême de l'AttraЄion de la Terre, & par conſéquent auſſi l'Ellipticité ſimple du mouvement de la Lune.

Et comme toutes les Planetes & tous les Corps céleſtes s'attirent, les AttraЄions étrangeres influent toutes dans l'AttraЄion de la Lune par la Terre, & dérangent toutes l'Ellipticité réguliere & primitive de ſon Mouvement.

Ce n'eſt donc point une Ellipſe ſimple & exaЄe, que la Lune décrit autour de la Terre, mais une Ellipſe modifiée.

C'eſt pourtant un fonds d'Ellipſe, un à - peu - près d'Ellipſe, & toujours une Courbe allongée qui a des *Apſides* ; parce qu'après tout, les Planetes & les Aſtres attirant la Lune de fort loin, l'attirent fort peu.

Et l'AttraЄion même du Soleil, proportionnée à ſa

grande Diftance, eft affés peu de chofe, par rapport à celle de la Terre, qui fe fait fentir de fort près.

Newton explique nettement ce dérangement de l'El-lipfe lunaire par l'Attraction lunaire, dans la *foixante-fixiéme Propofition* citée, à l'aide de la *Figure 25*ᵉ. que je mets ici.

T eft la Terre placée au centre ou au foyer de l'Orbe lunaire *PADB*, la Lune eft en *P*, par exemple, & le Soleil eft en *S*.

Or, fi je repréfente ici l'*Orbe lunaire* par un Cercle, dont la Terre paroît occuper le Centre *T*, c'eft que je copie fidelement Newton qui l'a repréfenté de même.

La Terre *T* attire la Lune *P* par une force récipro-que *PT* redoublée, c'eft-à-dire, $\frac{1}{PT^2}$; & le Soleil *S* l'at-tire par $\frac{1}{SP^2}$, ou pour fimplifier par $\frac{1}{SL}$ en fuppofant que *SL* eft le redoublement de *SP*, c'eft-à-dire, fon quarré.

Cette fuppofition de *SL* au lieu de SP² eft de New-ton; & elle eft exacte en Géometrie. Car fi *SP* eft 2, on peut repréfenter fon quarré par *SL* qui fera 2 fois 2 ou 4. Si *SP* eft 3, alors *SL* fera 3 fois 3 ou 9, &c.

Enfuite, fuivant le Syftême connu de la *Décompofi-tion des Forces*, Newton décompofe la Force folaire *SL* en deux collatérales *SM* & *LM*. Celle-ci *LM* eft pa-rallele à *PT*.

Du refte, en bonne Géometrie, on peut pour fimpli-fier prendre les 3 lignes *SP*, *PT* & *ST* pour les 3 *SL*, *LM* & *SM* qui leur font femblables & proportion-nelles : & regarder *SP* au lieu de *SL* comme la force redoublée en queftion qui fe décompofe en *PT* & *ST*.

Cela ne changera rien aux raifonnemens de Newton.

La Lune *P* eft donc attirée vers *T* par la force *PT* redoublée & renverfée, de la Terre, & vers *S* par une force renverfée *SP*, compofée des deux forces renverfées *PT* & *ST*.

Or, & voici le Nœud, la partie *PT* de la force folaire confpire avec la même force redoublée de la Terre, & l'augmente.

Et il n'y a que la partie *ST* qui retire la Lune vers le Soleil; & la partie *PT* aide à la retirer vers la Terre.

Mais il faut dire en faveur de ceux qui ne font pas Aftronomes, que le Soleil étant *S*, la Terre *T*, la ligne *SATB* s'appelle la *Ligne Synodique* ou la *Ligne des Syzygies*.

Lorfque la Lune eft en *A*, elle eft en *Conjonction*, dit-on; & lorfqu'elle eft en *B* elle eft en *Oppofition*, parce qu'en *A* elle eft comme *conjointe* au Soleil, & en *B* elle lui eft *oppofée*.

Synode, *Syzygie* fignifie *Conjonction*: & *Ligne Synodique* Ligne de Conjonction.

Les points *C*, *D* à un quart de cercle de *A*, *B*, s'appellent les *Quadratures*.

En *A* la Lune ne paroît point, fon côté *illuminé* étant tourné vers le Soleil & le *non illuminé* vers la Terre.

En *B* la Lune eft *pleine* : En *C*, *D* elle eft *demipleine*.

Voici donc, felon Newton, ce qui réfulte de la Force *SP* renverfée, du Soleil ou de fes deux forces décompofées *ST*, *PT* jointes à la force *PT* ou $\frac{1}{PT^2}$ de la Terre.

Par le *fecond Corollaire de la Propofition foixante-fixiéme* citée, la Defcription de l'Ellipfe eft accélérée, des Quadratures aux Syzygies ; c'eft-à-dire, de *C* en *A*, & de *D* en *B* : & elle eft retardée des Syzygies aux Quadratures, de *A* en *D*, & de *B* en *C*.

La raifon en eft, que plus la Lune approche de *A* ou de *B*, moins l'Attraction folaire favorife l'Attraction terreftre par fa partie *PT* ou *LM* qui décroit jufqu'à être nulle en *A* & *B* ; au lieu qu'elle eft la plus grande qu'elle peut être, aux Quadratures *C*, *D*.

Or moins un Corps qui décrit une Courbe, a de Force centripete, plus il a de mouvement par la Tangente ; ce qui augmente fa *Force de Circulation*.

Le *troifiéme Corollaire* dit à peu près la même chofe, quoiqu'il y ait de la différence dans l'idée de Newton.

Mais il m'en coûteroit trop de difcours pour l'expliquer.

C'eft même plûtôt le *troifiéme* que le *fecond Corollaire* que je viens de rapporter fous le nom du fecond. Peu importe ici.

Par le *quatriéme Corollaire* la Courbure de l'Orbe lunaire eft plus grande aux Quadratures qu'aux Syzygies; parce qu'aux Quadratures la Force centripete de la Lune eft augmentée par celle que lui donne la portion *LM* ou *PT* de l'Attraction folaire.

Or plus il y a de force centripete, plus il paroît raifonnable qu'il y ait de Courbure.

Par le *cinquiéme Corollaire* la Lune s'éloigne davantage de la Terre aux Quadratures qu'aux Syzygies.

Dans l'Ellipfe en effet, & dans toute Courbe pareille, la plus grande Courbure eft aux endroits les plus éloignés du Centre.

Je crois aider au Syftême de Newton, par la maniere dont je l'expofe : on peut le confulter aux endroits cités ; & l'on verra que j'en prens au moins l'efprit. J'en laiffe un plus grand détail.

I V.

DOUZIE'ME PROBLEME.

Les Troubles Newtoniens font-ils, felon lui-même, de VRAIS TROUBLES ?

J'AI remarqué qu'abfolument, ce n'étoient point de vrais Troubles. Mais ce pourroient être des Troubles d'un Orbe elliptique, comme le prétend Newton.

C'eft-à-dire, que la Force centripete de la Lune vers la Terre, lui faifant décrire une Ellipfe autour de cette Terre, la force centripete vers le Soleil pourroit l'empêcher de décrire cette Ellipfe, troubler cette Ellipfe.

Or Newton prétend qu'en effet la chofe eft ainfi ; & que la Courbe rendue elliptique par une feule force, eft rendue non elliptique par la feconde.

Il me femble néanmoins que c'eft juftement tout le

contraire ; & que la premiere force feule $\frac{1}{D}$ n'ayant fait décrire qu'un Cercle , c'eſt la feconde force $\frac{1}{T}$ vers le Soleil S qui jointe à la premiere vers T, acheve de rendre ce Cercle , une vraye Ellipſe.

J'ai déja 'dans. l'Analyſe précédente , remarqué , prouvé même , je crois même démontré , que la force feule $\frac{1}{D}$ faiſoit tout au plus parcourir à la Lune un Cercle.

Or ici je ferois preſque tenté de croire , que Newton en a jugé comme moi ; & que ſentant l'inſuffiſance de ſon *Principe* trop ſimple $\frac{1}{D}$ pour la Deſcription d'un Orbe elliptique , il a voulu y revenir ſur nouveaux frais , & s'aſſurer par un *ſecond Principe*, compliqué avec le premier , de la vraye Deſcription des Ellipſes céleſtes.

Et alors ſon Syſtême retomberoit dans celui des Anciens , qui compliquoient les Cercles , les *Déférens*, les *Epicycles* pour tracer la vraye route des Planetes , ne manquant à d'autre formalité qu'à celle de nommer cette route , une Ellipſe.

Une Figure peut être mal faite , & l'on ne juge en Géometrie , des Figures que par le diſcours bien articulé qui les accompagne , les détermine & les décide.

La Figure de l'Orbe lunaire *PADB* eſt , ſelon les yeux , un Cercle bien fait dans la *ſoixante-ſixiéme Propoſition*, & dans les *vingt-deux Corollaires* de la *onziéme Section* du *premier Livre* de Newton ; & la mienne dans le Problême précédent , j'ai remarqué qu'elle en étoit fidelement copiée.

Et j'ai remarqué auffi que la Terre *T* y étoit placée dans le Centre de ce Cercle.

Or cette Figure eft répétée jufqu'à fept fois dans ladite Propofition , & dans lefdits Corollaires. Elle eft même enfuite répétée au *troifiéme Livre* dans les endroits relatifs à ces Corollaires & à cette Propofition.

Je ne dirai jamais que Newton ait voulu tromper fes Lecteurs ni leur faire illufion par cette circularité fenfible.

Mais je ne balancerai pas à dire, qu'il s'eft trompé & fait illufion à lui-même par-là ; qu'il y a oublié fon Ellipticité primitive , tant elle étoit forcée & peu naturelle ; & qu'enfin la nature lui en a fait rechercher une caufe toute nouvelle , plus heureufe en vérité , plus vraifemblable au moins que la premiere.

Cette premiere caufe $\frac{1}{D^2}$ outre qu'elle n'explique rien & ne caractérife l'Ellipfe par aucune de fes *Affections fpécifiques* , peut fans conféquence fe borner à la génération d'un Cercle.

La feconde caufe vient très-bien au fecours ; & ce Cercle eft fuffifamment changé en Ellipfe , dès qu'aux Quadratures l'Orbe eft plus courbe & plus éloigné de fon Centre qu'aux Syzygies , dès qu'aux Syzygies la Lune va plus vîte & s'éloigne moins *à recto tramite* , dit Newton , & *de curfu rectilineo* ; c'eft-à-dire , de la ligne droite ou de la tangente.

Que faut-il de plus pour décrire une Ellipfe ? Et M. Newton ne reconnoiffant à cet égard d'autre effet de la feconde force , ajoûtée à la premiere , n'eft-il pas
cenfé

cenfé n'avoir voulu au fond que rétablir l'*Ellipticité* qu'il avoit manquée dans une premiere Defcription ?

C'eft donc par une efpece de bonne foi naturelle, & d'inftinɛt que ce grand homme fur qui le vrai avoit des droits imprefcriptibles, a d'abord repréfenté ici la Lune dans un Orbe circulaire, pour l'en ôter tout de fuite par une nouvelle explication, plus phyfique fans contredit que la premiere, qui n'étoit tout au plus que géometrique.

Que fi au refte on prétendoit me chicaner, en foutenant que c'eft moi qui chicane Newton, & qui prétens juger un fi profond génie fur une Figure fuperficielle & équivoque, qui ne dit mot & ne décide de rien.

Ce feroit alors à moi de rendre cette Figure parlante, & parlante par l'organe même de Newton qui non-feulement n'a pas dit un mot qui contredife fa Circularité fenfible, mais l'a fuppofée & établie formellement dans tout le cours de la *Propofition* citée & de fes nombreux *Corollaires.*

Iifdem legibus, (dit-il au Corollaire dix-huit que je rapporte en termes formels, on voit pourquoi) *quibus P circum corpus T revolvitur, fingamus Corpora plura fluida circà idem T ad ÆQUALES ab ipfo Diftantias moveri, deindè ex his contiguis faɛtis conflari annulum fluidum, ROTUNDUM, ac corpori T CONCENTRICUM; & fingulæ annuli partes motus fuos omnes ad LEGEM corporis P. peragendo, propius accedent ad corpus T. & celerius movebuntur in conjunɛtione & oppofitione ipfarum & corporis S. quàm in quadraturis, &c.*

S

On doit comprendre, pour peu qu'on foit au fait du grand de la Phyfique, que Newton dans cet ingénieux *Corollaire dix-huitiéme*, veut expliquer le Flux & Reflux des Mers, par le même Principe ou les mêmes Principes, dont il vient dans les précédens d'expliquer le Mouvement Elliptique de la Lune.

Car le Flux & Reflux n'eft qu'un mouvement des Mers qui les rend Elliptiques en les foulevant & les abbaiffant, de circulaires ou fphériques qu'elles font dans leur état naturel.

Sur quoi il n'eft pas inutile de remarquer, que comme les Mers ne deviennent Elliptiques felon Newton, que par la *Force attractive* de la Lune ou du Soleil ajoûtée à celle de la Terre qui de foi les laiffe & les rend fphériques, de même l'Ellipticité de l'Orbe lunaire ne dépend felon Newton même, au moins dans cet endroit décifif & feul explicatif, que du concours de la centripétence folaire avec la terreftre. Reprenons le *Corollaire dix-huitiéme*.

Newton y réalife l'Orbe de la Lune, par une continuité de Corps pareils à cet Aftre & qui n'en different que par leur fluidité.

Or ces Corps fluides formant cet Orbe lunaire, *iifdem legibus quibus P circa T revolvitur*, felon les mêmes loix de fa Révolution, eft par-tout *circa idem T ad æquales ab ipfo Diftantias* à égales Diftances du même Centre *T*, c'eft-à-dire, de la Terre.

C'eft donc un Orbe circulaire. Newton ne laiffe rien à deviner : il eft rond *rotundum* : il eft concentrique à la Terre *Corpori T concentricum*.

Et du reste il ne change sa Figure en Elliptique, que par une seconde Centripétence ou Attraction. Car il est dit au *Corollaire dix-neuf*, que, si on ôtoit l'Attraction du Corps *S*, *si tollatur attractio T*.

Alors le fluide n'aura plus ni Flux ni Reflux, *nullum acquiret motum fluxus & refluxus* : c'est-à-dire, n'aura plus d'Ellipticité, plus d'abbaissement & d'élevation, plus d'inégalité de courbure ni de mouvement.

J'abrege : on n'a qu'à lire tout cela dans Newton, on y verra clairement démontré par lui-même *c. q. f. d.*

V.

TREIZIE'ME PROBLEME.

Le Systême des TROUBLES Newtoniens explique-t'il la vraye ELLIPTICITÉ de l'Orbe de la Lune ?

IL seroit étonnant que le second Systême de Newton, n'expliquât pas mieux que le premier, l'Ellipticité du mouvement de la Lune. Je ne puis cependant nier que je ne le craigne beaucoup.

Premierement je ne vois pas, pourquoi la Lune décrit un Orbe autour de la Terre, & n'en décrit pas un autour du Soleil.

Elle a vers les deux une force pareille $\frac{1}{D}$ & $\frac{1}{T}$.

Que la Lune décrive comme la Terre une Ellipse dont le Soleil soit le Foyer, & qui soit plus grande que l'Ellipse de la Terre, elle satisfera également à ses deux forces.

De même que Venus, au lieu de tourner autour de Mercure, décrit autour du Soleil comme Mercure une Ellipse, dont le Soleil occupe le Foyer commun.

Newton ne dit pas un mot, pourquoi la Lune tourne par prédilection autour de la Terre, tandis que celle-ci tourne autour du Soleil.

Encore si la Terre avoit un Tourbillon où la Lune fût enveloppée, comme le prétend Descartes, on y verroit quelque raison. Newton ne veut point de Tourbillon, & n'y substitue rien cependant.

Mais enfin comment la Lune ne décrivant point une Ellipse autour du Soleil, mais une Courbe fort composée & comme pleine de Nœuds & de replis, peut-elle être dite par Newton, avoir une force héliocentrique $\frac{1}{z^2}$?

Je crois pouvoir défier les Newtoniens de répondre à cette difficulté.

Selon Newton un Corps n'a une force $\frac{1}{z^2}$ que dans une Ellipse ou dans une Section conique *in aliquâ Sectionum conicarum.*

Or une pareille force fait décrire nécessairement une Ellipse ou une Courbe conique. *c. q. f. d.*

Je vais plus loin : l'Ellipse, que Newton fait décrire par la force $\frac{1}{z^2}$ du Soleil, est positivement fausse ; & l'Ellipse qui pourroit résulter de cette force, seroit pré-

cifément le contraire de ce que prétend Newton , & le
contraire de celle que nous font connoître les Phénomenes.

Car les Phénomenes nous apprennent en effet (*même
Fig. 25.*) que la Lune s'éloigne de la Terre aux Quadratures *C, D* plus qu'aux Syzygies *A, B ;* que l'Orbe
eft plus courbe en *C, D,* & moins courbe en *A, B :*
& qu'enfin la Lune va plus vîte en *A, B,* qu'en *C, D :*
tous Phénomenes caractériftiques d'une Ellipfe.

Mais d'une Ellipfe dont le grand axe eft de *C* en *D,*
& le petit de *A* en *B :* c'eft-à-dire, allongée de *C* en
D, rétrécie de *A* en *B. c. q. f. d.*

Newton n'a eu garde de contredire les Phénomenes :
il étoit trop Aftronome & trop Géometre pour cela.

Mais n'a-t'il pas contredit les vrays Principes de la
Phyfique, & de la Méchanique ; & les propres Principes qu'il a pofés ici lui-même & adoptés ?

Aux Quadratures *C, D* la force centripete de la
Lune vers la Terre eft augmentée de la force *LM* du
Soleil dirigée dans le même fens que *PT.* Et aux Sy-
zygies elle n'a point de pareille augmentation.

Or plus une force centripete eft grande, plus elle
doit rapprocher du Centre le Corps qui en eft affecté.
Donc *c. q. f. d.*

Aux Syzygies, en *A,* par exemple, la Force $\frac{1}{A}$ de
la Lune vers le Soleil *S* eft purement contraire à la
force $\frac{1}{D}$ de la Lune vers la Terre *T.* Donc la force $\frac{1}{D}$
doit en être diminuée, & la Lune doit en être rappro-
chée d'autant vers le Soleil, & écartée d'autant, de la
Terre. *c. q. f. d.*

A l'oppofition B, il eft vrai que l'Attraction folaire confpirant avec la terreftre, la Lune devroit s'y rapprocher d'autant, de la Terre.

Et à bien dire ce devroit être-là le vrai Périgée de la Lune; fon Apogée devroit être en A : & les points C, D des Quadratures devroient être les *Moyennes Elongations*.

Mais ce qui devroit être felon Newton, n'eft pas, felon Newton même. *c. q. f. d.*

Newton étoit trop habile pour contredire ainfi la nature, fans fe contredire lui-même, par un retour de jufteffe de Raifonnement, en conféquence des vrais Principes par lui-même pofés.

Il a fort bien vu & nettement établi, que la force folaire LM dans les Quadratures & hors des Syzygies, tendoit de C ou de P en T en furcroît de force pour $\frac{1}{D^2}$ ou $\frac{1}{PT^2}$ ou $\frac{1}{CT^2}$.

Vis altera, dit-il, *eft attractionis LM, quæ quoniam tendit à P ad T, fuperaddita vi priori coincidit cum ipsâ.* Or c'eft dans le corps même de la Propofition foixante-fixiéme que ce grand homme a parlé ainfi.

C'eft pourtant dans les premiers Corollaires, qu'il prétend que la Lune s'éloigne plus de la Terre, aux Quadratures qu'aux Syzygies.

Mais dans ces Corollaires mêmes, & dès le fixiéme, voici un retour de vérité.

Quoniam vis centripeta corporis T centralis, quâ P in orbe fuo retinetur; augetur in quadraturis per additionem vis LM, & minuitur in Syzygiis per ablationem, &c.

Dans le même Corollaire fixiéme voici des paroles remarquables.

Si vis illa corporis centralis fenfim languefceret, corpus P femper minus & minus attractum, perpetuò recederet longuis à centro T, & contrà fi vis illa augeretur, accederet propius.

Or comment peut diminuer ou augmenter la force du Corps central *T*, & quand eft-ce que *P* doit s'en éloigner ou s'en approcher ? Newton nous l'apprend fort bien.

Si actio corporis longinqui S, dit-il, *quâ vis illa minuitur, augeatur ac minuatur per vices, augebitur fimul & diminuetur per vices Radius TP.*

C'eft donc la plus grande ou la moindre force du Soleil *S* qui diminue ou augmente la force de la Terre *T*, & qui allonge ou accourcit le Rayon *TP*.

Or c'eft dans les Quadratures, felon Newton, que la force de *S* ou la partie *LM* de cette force fe concerte avec la force de la Terre, pour l'augmenter.

Et dans les Syzygies elle lui eft contraire & la diminue, non-feulement en ne l'augmentant pas de la force *LM*, mais en lui oppofant une force centripete vers *S*, & centrifuge par conféquent vers *T*.

Sans fortir même des cinq premiers Corollaires, Newton s'explique ainfi dès le quatriéme.

Vis NM in Syzygiis contrariâ eft vi quâ corpus T trahit corpus P ; adeoque vim illam minuit. Donc *c. q. f. d.*

V I.

QUATORZIÉME PROBLEME.

Eſt-il généralement vrai, que la PLUS GRANDE FORCE CENTRIPETE réponde à la PLUS GRANDE COURBURE ?

UNE choſe a trompé M. Newton, & peut en tromper bien d'autres.

Mathématiquement parlant , il paroît (*Fig. 26.*) que dans une Ellipſe *ADBC* la plus grande force centripete eſt , comme la plus grande Courbure, en *A*, *B ;* & que l'une & l'autre eſt moindre en *C*, *D*.

On ne ſçauroit douter que ce ne ſoit là-deſſus, que ce grand homme, trouvant aux Quadratures *C*, *D* le Principe d'une plus grande centripétence qu'aux Syzygies, il n'en ait conclu pour la plus grande courbure & le plus grand *Eloignement géocentrique* en ces premiers points qu'aux ſeconds ; d'autant mieux que ſelon l'obſervation cela eſt ainſi.

Cependant M. Newton s'eſt contredit doublement dans cette maniere de raiſonner ; ſoit en ce qu'il a reconnu dans les mêmes Corollaires, qu'un redoublement de force centripete devoit rapprocher la Lune du Centre de la Terre aux Quadratures : ſoit parce qu'ainſi que je l'ai obſervé dès les commencemens de ma ſeconde

Analyſe,

Analyſe, Newton eſt communément peu obſervateur de la Courbure des Orbes dans la détermination de leurs forces centrifuges.

Nous avons vu en effet que ſelon lui la force $\frac{1}{D}$, très-petite à l'Apogée *A* par rapport au foyer *F*, eſt très-grande au Périgée *B*, quoiqu'ici la Courbure ſoit la même qu'en *A*.

On ſera ſurpris, & je ſuis très-ſurpris moi-même, de voir un Géometre auſſi conſéquent, auſſi ſyſtêma-tique que M. Newton, ſe contredire ainſi ſur la ma-tiere du monde qui lui eſt la plus familiere.

Pour l'excuſer cependant, je dois avouer, qu'il y a ici quelque choſe de myſtérieux & une eſpece d'em-barras ſecret, qu'il n'eſt pas facile de démêler ; la force centripete s'y préſentant dans divers points de vue, tantôt comme plus grande en *A, B* où eſt la plus grande Courbure ; tantôt comme plus grande en *C, D* où la Courbure eſt moindre.

Mathématiquement, je le répéte, la force centri-pete paroît plus grande en *A* qu'en *D*, en *B* qu'en *C*, la Courbe s'éloignant bien ſurement de ſa Tangente, plus en *A* & *B* qu'en *C*, & *D*.

Phyſiquement cependant la choſe paroît toute autre : & il paroît qu'il faut plus de force centripete pour rap-procher *C, D* du centre comme ils le ſont, & pour en tenir *A, B* plus écartés.

Ne pourroit-on pas dire que *C, D* ont plus de force centripete, & *A, B* plus de force centrifuge ?

Car une Ellipſe eſt un Cercle allongé ou rétréci ;

T

allongé de *A* en *B*, en éloignant *A* & *B* du Centre : rétréci en rapprochant *C* & *D*.

Mais, mathématiquement parlant, la force centripete étant partout égale à la force centrifuge, & la centrifuge à la centripete, s'il y a plus de force centripete en *C*, *D* comment n'y a-t'il pas plus de force centrifuge ?

Et s'il y a plus de force centrifuge en *A*, *B*, comment n'y a-t'il pas plus de force centripete ?

D'un autre côté, il est pourtant toujours vrai, que soit qu'on considere une Ellipse comme un Cercle allongé ou comme un Cercle rétréci, on ne peut l'allonger d'*A* en *B*, c'est-à-dire, éloigner *A* & *B* du centre, sans le rétrécir de *C* en *D*, sans rapprocher du centre *C* & *D*.

On considere, en Géometrie même, une Ellipse *ADBC* comme tenant le milieu entre deux Cercles décrits l'un sur son grand, l'autre sur son petit axe : & comme étant le rétrécissement du grand ou l'allongement du petit. (*Fig. 27.*)

Or on seroit porté à croire que la Courbure en *A* & *B* répond à celle du grand Cercle qui a ces deux points communs avec cette Ellipse ; & que la Courbure en *C*, *D* répond à celle du petit Cercle. Or le petit Cercle a plus de courbure & de centripétence que le grand.

Cependant, il est géometriquement toujours vrai, que l'Ellipse est plus courbe & plus centripete en *A*, *B*, qu'en *C*, *D*.

Il paroît par ce conflit de raiſons, qu'il faut abſolument diſtinguer ici le Phyſique du Géometrique, &
l'Ellipſe *en voye de ſe faire*, ou *in fieri*, comme on dit,
de l'*Ellipſe faite*, *in facto*.

L'*Ellipſe faite* eſt l'*Ellipſe géometrique*. Les Géometres la ſuppoſent faite, ou ne la font tout au plus
que ſpécialement, avec des inſtrumens abſtraits & ar-
tificiels.

L'*Ellipſe en voye de génération*, eſt l'*Ellipſe phyſique*.

Or dans ce cas il n'y a pas d'autre façon, que de la
rétrécir & de l'allonger, & par conſéquent de rapprocher *C*, *D* du Centre, en éloignant *A*, *B*, ce qui demande plus de force centripete en *C*, *D*, & plus de
force centrifuge en *A*, *B*.

Mais l'Ellipſe faite a déformais, & préſente à un
Géometre plus de force centripete en *A*, *B*, & plus
force centrifuge en *C*, *D*.

Rien n'eſt mieux que de conſidérer un reſſort circulaire, allongé en Ellipſe.

Pour l'allonger, il eſt inconteſtable qu'il faut écarter *A*, *B* du Centre, & en rapprocher *C*, *D*.

Cela fait, & le reſſort étant abandonné à lui-même,
il eſt viſible que *A*, *B* vont ſe rapprocher du Centre,
& *C*, *D* s'en éloigner; ce qui montre plus de centripétence ou d'effort centripete en *A*, *B* qu'en *C*, *D*.

Dans le Cercle toutes les forces centripetes de tous
les points, font en Equilibre.

Dans l'Ellipſe, l'Equilibre eſt rompu.

T 2

Une force centripete étrangere étant ajoûtée en *C*, *D*, a furmonté celle de *A*, *B*.

Mais en les furmontant, elle les a rendues plus grandes d'autant, en bandant le reffort, lequel en fe débandant doit rétablir l'Equilibre circulaire.

Cela s'applique aux Orbes céleftes, furtout dans le Syftême des Tourbillons.

Car dans la *Figure précédente*, où il y a une Ellipfe entre deux Cercles correfpondans l'un à fa longueur *A*, *B*, l'autre à fa largeur *C*, *D*, il eft vifible que le petit Cercle a plus de force centripete que le grand, & qu'il en faut plus pour y faire tourbillonner l'Aftre qui s'y rapproche du Centre.

Mais d'un autre côté ce petit Cercle ayant plus de *Viteffe*, & tournant plus vîte que le grand, l'Aftre y acquiert par-là plus de force centrifuge.

D'où il réfulte que l'Aftre ne va de *A* en *D* que par une force centripete qui croît toujours, mais que de *D* en *B* il va par une force centrifuge qui fuccede à la force centripete qui l'avoit fait defcendre d'*A* en *D*.

Mais du refte cette force centripete, n'eft point en quelque forte celle de la Courbe mathématique, confidérée comme toute faite; mais une force centripete étrangere, & une vraye chute comme je l'ai expliqué ailleurs.

Cette force réfulte de l'*interruption d'Equilibre* de l'Aftre déplacé, & mis au-deffus ou au-deffous de fon point de repos; auquel il tend comme un *Pendule* par une *Accélération*, fuivie d'un Retardement alternatif. Ce qui concilie bien des difficultés, & *c. q. f. d.*

VII.

QUINZIE'ME PROBLEME.

Quel est le Système de Newton sur les autres mouvemens
d'APSIDES , d'EXCENTRICITÉ,
de LATITUDE, &c. ?

NON-seulement la Lune & les autres Astres ne
décrivent pas une Ellipse exacte , mais elle &
eux ne décrivent pas deux fois de suite la même maniere d'Ellipse.

Cette Courbe , Ovale en général , a bien des *Va-*
riations, dont plusieurs mêmes ne font pas connues jufqu'ici.

Les plus connues sont le *changement d'Apsides* , c'est-
à-dire , d'Apogée & de Périgée.

Or ce changement est double , *en Longitude* , & *en*
Hauteur, comme disent les Astronomes : & ce dernier
ils l'appellent *le changement d'Excentricité.*

Outre ces deux changemens , il y a celui qu'ils appellent *en Latitude ;* & là encore il y a le *Mouvement*
des Nœuds , &c.

Je n'entreprendrai pas d'expliquer tout cela , mon
dessein n'étant que d'indiquer la façon dont M. Newton l'explique.

Concevant (*Fig. 26.*) la Lune dans une Ellipse ,

& fon Apogée en *A*, fon Périgée en *B*, le mouvement de fon Apogée *en Longitude*, confifte en ce que l'Aftre étant conçu tourner dans cette Ellipfe de *A* en *C*, de *C* en *B*, de *B* en *D* pour revenir en *A*, la Lune ratrape ce point *A* avant ou après avoir fini fa Révolution, comme fi pendant cette Révolution du Corps de la Lune dans cet Orbe, l'Orbe lui même en corps tour-noit autour de *F* dans le même fens de *A* en *C*, ou dans le fens contraire de *A* en *D*.

Car alors il eft manifefte que le point *A* mu de *A* en *C* fe déroberoit à l'Aftre qui auroit après fa Révolution complette autant de chemin à faire pour rattraper ce point *A*, que celui-ci en auroit fait en courant comme après lui, ou bien que *A* allant de *A* en *D*, iroit au-devant de l'Aftre, & lui épargneroit une partie du che-min pour le rattraper.

Concevés, (*Fig. 28.*) l'Aftre partant de *A* allant en *C*, en *B*, en *D*, & puis tout de fuite en *a*, en *c*, &c. comme par des *Orbes frifés* ou tortillés, &c.

Car c'eft-là le vrai de la chofe, les Orbes étant la continuation les uns des autres ; chofe à quoi M. Newton n'a gueres penfé lorfqu'il a fuppofé de vrayes Ellipfes pour ces mouvemens celeftes.

M. Newton fuppofe tout ce qu'il veut, & en verité des chofes toutes contradictoires.

Il établit d'abord par les Phénomenes, que les poids des Planetes font en raifon $\frac{1}{D}$.

Il en conclut immediatement que les Planetes fe meu-vent dans des Ellipfes, vrayes Ellipfes.

Enfuite pour expliquer les Phénomenes, fuivant lefquels ces Planetes réellement ne fe meuvent point dans
de vrayes Ellipfes, & n'ont par confequent rien moins
qu'un poids $\frac{1}{D}$, il altere ce poids comme il veut, & le
fuppofe tout different de ce qu'il l'avoit fuppofé comme
connu par les Phénomenes.

C'eft le Soleil, felon lui, qui altere par fa force,
celle de la Lune. Mais il faut voir comment cette alteration produit le mouvement des Apfides.

Nam aberratio quam minima, dit-il au Liv. 3. Prop. 2.
*à ratione duplicata, motum Apfidum in fingulis Revolu-
tionibus notabilem, in pluribus enormem efficere deberet.*

Or c'eft au *Corollaire feptiéme ou huitiéme de la foixante-fixiéme Propofition* tant citée du *premier Livre*,
que Newton explique la maniere phyfique dont fe fait
ce mouvement d'Apfides par l'alteration de la force $\frac{1}{D}$
caufée par la force du Soleil *S*. (*Fig. 25.*)

C'eft la partie *LM.* de cette force qui accelere le mouvement de la Lune *P*, de la quadradure *C* à la conjonction *A*.

Mais cette acceleration ne doit-elle pas être fuivie
d'un retardement tout pareil de la conjonction *A* à la
quadrature *D*, ce qui rétablit toutes chofes en leur
point ?

Newton en convient de bonne grace, fans faire femblant même qu'il y ait là le moindre air d'objection.

Enfuite de la Quadrature *D* à l'oppofition *B*, il fe fait
une Acceleration nouvelle : mais de l'oppofition *B* à
la Quadrature *C* il y a un nouveau retardement : &
tout eft rétabli.

Encore une fois, Newton convient de tout : mais il prétend avec *Lansberge* fameux Aftronome, que l'acceleration n'eft pas précifément égale au retardement ; & qu'ainfi l'un gagnant toujours fur l'autre, l'Orbe à un vrai mouvement en avant ou en arriere ; ce qui charge le lieu des Apfides, & l'approche ou l'éloigne de l'Occident ou de l'Orient.

C'eft en Aftronome que *Lansberge* l'avoit ainfi fuppofé. Mais en Phyficien M. Newton fe flatte inutilement, ce me femble, de l'avoir expliqué.

L'alteration de la force $\frac{1}{D^2}$ n'eft-elle pas précifément la même, des Quadratures aux Syzygies & des Syzygies aux Quadratures.

Il n'y auroit que le changement de lieu du Soleil ou de la Terre qui pourroit y jetter quelque différence.

Mais c'eft à M. Newton de faire voir qu'elle lui eft favorable, ce que je ne crois pas.

Le Mouvement d'*Eccentricité*, ou d'Apogée en hauteur, confifte *aftronomiquement*, à concevoir l'Orbe mû tout d'une piece lui-même en hauteur, & *phyfiquement* à expliquer pourquoi la Lune, par exemple, a fon Apogée & fon Périgée, tantôt plus haut, tantôt plus bas ; ou pourquoi elle s'éloigne tantôt plus de fon Centre, tantôt moins.

M. Newton (*Cor. 9. Prop. 66.*) en trouve la raifon dans l'altération de la force $\frac{1}{D^2}$ par la force du Soleil.

Mais fans autre difcuffion, j'ofe dire qu'il y fuppofe tout, à fon ordinaire, & qu'il n'y explique rien.

Enfin dans les *Corollaires fuivans*, c'eft le même procédé

cédé pour l'explication de la *Variation des Latitudes* &
du *Mouvement des Nœuds*.

Je me contente de remarquer qu'au *Corollaire dix*, je
crois, où il s'agit de ce Phénomene, M. Newton commence par fuppofer la *Latitude* & les *Nœuds*, c'eft-à-
dire, que l'Orbe lunaire eft de foi naturellement différent du *Plan de l'Ecliptique*.

Il n'eft pas queftion d'expliquer la Variation de cette
différence, mais cette Différence elle-même. Phénomene difficile que perfonne n'a, je crois, encore expliqué.

Du refte M. Newton a d'autant moins de droit de
parler d'Orbes lunaires ou autres comme de Corps ou
de *Plans corporels* exiftans, & capables de *Mouvemens*,
de *Nœuds*, d'*Inclinaifons*, de *Variations*, que felon fon
Syftême du vuide célefte le plus parfait, tous ces *Orbes*
font de *pures fictions. c. q. f. d.*

Dans le Syftême feul des Tourbillons ou du Plein,
les Orbes font réels & matériels : ce qui feul doit convaincre tout *Aftronome vrai Phyficien*, de la néceffité de
reconnoître ces *Tourbillons*.

V

VIII.

QUINZIE'ME PROBLEME.

*Quelle efpece de TROUBLES M. Newton
doit admettre.*

QUOIQUE tous les Troubles, que M. Newton
avoue dans fon Syftême, foient réguliers, en-
chaînés & périodiques ; cependant lorfqu'on examine
de près fes Principes, on entrevoit affés qu'il n'a admis
ces *Troubles* de bonne grace, que pour éluder ceux qu'il
entrevoyoit bien qu'on pouvoit le forcer d'y reconnoître, malgré lui.

Ç'a été un grand trait de prudence & d'adreffe, &
en même tems un prodigieux effort de tête & de génie,
de tirer un fi bon parti d'un Syftême fi ruineux ; & d'é-
tayer avec art un Edifice, comme de fes débris naturels.

Je crois admirer Newton, plus que ceux qui l'ad-
mirent aveuglément, ou qui le louent fans correctif.
Newton a fait en ce genre, tout ce que peut faire l'in-
duftrie humaine.

Peut-elle atteindre au vrai du Syftême de l'Univers ?
Je ne dois pas le penfer, lorfque je vois qu'elle n'y a pas
atteint, jufqu'à Newton inclufivement.

Tous les Syftêmes font donc ruineux, & nommé-

ment une fource de vrais *Troubles* & d'irrégularités
réels.

Celui de *Defcartes* l'eft par la fragilité & l'indétermination de fes Elemens ; & celui de *Malebranche* l'eft
encore plus , par l'infinie molleffe de fes Tourbillons
infiniment petits.

La plus grande gloire d'un Auteur de Syftême , ne
peut donc réfulter que de fon habileté à l'étayer , en
palliant les foibles , en couvrant les contradiétions , en
tournant au profit du Syftême , fes vices fecrets : en
quoi furement perfonne n'a mieux réuffi , que le *Grand
Newton.*

Je ne diffimulerai pas que je crois les Principes & le
Syftême général de Defcartes, plus heureufement trouvés.

Mais fi ce *Génie de la France* a eu plus de facilité &
plus de bonheur , je ne me laffe point d'admirer les ref-
fources , la force & l'art infini qui éclatent dans le Syftême du *Génie de l'Angleterre.*

Defcartes a rempli l'Univers d'une bonne matiere folide , étendue & qui ne pouvoit lui échapper, n'étant
pas même deftruétible.

Il l'a animée de bons mouvemens matériels & groffiers. Il l'a divifée en un bon nombre d'Elemens & de
Tourbillons , &c. Voilà l'*Ouvrage d'un homme.*

Newton a prefqu'ofé tenter l'*Ouvrage* même *de
Dieu.*

Sans matiere , fans formes , fans Elemens , & prefque fans Principes , fans mouvement , il n'a pas moins

entrepris de faire un Monde, & le monde même le plus divin. Il y a là bien du grand ; & c'eſt le cas de dire que *dans un noble Projet, on tombe noblement.*

De deux malades, il eſt bien plus naturel que l'un périſſe par la diete, que l'autre par trop de réplétion : & il y a bien plus de ſçavoir faire à ſe ſoutenir contre l'indigence que contre l'excès du ſuperflu ; étant facile de retrancher de ce qu'on a, & preſque toujours im-poſſible de ſuppléer à ce qu'on n'a pas.

Pour le moins Newton a toujours couvert d'une très-profonde & très-ſubtile Géometrie, tous les endroits de ſon Syſtême où la Phyſique lui a manqué.

Elle ne lui a nulle part manqué comme dans la par-tie des Tourbillons.

Il falloit que ce grand homme fût auſſi déterminé qu'il l'étoit à réfuter Deſcartes en tout & par-tout, pour avoir pouſſé auſſi loin qu'il l'a fait la réfutation de ces Tourbillons.

Il y avoit, convenons-en, un peu d'humeur & de paſſion ſur le jeu, comme on dit. Il auroit pu ſe con-tenter de réfuter les Tourbillons de Deſcartes.

Il n'a pas laiſſé de le faire aſſés bien, ainſi que nous le verrons dans l'Analyſe ſuivante.

Mais il a paſſé certainement le but, en réfutant les Tourbillons tout court, & qui pis eſt les Tourbillons corporels, c'eſt-à-dire, toute matiere céleſte, autre que les Corps des Aſtres, & leurs Emiſſions actuelles & paſſageres.

Or je croirois volontiers, qu'après avoir réfuté ſi

crument ces Tourbillons à la fin de fon *fecond Livre*,
Newton a dû les trouver de manque dans le *troifiéme*.

Il n'a jamais eu dans tout ce troifiéme Livre, c'eft-à-
dire, dans toute fa compofition du grand Syftême du
Monde, que des *Gravitations*, des *Attrações*, des
Forces centripetes, des *Centripétences* en un mot, & il
n'a jamais effe&ivement pu articuler d'autre Principe
des Mouvemens céleftes.

Or que peut-on faire avec cela ? On peut faire tomber la Lune fur la Terre, les Satellites fur Saturne, fur
Jupiter, & toutes les Planetes fur le Soleil ; & réunir
en un mot tous les corps de l'Univers en un feul. Ce fe-
roit-là un grand *Trouble*.

Mais j'oferois bien défier qu'on trouvât dans tout le
Syftême de Newton un feul Principe pour l'éluder. Il
n'a pu diffimuler lui-même que tous les mouvemens des
Aftres ne fuffent des chutes bien cara&erifées & bien
réelles.

Il les a fufpendues, il eft vrai, c'eft-à-dire, il les a dif-
fimulées avec beaucoup d'art. Mais voilà tout.

Car enfin il a eu beau imaginer un mouvement centrifuge & révolutif par la Tangente des Orbes.

On a déja vu que tout cela ne va pas au fait ; & qu'il
y faudroit un vrai *Mouvement révolutif* & un vrai *Tourbillonnement*.

Newton a fuppofé ce mouvement par la Tangente,
& ne l'a jamais énoncé ni prefque indiqué.

Le *vis infita* eft une chimere, & conviendroit bien
plus naturellement à fon mouvement centripete.

Et fa *Force de Projection* eft une fuppofition puérile, qu'il n'a eu garde de trop articuler dans les occafions décifives & dans ce *troifiéme Livre* phyfique, où il auroit pourtant fallu parler clair.

Dans le premier feu de fa Réfutation des Tourbillons & de la compofition de fon troifiéme Livre, Newton probablement n'avoit pas fenti le manque de ce Principe, qui fait au moins la moitié de ceux, fur lefquels eft bâti fon Syftême.

Je remarque que dans la premiere édition de fon Ouvrage, il avoit fort nettement articulé le vuide par ces mots tranchans *itaque vacuum néceffariò datur*, qui font les premiers & comme l'énoncé du *troifiéme Corollaire de la Propofition fix du Théoréme fix du troifiéme Livre*.

Dans la difcuffion que je fis de Newton il y a vingt ans, je n'avois vu que cette premiere édition.

De forte qu'en remaniant la feconde édition de cet Ouvrage, j'ai été ces jours paffés fort embarraffé de ne rencontrer nulle part en la parcourant, ces mots décififs.

Au moment que j'écris ceci, je me fuis expreffément remis fur l'endroit précis où je devois les retrouver; & j'y ai trouvé ceux-ci à la place.

Spatia omnia non funt æqualiter plena.

L'Auteur fe feroit-il enfin repenti d'avoir d'abord parlé trop clair fur l'article, ou pour le moins d'être allé trop loin ?

IX.

Seizie'me Probleme.

Newton ne fuppofe-t'il pas les TOURBILLONS CORPORELS ; & fon Syftéme va-t'il fans eux ?

LE *vis infita* encore une fois , & le mouvement de Projection que Newton fuppofe , fans trop s'expliquer, dans les Aftres, n'eft en verité qu'une chimere, ou un vrai mouvement de Tourbillon.

Lorfque dans la Figure fi fouvent répetée (*Fig. 29.*) le Soleil *S* a attiré la Lune *P* de *C* en *A*, pourquoi la laiffe-t'il s'éloigner de nouveau de *A* en *D*, de *D* en *B*, pour la rappeller enfuite de *B* en *C*, & de *C* en *A* ?

Plus la Lune eft proche du Soleil, plus, felon Newton, elle a de centripétence vers lui, & plus il l'attire. Pourquoi lui échappe-t'elle dans le moment qu'il eft le plus fort ?

Analyfons tout. La Lune placée en *A*, n'a jamais, felon Newton, que trois forces : une par la tangente qui la porte de *A* en *G*, une centripete vers la Terre *T*, & une centripete auffi vers *S*.

De foi la force *AG* eft uniforme & indifférente à fe changer en courbe vers *T* ou vers *S*, c'eft-à-dire, à fuivre la courbe *AD* ou la courbe *AH*. Et de foi *SA* étant beaucoup plus grande que *AT*, & la courbure *AH* moindre que *AD* , il y a moins de réfiftance à fuivre *AH* que *AD*.

Selon Newton le point *D* eft plus loin de *T* que *A* ; ainfi la force centripete qui porte la Lune de *A* en *D* devient languiffante de plus en plus de *A* en *D* , felon le même Auteur.

Le Soleil par conféquent qui a pris des forces depuis *C* jufqu'en *A* , & qui tient en ce point *A* la Lune à fon avantage , doit continuer à la rapprocher de lui de plus en plus , puifque la Terre devient moins forte pour l'attirer. *c. q. f. d.*

C'eft conftamment le défaut du Syftême Newtonien, d'énerver les forces de la nature au moment qu'elles ont pris de plus grands accroiffemens.

C'eft ainfi que les Aftres étant tombés , avec accélération même , aux Périgées ou aux Périhélies de leurs Orbes , il les laiffe toujours remonter aux Apogées ou aux Aphélies ; & cela fans en rendre ni indiquer jamais aucune efpece de raifon.

Or ce n'eft qu'en fupprimant , comme il a fait , les Tourbillons , qu'il s'eft ainfi privé de la raifon unique de ces Phénomenes.

Il eft bien évident qu'il n'y a que la raifon du *Tourbillonement fupérieur* à toute autre force centripete , qui entraîne la Lune conftamment autour de la Terre , du point *A* au point *D* , au point *B* , au point *C*, &c.

Sans quoi la Lune arrivée en *A* , y refteroit , ou iroit en *AH* tourner immédiatement autour du Soleil , ou même fuivroit la ligne droite *AG* , ne fçachant de quel
côté

côté tourner , & une centripétence l'empêchant d'obéir à l'autre.

D'autant mieux qu'ici les centripétences font fort fouples , & plus dépendantes des lieux où l'Aftre fe trouve, que ces lieux ne dépendent des centripétences.

C'eft ainfi que dans l'explication des variations de Latitudes , Newton commence par fuppofer les Planetes dans des Orbes indépendans , c'eft-à-dire , dans des *Tourbillons*, & qu'enfuite tout fon art fe réduit à faire agir le Soleil ou les autres Planetes fur ces Orbes , pour en diminuer ou en augmenter les inclinaifons.

Otés la raifon du Tourbillon, la Lune (*Fig. 30.*) doit fe placer en *A* entre *T* & *S* en Equilibre , ou tout au plus fe balancer de *A* en *G*, de *G* en *A*, de *A* en *I*, de *I* en *G*, de *G* en *I*, à l'infini fi l'on veut, ou jufqu'à ce que la *force projectile* foit anéantie. *c. q. f. d.*

Or la ligne *IAG* peut être, fi on le veut, un arc de Cercle , ou un arc de Courbe quelconque , comme l'arc que parcourt un Pendule ôté de fa direction.

Selon Newton , il y a bien un balancement de *A* en *D*, de *D* en *B*, de *B* en *C*, &c. Mais ce Balancement eft compliqué avec un vrai mouvement de Tourbillon, qu'il fuppofe par conféquent, comme on voit, fans l'expliquer ni l'indiquer. *c. q. f. d.*

Or ce que je dis de la Lune doit s'entendre des Satellites de Jupiter, de ceux de Saturne , & de ces Planetes mêmes , & de toutes les Planetes.

Tous ces corps doivent fe placer en conjonction dans une ligne fynodique *SATB*, felon la proportion de

X

leurs centripétences réciproques, & s'y fixer dans des points *A*, *T*, *B*, &c. ou bien s'y balancer dans des lignes droites ou dans des arcs courbes, autour de la ligne fynodique *SAB*, comme des Pendules.

Je dis, fuppofé qu'il n'y ait pas de Tourbillon actuel qui les entraîne diverfement les uns autour des autres, la Lune autour de la Terre, les Satellites autour de Jupiter ou de Saturne, &c.

Ou fi l'on veut même que le mouvement projectile ou le *vis infita* combiné avec la Tangente, produife quelque Circulation, quelque Tourbillonement, tous ces Corps placés dans la ligne *SB* en conjonction, doivent fimplement tourner d'un mouvement angulaire égal (fût-il même inégal) autour du Soleil le plus fort de tous.

Il y a même plus : & quoique la centripétence de la Lune *A* vers la Terre *T* foit plus forte que vers le Soleil *S*, cette Lune ne doit pas pour cela tourner autour de *T*, mais autour de *S*.

Car (*Fig. 31.*) concevés *T* tournant autour de *S* par une force projectile ou naturelle felon la direction *TV*, tandis que la Lune *A* tend par une pareille force de *A* en *G* ou même par une force oppofée de *A* en *I*.

Il eft évident que la Lune ne doit pas plus tourner autour de *T* que *T* autour de *A*, & qu'elles doivent fimplement tourner toutes deux autour de *S*, qui entraîne *T* & à plus forte raifon *A*.

Tout au plus par leur centripétence réciproque *T* & *A* doivent fe rapprocher & s'unir pour tourner de compagnie, ne formant plus qu'un feul & même corps.

Qu'eft-ce qui fufpend ici la chute de la Lune fur la Terre, & peut les empêcher de s'unir ?

Leur force centripete mutuelle tend à les unir.

La force commune du Soleil qui les attire, & les porte de concert vers cet Aftre, aide à leur mutuelle attraction, & accélere leur union.

Enfin leur force naturelle par *AG* ou *AI* & *TV*, eft parallele & ne s'oppofe à rien, fur-tout fi l'on place la Lune en *G* allant vers *A*, & la Terre en *T* allant vers *V*.

Or ce que je dis de l'union de la Terre avec la Lune, a lieu pour celle de toutes les Planetes. *c. q. f. d.* Quel trouble fi cela arrivoit ou pouvoit arriver ?

Il y a encore plus. Et non-feulement la Lune & la Terre & toutes les Planetes doivent s'unir enfemble pour tourner autour de *S*. Mais elles doivent fe réunir à *S*.

Leur force centripete les y porte fans difficulté. Leur Révolution ne réfulte que de cette force centripete & de la force par la Tangente. Or cette derniere ne s'oppofe à rien. Donc *c. q. f. d.*

X.

DIX-SEPTIÉME PROBLEME.

Si le Mouvement de la Lune est égal dans ses divers Quartiers.

J'AI effleuré ce Problême dans un des précédens, au sujet du Mouvement des Apsides, que Newton explique par l'Accélération & le Retardement alternatifs que l'Attraction du Soleil cause dans le mouvment lunaire, aux Quadratures & aux Syzygies.

Supposant (*Fig. 25.*) *A* pour exprimer la force attractive du Soleil à l'égard de la Lune, Newton partage cette force en deux *SM* & *LM*.

Cette derniere *LM* conspire avec le mouvement de la Lune, de la Quadrature *C* vers la conjonction *A*, & accéléré par conséquent ce mouvement : chose dont M. Newton paroît convenir.

Mais depuis *A* jusqu'à l'autre Quadrature *D* cette force est par la même raison toute contraire à ce mouvement : & je crois que Newton en convient, ou à peu près. Mais qu'il en convienne ou non, la chose est ainsi selon son Principe.

Ensuite de la Quadrature *D* à l'opposition *B* il y a une accélération pareille à celle de *C* en *A*. Et enfin de *B* en *C* il y a retardement comme de *A* en *D*.

J'ai déja remarqué que le retardement étant, en vertu

du Principe, égal à l'accélération, les Apfides font rétablies avec précifion, & que Newton n'en explique en aucune forte le mouvement par-là.

Mais je demande comment Newton convenant de cette accélération & de ce retardement deux fois alternatifs dans chaque Révolution, fauve la Lune d'une inégalité que je ne crois pas qu'aucun Aftronome y ait jamais reconnuë.

La Lune a bien des inégalités, & fi l'on veut des Troubles dans fa Révolution. Mais je doute fort qu'elle en ait de fi fenfibles & de fi fréquens, & même de fi réglés.

Je le demande à tous les Aftronomes obfervateurs : ont-ils jamais obfervé que la Lune au fortir de fa Conjonction *A*, allât fort lentement dans fon quartier *AD*; enfuite fort vîte dans le fecond quartier *DB* : enfuite fort lentement dans le troifiéme *BC*, & enfin fort vîte dans le quatriéme & dernier *CA*?

Je dis fort lentement dans les uns & fort vîte dans les autres. Car la différence des uns aux autres doit être fort fenfible; parce qu'elle eft double.

De foi le mouvement feroit égal dans les quatre quartiers. Mais il y en a deux qui font rendus plus vîtes par l'addition d'une force; ce qui fait déja une différence.

Et puis les deux autres font rendus moins vîtes par la fouftraction de la même force. La différence eft donc double, & par conféquent fenfible.

Qu'on ne dife pas que la force folaire *LM* eft peu de chofe, dans la grande Diftance de *S*.

Car 1°. M. Newton la croit quelque chose, puisqu'il la met en ligne de compte.

2°. Le mouvement des Apsides est une chose sensible pour des Observateurs ; & c'est par-là que Newton l'explique.

3°. Il définit lui-même ce mouvement d'Apsides résultant de-là, *in singulis revolutionibus notabilem*, *in pluribus enormem.*

4°. Or ce mouvement d'Apsides n'est encore, selon cet Auteur, que l'excès qu'il suppose du retardement sur l'accélération ; c'est-à-dire, les secondes différences des premieres différences ; au lieu qu'il s'agit ici de ces premières.

Par exemple 1. 4. 9. 16 &c. ont pour premieres différences 3. 5. 7 dont les secondes ne sont que 2. 2. 2 &c.

5°. Quelque loin que le Soleil soit de la Lune, je le crois plus attractif (s'il est attractif) que la Terre même, malgré son voisinage.

Newton calcule les attractions du Soleil, de la Lune, de la Terre, des Planetes, en vérité comme il veut, & sur les Principes qu'il lui plaît de supposer.

L'attraction après tout est aussi un Principe, tel qu'on le veut, & qu'il plaît à Newton ; c'est-à-dire, une chose toute arbitraire, toute fictice, toute inconnuë.

Mais la force connuë du Soleil, soit qu'on regarde sa lumiere, soit qu'on consulte sa chaleur, soit qu'on ait égard à sa masse énorme, est quelque chose de fort supérieur à la Terre, à la Lune & à toutes les Planetes,

C'eft pourquoi, fi l'on veut raifonner du connu à l'inconnu, & s'il eft vrai que le Soleil ait quelque force pour modifier le mouvement périodique de la Lune autour de la Terre, & pour l'accélérer tantôt & tantôt le retarder, fuivant les explications de Newton, il doit en réfulter des différences très-fenfibles dans les divers quartiers de ce mouvement. Or cela n'eft pas. Donc *c. q. f. d.*

Le Soleil a beau être plus loin de la Terre que la Lune; il eft pourtant vrai qu'il eft dans fon point de vûë, comme s'il en étoit également proche. Sa grandeur apparente eft la même. On diroit que ces deux Aftres font égaux; car ils le font à l'œil.

La Terre, il eft vrai, eft par rapport à la Lune plus grande que le Soleil, c'eft-à-dire, paroît à la Lune, plus grande que le Soleil.

Mais de toute façon le Soleil agit plus fortement fur la Lune que ne le peut faire la Terre. Par fa Lumiere, par exemple, le Soleil a des millions de millions d'action fur la Lune plus que ne peut en avoir la Terre.

Un million de Terres pareilles n'éclaireroient pas la Lune, auffi vivement que le fait le Soleil. La chofe eft même phyfiquement impoffible, l'action lumineufe de la Terre fur la Lune, n'étant jamais que l'action lumineufe du Soleil affoiblie & infiniment dégradée.

Par fa chaleur, il eft bien évident que le Soleil agit auffi fur la Lune avec une fupériorité bien décidée fur la chaleur de la Terre qui fe communique à la Lune.

Je ne dis rien des autres manieres dont on peut concevoir que le Soleil agit fur la Lune. Je n'en connois pas beaucoup d'autres. Mais s'il y en a, il faut juger de ce qu'on ne connoît pas si bien par les choses qu'on connoît infiniment mieux.

Passant à Newton son Systême de centripetence, de gravitation, d'attraction, je crois pouvoir me réserver d'en juger par l'analogie des Systêmes réels & très-connus de la Lumiere & de la chaleur respectives de la Terre & du Soleil; & je crois par conséquent que l'attraction ou la centripetence solaire sur la Lune est infiniment supérieure à celle de la Terre & de toutes les Planetes ensemble.

X I.

DIX-HUITIE'ME PROBLEME.

Si les Troubles du Soleil & de la Terre influent dans ceux de la Lune.

SI la Terre & le Soleil troublent le mouvement de la Lune, comme le prétend Newton, la Lune trouble leurs mouvemens & même leur repos; c'est-à-dire, le mouvement de la Terre & le Repos du Soleil. En général Newton convient de ce double point.

Et du reste le Soleil trouble la Terre, & la Terre trouble le Soleil; & ces trois Corps, sans parler encore des autres Planetes, sont dans de vrais troubles respectifs. Newton convient de tout cela: & c'est-là son vrai fonds de Systême.

Or

Or, fi le Soleil & la Terre, font troublés, leur trouble, celui même que la Lune caufe réjaillit fur la Lune;
& fon propre trouble en eft confidérablement accru.

Et ce nouveau trouble réfléchi fur la Lune eft de nouveau réfléchi fur la Terre & fur le Soleil, qui le lui renvoyent, & l'en reçoivent tour à tour, comme à l'infini
avec autant de nouvelles modifications que de répéti-
tions.

C'eft ainfi qu'une certaine difpofition de Miroirs dans
l'Optique caufe une repproduction d'objets mille fois
réfléchis & autant de fois multipliés. C'eft ainfi que
dans l'Acouftique un petit bruit devient égal à celui du
tonnerre par la multiplicité des répercuffions.

Si la Terre & le Soleil étoient imperturbables, la Lune
en feroit bien moins troublée elle-même.

Par exemple, dans la Figure fi fouvent répétée ci-
deffus, & qu'on doit avoir dans l'idée, fi le Soleil étoit
fixé en S & la Terre en T, la Lune auroit des points
fixes dans fes écarts.

Bien loin de la troubler, ces deux Aftres dominans
l'affujettiroient, la dirigeroient dans fa courfe : & fes
variations étant toujours les mêmes, ce ne feroient plus
en vérité des variations.

Toujours aux mêmes points il y auroit la même accélération ou le même retardement de vîteffe, Toujours
même Apogée & même Périgée, &c,

Mais fi ces deux Corps troublans font troublés eux-
mêmes, s'ils changent de place, & s'ils en changent avec
trouble & fans régle ; fi l'Ellipticité de leur mouve-

Y

ment eſt troublée, celle de la Lune doit l'être à l'excès.

Qu'on y regarde de près : ſans y penſer M. Newton en parlant des troubles de la Lune diſſimule ceux de la Terre & du Soleil, & ſuppoſe même ces Aſtres immobiles ; au moins dans le moment qu'il explique ces troubles lunaires.

Car en général & dans un certain diſcours vague, il n'a pas laiſſé de ſentir le trouble général de tous ces Corps. Mais dans ce vague il s'eſt fait & nous a fait mille étranges illuſions.

Ici, par exemple, y a-t'il rien de plus évident que ce que je dis, que plus la Terre & le Soleil ſont troublés, plus ils troublent la Lune ?

Selon Newton la Lune doit ſçavoir bon gré au Soleil & à la Terre, de n'être pas imperturbables.

On ne le croiroit pas : mais ſon idée va là, que ſi la Lune étoit la ſeule troublée, elle ſeroit chargée de tout le trouble. Au lieu que les autres ſe laiſſant troubler, elle eſt d'autant moins troublée qu'ils le ſont davantage.

Son raiſonnement ſemble ſuppoſer, ſuppoſe même aſſés ouvertement qu'il y a une meſure de trouble dans le Syſtême planetaire, à peu près comme Deſcartes ſuppoſoit dans le Monde une meſure de mouvement ; enſorte que le trouble d'une Planete eſt autant de moins pour les autres.

Or, ſi c'eſt-là ſon raiſonnement, le mien eſt tout au contraire, que plus une Planete eſt troublée, plus les autres doivent l'être, une Planete troublée devant plus troubler qu'une Planete non troublée.

Je conçois la chose dans le Physique, absolument, & à plus forte raison encore, comme dans le Moral. Qui doute qu'un guide insensé, un fol, un yvrogne ne mene dans le Précipice, n'écarte, n'égare celui qui se confie à sa conduite ?

Les troubles de la Lune, tels que Newton les explique ou les conte dans les Corollaires de la soixante-sixiéme Proposition, ne sont des troubles que de nom. Réellement ce sont des Phénomenes fort réguliers, périodiques, & tout soumis au calcul & à la Prédiction.

Ce sont, à les bien prendre, des Cercles changés en Ellipses. Il n'y a point-là de trouble ni d'irrégularité. Le premier Systême de Newton est un Systême régulier & non troublé selon lui : or c'est pourtant, selon lui, un Systême Elliptique.

Une seule centripetence ne produit, selon lui, aucun trouble : & cependant elle produit des Ellipses. Deux centripetences produisent des troubles, & ne produisent pourtant que des Ellipses.

Car elles ne font, encore une fois, que rendre la Lune tantôt Apogée aux Quadratures, tantôt Périgée aux Syzygies : & la courbure tantôt plus grande, tantôt plus petite, &c. ce qui ne caractérise qu'une Ellipse.

Y 2

XII.

DIX-NEUVIE'ME PROBLEME.

Si le Soleil eſt troublé dans ſon Mouvement ou dans ſon Repos ?

Analyſe de la douziéme Propoſition, douziéme Théorême du troiſiéme Livre de Nevvton.

NEWTON ſuivant le Syſtême de Copernic, établit le Soleil en repos dans le Centre du Monde planetaire. Mais l'établiſſement n'eſt pas ſolide. Ce n'eſt là qu'un premier Syſtême, ou une premiere Hypotheſe, ſur le modele de celle des Orbes primitivement elliptiques des Planetes.

Les Planetes elles-mêmes par leurs contr'attractions réciproques, troublent l'Ellipticité réguliere des Orbes les unes des autres. Tout eſt réciproque : le Soleil trouble leurs mouvemens. A leur tour elles troublent ſon repos. Ceci ne reſſemble à rien. Les Newtoniens ne ſe piquent pas en détail de voir de près à quoi ils s'engagent. Allons pas à pas.

Ils croyent être Coperniciens à la ſuite de Newton : ils croyent être Phyſiciens. En toute bonne Aſtronomie, en toute bonne Phyſique le Centre du Monde eſt un Corps ; c'eſt-à-dire, il y a un Corps en repos au Centre de l'Univers.

M. Newton ne peut pas nier que le Centre du Monde ne foit en repos. Auffi a-t'il mis ce repos en Hypothefe. *Hypothefis prima : Centrum Syftematis mundani quiefcere.* Cela eft bien jufques-là.

La onziéme Propofition qui fuit immédiatement cette Hypothefe, eft bien encore : *commune Centrum gravitatis terræ, Solis & Planetarum omnium quiefcere.* Qu'a de particulier cette Propofition, après l'Hypothefe précédente ? Rien en effet, mais beaucoup dans l'idée de Newton.

Il veut apprivoifer peu à peu les efprits à ne pas regarder le Soleil ni même la Terre, comme le centre du Monde planetaire.

Auffi tout de fuite dans la douziéme Propofition qui fuit, *Solem motu perpetuò agitari*, dit-il ; & voilà un grand trouble, & le trouble des troubles dans l'Aftronomie autant que dans la Phyfique, que le Soleil foit agité d'un mouvement perpetuel, fans qu'on foit encore trop fûr que ce trouble foit un mouvement régulier, & non pas plutôt un trouble réel & une *agitation* réellement fort irréguliere.

Car le terme *agitari* n'eft pas mis ici pour rien, non plus que celui de *Trouble* dont fe fert fort énergiquement l'exact Géometre dont j'analyfe le Syftême.

Et il faut d'abord remarquer que dans le Corps, à la fin même de la douziéme Propofition en queftion, il eft dit avec la même énergie & la même précifion d'idées, que le Soleil fe meut en tout fens ou de tous côtés ; *in omnes partes movebitur.*

Il eſt vrai que pour calmer le trouble que cette idée extraordinaire pourroit jetter dans les eſprits, Newton ne manque jamais de les raſſurer par un correctif.

Car l'énoncé de la douziéme Propoſition eſt en entier : *Solem motu perpetuo agitari, ſed nunquam longè recedere à communi gravitatis centro Planetarum omnium.*

Et dans le Corps de la Propoſition, dès qu'il a dit, *Sol in omnes partes movebitur*, il ajoute prudemment, *ſed à Centro illo nunquam longè recedet.*

On va voir dans toute la ſuite de cette Analyſe, ce grand homme tout plein de pareilles prémunitions, ſans leſquelles je doute que ſon Syſtême de trouble n'eut pas effarouché les trois quarts de ceux qui le ſuivent juſques-là : ce qui n'eſt pas cependant le grand nombre.

Newton avoit une peine ſecrete à débouter ainſi le Soleil du Centre, & à le tenir dans une agitation perpetuelle tout autour.

Et pour l'écarter le moins qu'il ſe peut de ce Centre, & rendre cet Aſtre plus lourd & moins mobile, il vouloit qu'il fut au moins quatre millions de fois auſſi grand que la Terre, *à quo*, dit-il, *adhuc minùs diſcederet, ſi modò Sol denſior eſſet & major, ut minùs moveretur.*

Selon lui le Centre du Soleil ne s'écarte pas du Centre commun des Planetes, de l'étendue d'un de ſes Diametres. *Commune omnium Centrum gravitatis vix integrâ ſolis Diametro à centro ſolis diſtaret. Aliis in caſibus diſtantia Centrorum ſemper minor eſt.*

Mais avant que d'aller plus loin, qu'eſt-ce dans le Syſtême de Newton que ce Centre commun de gravité ?

Newton avoit l'imagination bien forte. Après avoir tout anéanti, il pouvoit tout réalifer.

Hors les Aftres, il n'y avoit felon lui rien dans le Ciel. Les efpaces céleftes étoient libres & très-libres. Ce feroit bien ici à la lettre que le monde porteroit fur le néant, feroit fondé fur le néant.

Mais n'eft-ce pas un manifefte abus des termes, de raifonner fur ce néant comme fur quelque chofe de réel, de le conftituer en repos, de nous faire craindre fon mouvement?

La maniere de Newton eft de réalifer toutes les idées de la Géometrie, qui ne font pourtant qu'abftraites, & dont l'objet n'eft que poffible. C'eft qu'il les faifit avec force, jufqu'à s'y méprendre & à les croire auffi préfentes aux fens, qu'il a le talent de les rendre préfentes à fon efprit.

Cette idée des Planetes qui fe meuvent autour d'un commun centre de gravité, placé dans l'entre-deux, dans des diftances réciproques aux forces de ces Aftres, n'eft qu'une idée mathématique, abftraite & pour le coup fort chimérique.

Un point fiftice qui n'eft que dans l'imagination, le pur néant peut-il être un centre de tendance? Peut-il terminer, partager, contrebalancer l'aftion réelle de deux ou de plufieurs Corps réels?

Voilà où mene la deftruftion des Tourbillons, & du plein; ainfi que je le ferai voir bien-tôt.

XIII.

VINGTIE'ME PROBLEME.

Le Soleil peut-il être peu éloigné du Centre de l'Univers,
fans qu'on s'en apperçoive à l'œil ?

JE prie qu'on veuille bien jetter un œil de réfléxion au
moins fur l'étrange conftitution d'un Syftême ou
d'une Hypothefe, qui a befoin d'un pareil dérangement
dans la matiere du Monde pour fe foutenir.

Newton & les Newtoniens déclament fans ceffe, car
c'eft de la Déclamation, contre les Hypothefes. Y en
a-t'il d'auffi forte que celle du Soleil déplacé, non pour
placer la Terre, mais uniquement pour la commodité
d'une Hypothefe arbitraire de Phyfique ?

Il faut, dit-on, qu'une porte foit ouverte ou fermée,
& felon tous les Philofophes du monde, il faut bien que
le centre du Syftême planetaire foit occupé par la Terre
ou par le Soleil.

Les Tychoniciens ont de très-fortes raifons pour
mettre la Terre au Centre : & les Coperniciens n'en
manquent pas pour y mettre le Soleil. Raifons de fait,
d'obfervation, & d'un très-profond raifonnement.

M. Newton ne met le Soleil ni au Centre ni à la Circonférence, & n'eft ni Tychonicien ni Copernicien.
Quelle admirable docilité dans Meffieurs fes Difciples !

Ils

Ils croyent tout, fans lui demander aucune raifon de rien.

Non : Newton n'allegue & ne fait femblant d'alleguer aucune raifon ni de fait, ni de convenance, ni d'obfervation, ni de raifonnement, d'une fi étrange fuppofition.

Je l'ai remarqué ailleurs ; les hypothefes de Defcartes & des Cartéfiens font de bonne foy. Ils en conviennent, ils en avertiffent, ils difent toujours, *je fuppofe*. Newton n'a pu croire qu'il ne fuppofoit rien, que parce qu'il n'en a jamais averti.

Parce qu'il a fuppofé le Soleil affés près du centre du Monde, il a cru qu'on pouvoit le lui paffer ; & il paroît qu'en effet le peu de conféquence apparente de cette fuppofition, a fait illufion à fes Difciples. *Parum prò nihilo reputatur*, ont-ils dit tout bas fans doute.

Je dis *tout bas*, nul de ma connoiffance, ni Newtonien, ni Cartéfien même n'ayant relevé cette fuppofition, ni paru même y faire la moindre attention. Mais c'eft-là juftement que l'illufion étoit la plus groffiere.

Moins Newton éloigne le Soleil du Centre, plus l'œil même peut le convaincre d'erreur. Car entre Copernic & Tychon, l'œil ne fçauroit immédiatement décider, parce que l'un met le Soleil au Centre jufte, & l'autre l'en éloigne tout-à-fait.

Il ne tient pas à Newton, que le Centre du Monde diftinct du Centre du Soleil, ne foit pourtant dans l'étendue même intérieure du Soleil, entre fon Centre propre & fa circonférence.

Z

On pourroit concevoir le Soleil si grand que la chose feroit ainsi. Or il ne tient pas à Newton qu'on ne conçoive le Soleil, grand au gré de son imagination. Il n'y met aucune borne, & semble exhorter à aggrandir le Corps de cet Astre.

Le Soleil tourne autour de son propre Centre, c'est-à-dire, autour de son axe. C'est une Découverte de *Scheiner*, qui a passé, & que Newton lui-même passe sans difficulté.

Le Soleil tourne autour du Centre ou de l'axe du Monde planetaire : Newton le prétend formellement.

Comment concilier ces deux Révolutions ? Newton n'y a pas pensé, Newton n'en dit mot. Et je ne connois aucun Disciple de Newton, qui ait rien ajoûté au Systême de Newton, si ce n'est tout au plus l'adoption de l'attraction & des autres qualités occultes.

Quoi ! si le Centre du Monde étoit dans le corps même du Soleil, hors de son Centre néanmoins, entre le Centre de cet Astre & sa Circonférence, le Soleil tourneroit autour de son propre Centre & autour de ce Centre ? Oui, selon Newton. Y a-t'il rien de plus contradictoire ?

Newton ne met pas, dira-t'on, ce Centre commun dans le Corps intérieur du Soleil. J'en conviens, mais il fait sentir qu'il n'y auroit point de répugnance ; & il insinue que la chose pourroit bien être.

Il met le Centre des Révolutions des Planetes & du Soleil même, à la distance tout au plus d'un Diametre du Soleil, par exemple, à la distance de 100 lieues ou de 4 ou 500 si l'on veut.

Voilà donc le Soleil qui tourne autour de son Céntre ou de son axe dans l'espace de 25 jours à peu près, & en même-tems autour de l'axe du Monde planetaire, sans doute en très-peu de mois ou même de jours.

Newton qui étoit un si grand & si habile Calcula-teur, n'a pas tenté ce Calcul : il a eu sans doute ses rai-sons pour le laisser dans l'équivoque, & n'en pas faire même trop de mention, de peur d'y rendre ses Lec-teurs trop attentifs : il a réussi, personne n'y a pensé.

Et qu'on ne dise pas que c'est un mouvement troublé *in omnes partes*, & qu'il n'est pas possible de le réduire au Calcul.

Newton a calculé les troubles de la Lune, de la Terre, des Satellites, des Planetes. Que n'a-t'il donc calculé ce trouble du Soleil, qui est tout de sa façon ? N'est-ce pas pour cela même qu'il est de sa façon ?

Il a calculé même la force du Soleil pour troubler la Lune, la Terre, les Mers. Cette force est-elle quelque chose de plus réel, de plus sensible, de plus soumis au Calcul, qu'un mouvement total d'un corps comme le Soleil ?

Mais je demande, pourquoi nos yeux, distinguant fort bien le mouvement du Soleil, & des moindres taches du Soleil autour du centre de cet Astre, ne dis-tinguent pas le mouvement de cet Astre tout entier au-tour d'un Centre étranger ?

Ce mouvement est plus grand, dans un corps plus grand, & très-sensible. Il a fallu comme deviner le mou-vement diurne du Soleil. On appelle ainsi le mouvement d'un Aftre autour de lui-même. Son mouvement annuel, c'eft-à-dire, autour du Centre du Monde, on auroit dû le voir dès le commencement de l'Aftronomie.

Le Soleil feroit dans ce cas comme dans un Epicycle, qu'il parcourroit, ainfi que Mercure & Venus le font par rapport à nous.

Il auroit par conféquent comme ces Planetes des directions, des ftations, des rétrogradations ; & on le verroit quelquefois aller plus vîte, quelquefois lentement, quelquefois s'arrêter, quelquefois rétrograder comme les autres Planetes.

On le verroit, dis-je, & la chofe ne feroit pas imperceptible, non plus que le changement abfolu ou relatif de cet Aftre, comparé aux Etoiles fixes.

Pour le moins trouveroit-on dans l'apparence de fon mouvement, des inégalités relatives à ce mouvement inconnu, & dont ce mouvement découvert enfin par Newton, donneroit aujourd'hui le dénouement & l'explication.

Pour le moins les Taches folaires par qui nous connoiffons la révolution diurne, nous feroient connoître auffi tout-à-fait la Révolution annuelle.

Ces Taches auroient (cela eft certain) des directions, des ftations, des rétrogadations ; & ne fe rapporteroient jamais jufte à une Révolution de 27 jours bien décidés. *c. q. f. d.*

Mais c'eft bien pis, s'il eft vrai felon l'expreffion de Newton, que le Soleil n'ait point de mouvement périodique & reglé, que fon mouvement foit purement troublé, *in omnes partes*, en tout fens, *ab hoc & ab hâc.*

Car alors ce mouvement convulfif doit fe rendre tout-à-fait fenfible, furtout dans les taches du Soleil, qui doivent avoir des direttions, des accélérations, des ftations, des rétrogadations, des difparitions même & des occultations d'autant plus remarquables qu'elles feroient moins périodiques & moins régulieres.

Or je ne fçais qu'en dire, & l'expreffion de Newton *in omnes partes* me paroît indiquer un vrai trouble & des mouvemens vraiment irréguliers.

Ailleurs ce Géometre Phyficien indique un mouvement régulier & périodique dans le Soleil comme dans les autres Planetes, autour du Centre du Syftême planetaire.

Mais ici c'eft un vrai trouble *in omnes partes*, combiné fi l'on veut avec ce mouvement périodique, & qui doit l'altérer beaucoup, l'orbe folaire étant dans ce cas fort petit.

XIV.

VINGT-UNIE'ME PROBLEME.

Si les Troubles du Soleil exemptent de Troubles les Planetes.

TELLE eſt l'intention de Newton. Il a ſenti qu'il avoit fondé un Syſtême de Trouble dans ſon attraction univerſelle ; & il n'a viſé enſuite qu'à en adoucir l'idée, & à le diminuer.

Pour cela il a tout rejetté ſur le Soleil : & après l'en avoir chargé, il l'a rendu ſi corpulent, ſi lourd, ſi maſſif, qu'en le rendant moins mobile, il a cru l'exempter d'autant, de ſe troubler. *Si modo Sol denſior eſſet & major, ut minus moveretur.*

Mais il n'a pas pris garde que, ſi malgré ſa maſſe, le Soleil eſt troublé *in omnes partes pro vario*, comme il dit, *Planetarum ſitu*, les Planetes, ſurtout les petites, doivent être infiniment plus troublées *in omnes partes, pro vario Planetarum ſitu.*

Elles doivent être troublées en raiſon renverſée de leurs Maſſes, la Terre 4 millions de fois plus que le Soleil, la Lune 27 ou 30 fois plus que la Terre & 120 millions de fois plus que le Soleil ; & Mercure & les Satellites, &c.

Enforte que quelquefois par ce Trouble, la Lune devroit trébucher jufqu'à terre, & Mercure aller donner
de la tête contre le Soleil ou contre Venus.

Et toutes les Planetes devroient être agitées de mouvemens convulfifs, très-irréguliers & très-fenfibles,
étant déterminées par les diverfes Pofitions relatives
les unes des autres, & même par les divers Troubles
les unes des autres.

Voici comment je conçois le Syftême des Planetes
fuivant l'idée de Newton. Je conçois des fils qui partent du Centre de chacune, & vont aboutir au centre
de toutes les autres.

Ces fils je les conçois toujours tendus & en reffort
quoique capables de s'allonger & de s'accourcir, felon
qu'elles s'éloignent ou fe rapprochent les unes des autres.

Par cette tenfion & ce reffort toujours bandé, elles
s'attirent toutes, & cela en raifon réciproque des quarrés de leurs longueurs.

Là-deffus je conçois encore, que par un mouvement
de Projeꞔtion ou de révolution on faffe tourner tous ces
corps, de la façon dont ils tournent les uns autour des
autres.

Et je demande, fi avec toutes ces attraꞔtions, rétractions & contre-attraꞔtions, parlons clair, avec tous ces
tiraillemens, il eft poffible d'imaginer un mouvement,
une révolution réguliere ?

Pour peu qu'on foit au fait de l'Aftronomie & du
Syftême célefte, on fçait affés qu'elle précifion il y
egne dans les mouvemens & dans les Phénomenes ; &

que pour y approcher du vrai des chofes , l'unique fecret eft d'y apporter une précifion la plus grande qu'on
peut , foit dans les inftrumens d'obfervation , foit dans
la façon de les employer , foit dans les calculs.

Or on fçait auffi qu'une Planete placée un peu plus
haut ou un peu plus bas , ou même un peu à côté plus
ou moins , elle a une vîteffe de révolution plus ou moins
grande.

Suppofons que la Lune , par exemple , foit attirée
un peu plus bas que l'orbe qu'elle devroit décrire régulierement ; fa Révolution en deviendra donc plus courte
d'autant , & la fuivante d'autant , & la troifiéme auffi ,
&c.

Ou même fi après avoir été attirée trop bas par une
certaine pofition des Planetes pendant une révolution ,
elle vient par une contre-pofition à être placée trop
haut dans la révolution fuivante , voilà une inégalité
confidérable dans les tems de deux révolutions confécutives.

Voici , je crois , quelque chofe de plus fort & de
plus net fur l'article.

Newton n'admet tout au plus que deux Principes de
Révolution dans le Ciel : un mouvement fimple & uniforme affés indécis en lui-même , lequel à chaque pas
fe décide à fuivre la tangente de l'orbe , & l'autre un
mouvement centripete des Planetes les unes vers les
autres.

Suppofons d'abord la Lune attirée par toutes les Planetes immobiles. Il eft queftion de déterminer la route
qu'elle

qu'elle prendra au premier inftant, & vers quel côté elle
fe portera, ou fléchira fon mouvement.

Car je prétens que cet inftant eft décifif & fans retour : en forte que fi elle fe porte vers le Pole Auftral,
elle ne reviendra plus au Boréal ni vers aucun point de
fon départ. Et qui eft-ce qui l'y rappelleroit ?

A mefure qu'elle s'éloigne d'un côté, les Aftres de
ce côté lui lâchent la bride & diminuent leur attraction.
C'eft-là conftamment le propre Syftême de Newton.

A mefure qu'elle s'approche d'un côté, les Aftres de
ce côté refferrent la courroye, comme on dit, & l'attirent avec plus de force. *c. q. f. d.*

C'eft-là un argument qui fe tourne & fe retourne
contre Newton de cent façons différentes, & n'en eft
toujours que plus démonftratif.

Abfolument la Lune n'a que deux forces, l'une fimple par la tangente de fon orbe ; l'autre compofée fi l'on
veut de toutes les centripétences des autres Planetes.

Ces deux forces font abfolument d'accord pour donner conftamment à la Lune la même direction, & pour
l'empêcher par conféquent de décrire un orbe révolutif
dont la direction change à tous momens.

Prenés la direction moyenne qui réfulte de toutes les
centripétences de la Lune vers toutes les Planetes. Com-
binés cette direction moyenne avec celle de la Projection ou de la *vis infita.*

Voilà dès-lors une direction compofée de toutes les
directions poffibles de cet Aftre. Or cette direction ne
peut jamais changer, furtout pour revenir en arriere.

A a

Les forces qui pourroient rappeller la Lune au fecond inftant, font moindres que celles qui l'avoient laiffée partir au premier ; & les forces qui la leur avoient enlevée, font augmentées. J'ofe défier d'y trouver une folution.

Il n'y a, je le répete, que les Tourbillons qui pourroient ramener la Lune, & la forcer de décrire un orbe révolutif.

Si enfuite on fuppofe toutes les Planetes en mouvement, on dira de chacune ce que nous venons de dire de la Lune.

En général, le premier inftant de leur mouvement relatif va décider de toute la fuite. Celles qui s'éloigneront d'abord continueront toujours à s'éloigner ; & celles qui fe rapprocheront, continueront à fe rapprocher, jufqu'à fe réunir en un feul corps.

Car une Planete n'ayant abfolument que deux forces, l'une par la tangente qui éloigne du centre, & l'autre centripete qui en rapproche, celle qui prévaut une fois doit toujours prévaloir, parce qu'elle s'accroît & prend des forces en prévalant.

Cela eft démonftratif, & déja plus d'une fois démontré. La force centripete eft plus grande en approchant du centre, & plus petite en s'éloignant. *c. q. f. d.*

X V.

VINGT-DEUXIÉME PROBLEME.

Quel eft le vrai Syftéme de Newton fur le Trouble général
des Planetes ?

L A queftion eft affés difficile à décider, vu le trouble qui regne & que Newton femble affe&er de
faire regner dans l'expreffion de fa véritable penfée à
cet égard.

Pour moi, je croirois affés volontiers, que ce grand
homme n'a admis cette idée de troubles que malgré lui,
& par une fuite néceffaire de fon Syftême d'attra&ion
ou de centripétence réciproque.

Ou bien, que l'ayant admife en faveur de la Lune,
& pour expliquer le flux & reflux des Mers, il en a été
enfuite embarraffé dans l'explication du mouvement des
autres Planetes, & qu'il n'a cherché qu'à en diminuer
l'idée par un embarras affe&é d'expreffions contradictoires, & qui fe détruifent mutuellement, avec beaucoup d'art.

Car un grand homme, un grand Géometre furtout
ne fe contredit pas fi facilement. Or il eft pourtant vrai
que Newton eft tout plein de contradi&ions fur l'article.
Je ne le croirois pas, s'il ne l'avoit pas fait en termes

A a 2

affés formels. On doit voir que ma maniere n'eſt pas de rien avancer ſans Preuve.

Le Syſtême de la Lune troublée dans ſon mouvement centripete autour de la Terre, par ſa centripétence vers le Soleil, eſt un Syſtême général, au moins pour les Planetes Satellites.

Les Satellites, par exemple, de Jupiter doivent par leur centripétence vers Jupiter en raiſon $\frac{1}{D}$. décrire chacun autour de lui une Ellipſe dont il occupe le foyer. Voilà le premier Syſtême.

Enſuite le Soleil par ſon attraction, en pareille raiſon $\frac{1}{D}$. doit altérer ce premier Syſtême, tout comme celui de la Lune.

Et de ces altérations il doit réſulter des Elongations, des Eccentricités, des mouvemens d'apogées ou d'apſides, de nœuds, d'orbes, & toutes les Anomalies lunaires.

Or les Anomalies doivent être & plus grandes & plus extraordinaires, à cauſe des attractions, rétractions, & contre-attractions de ces Satellites les uns envers les autres.

Newton ne dit rien de ces attractions reſpectives des Satellites entr'eux. Mais il me paroît qu'elles devroient être fort grandes & fort ſenſibles, ſi elles étoient réelles. Or elles ſont réelles dans le Syſtême préſent ; Newton admettant une attraction univerſelle entre tous les corps de l'Univers, & nommément entre toutes les Planetes, ſoit principales, ſoit ſubalternes.

Et non-ſeulement les Satellites s'attirent mutuelle-

ment , & doivent par conféquent altérer leurs orbes,
mais les autres grandes Planetes , Saturne , Mars , &c.
doivent beaucoup influer de trouble dans les Satellites,
foit de Jupiter , foit de Saturne , &c.

Dans la treiziéme Propofition du troifiéme Livre ,
où Newton établit que les Planetes fe meuvent dans des
Ellipfes, autour du Soleil placé au foyer , il dit :

*Actiones autem Planetarum in fe mutuò perexiguæ funt
ut poffint contemni.* C'eft-à-dire , que les Planetes agiffent
affés peu les unes fur les autres , pour qu'on puiffe méprifer les troubles qu'elles influent réciproquement dans
les orbes les unes des autres.

Il ajoûte : *Et motus Planetarum in Ellipfibus circà folem mobilem minus perturbant , quam fi motus ifti circà
folem quiefcentem peragerentur.* C'eft-à-dire , que le trouble du Soleil eft en tant moins pour les Planetes qui le
caufent.

Je crois avoir montré le faux manifefte de cette derniere affertion : Newton ne prouve point du tout la premiere , lui qui ne veut point d'hypothefe.

Auffi tout de fuite va-t'il faire une exception à la loi
générale. *Actio quidem Jovis in Saturnum non eft omninò
contemnenda.*

C'eft-à-dire , qu'après avoir méprifé l'action réciproque des Planetes les unes fur les autres , Newton
convient qu'il ne faut pas méprifer l'action de Jupiter
fur Saturne.

Mais fi Jupiter agit fur Saturne , pourquoi n'agit-il
pas fur Mars , ni fur la Lune , ni fur la Terre , ni fur
aucune autre ? Newton n'en dit mot.

Pour le moins les actions étant très-réciproques dans ce Syftême, Saturne devroit auffi agir fur Jupiter & le troubler.

Cependant l'orbe de Jupiter eft peu troublé par Saturne, dit Newton. *Perturbatio orbis Jovialis longe minor eft quam ea Saturni.*

Il ajoûte : *Reliquorum orbium perturbationes funt adhuc longe minores.* C'eft-à-dire, que les orbes des autres Planetes font encore moins troublés.

Attendés cependant : encore une exception à cette regle. L'orbe de la Terre eft troublé par la Lune, & cela d'une maniere fenfible : *Præterquam quod orbis Terræ fenfibiliter perturbatur à Lunâ.*

Mais fi la Lune trouble la Terre, & la trouble fenfiblement, comment les Satellites de Jupiter ne le troublent-ils pas ?

Comment ceux de Saturne & fon grand anneau ne le troublent-ils pas auffi ? Et Venus & Mercure ne fe troublent-ils pas ? Et Mars ? &c.

Et les Aphélies qu'en dirons-nous ? Le Soleil trouble les Apfides de la Lune & les nœuds de fon orbe felon Newton. Pourquoi ne trouble-t'il pas, & les autres Planetes pourquoi ne troublent-elles pas les Apfides des Satellites de Jupiter, de Saturne, & même les Aphélies & les nœuds des autres Planetes ?

Aphelia & nodi quiefcunt, dit M. Newton, & c'eft même l'Enoncé précis de fa quatorziéme Propofition : & cet Enoncé répété forme tout le corps de la Propofition même, à une claufe près.

Et cette claufe eft une contradiction expreffe ou , fi l'on veut , une exception précife à cet Enoncé & à ce Corps de Propofition.

Attamen , dit Newton tout de fuite, *à Planetarum revolventium & Cometarum actionibus in fe invicem orientur inæqualitates aliquæ.*

C'eft-à-dire , que les Planetes & même les Cometes par leurs attractions réciproques donneront quelque trouble , quelque mouvement aux nœuds & aux Aphélies.

Mais cette exception porte elle-même tout de fuite fon Exception, *inæqualitates aliquæ, fed quæ ob parvitatem contemni poffunt.* N'eft-ce pas-là dire le oui & le non ?

Et du refte cela doit être. Quand Newton dit *Aphelia & nodi quiefcunt,* il dit un fait d'Aftronomie & d'obfervation ; mais il a l'art de le dire comme fi la chofe fuivoit de fes Principes.

Elle n'en fuit point, elle les contredit. Il s'en fouvient, & il craint qu'un Lecteur attentif ne s'en fouvienne. C'eft ce qui lui arrache l'aveu précédent ; *attamen ,* &c.

Mais il ne le fait que pour le mieux defavouer, & pour répondre à l'objection tacite de ce Lecteur ; en difant que ce trouble eft fi petit qu'il faut le méprifer. Car Newton traite toujours avec ce mépris tout ce qui lui eft contraire , & jamais le mot *contemnere* n'a été plus répété qu'ici.

Il a beau le répéter, beau méprifer : l'objection préfente n'eſt point du tout mépriſable , en ſuivant même les propres expreſſions de Newton.

La ſeconde Propoſition de ce troiſiéme Livre que nous analyſons , mérite elle ſeule une bonne Analyſe.

L'énoncé en eſt que les forces des Planetes princi-pales , ſe rapportent au Soleil & ſont en raiſon $\frac{1}{D^2}$.

Or cette raiſon $\frac{1}{D^2}$ eſt très-exactement démontrée , dit Newton , par le repos des Aphélies.

Il eſt remarquable que Newton démontre ici la rai-ſon $\frac{1}{D^2}$ par le repos des Aphélies qu'il ne démontre qu'en-ſuite à la quatorziéme Propoſition.

Mais eſt-il moins remarquable que cette quatorziéme Propoſition & ce repos d'Aphélies ne ſont démontrés que par cette raiſon $\frac{1}{D^2}$? Newton eſt tout plein de ces *Cercles* nommés *vicieux* en bonne Logique.

Or pourquoi le repos des Aphélies démontre-t'il ſi exactement la raiſon $\frac{1}{D^2}$ des Planetes principales ?

Parce que ſelon Newton la moindre altération dans cette raiſon doublée , donneroit aux Apſides un mouve-ment qui ſe rendroit ſenſible dans chaque révolution , mais qui deviendroit énorme dans pluſieurs révolu-tions.

Nam aberratio quam minima à ratione duplicatâ (nem-pe $\frac{1}{D^2}$) motum Apſidum in ſingulis revolutionibus notabi-lem , in pluribus enormem efficere deberet.

Remarqués bien ces mots *aberratio quam minima* , la plus legere erreur , le trouble le plus leger.

Or peut-on nier que toutes les Planetes n'alterent au moins legerement la raiſon de chaque Planete vers le
Soleil,

Soleil , & des Satellites vers leurs Planetes centrales ?

On ne le peut nier , & M. Newton ne le nie pas , lorſque dans la Propoſition même , la 14ᵉ. où il établit expreſſément le repos des Aphelies , *Aphelia quieſcunt,* il ajoute tout de ſuite ;

Attamen à Planetarum revolventium & cometarum ac-tionibus in ſe invicem orientur inæqualitates aliquæ. Quoi de plus formel ?

Et quoi de moins permis que l'addition de ces mots , *ſed quæ ob parvitatem contemni poſſunt ?* Qu'on compare cet *ob parvitatem* avec *aberratio quam minima* , donc. *Ce qu'il falloit démontrer.*

Je ne m'arrête pas à la ſcholie de la 14ᵉ. Propoſition. Elle eſt encore pleine de *oui* & de *non* à cet égard , pleine de mépris , pleine de trouble , pleine de contra-diction : le tout réſultant du ſyſtême de l'attraction qui n'a rien de vrai ni de naturel. *c. q. f. d.*

QUATRIÉME ANALYSE

DU SYSTÊME DE NEWTON,

Comparé avec celui de DESCARTES.

I.

VRAIS PRINCIPES PRIMITIFS DES TROUBLES DU SYSTEME DE NEWTON.

L'ATTRACTION RECIPROQUE.

VINGT-TROISIE'ME PROBLEME.

Quel est le vrai fondement du Systéme des Mouvemens Célestes, selon Newton?

L'ANALYSE précédente n'a gueres roulé que sur la 66e. Proposition de la 11e. Section du premier Livre des Principes Mathématiques de la Philosophie naturelle, & sur les nombreux Corollaires de cette 11e. Section.

Il s'agit ici de la Section toute entiere, & du Principe, j'ose dire, très-singulier d'où M. Newton y déduit le Syſtême des mouvemens des Planetes , ſans en excepter même le Soleil.

Car ce grand homme fait ſemblant de ſuivre le Syſ-tême de Copernic , qui met le Soleil en repos , au Cen-tre des mouvemens planetaires. Et ¦dans le fond il le fait tourner comme tout le reſte autour de ce Centre , lequel dans ce cas n'eſt pourtant qu'un point vuide de corps , & tout-à-fait imaginaire.

Le vuide n'épouvante point M. Newton, & il ne craint rien pour un monde entier de corps librement ſuſpendus, & uniquement buttés & appuyés ſur le pur néant.

Du reſte c'eſt-là l'eſſence du Syſtême Newtonien , que toutes les Planetes , le Soleil même , & ſurtout le Soleil , tournent comme de concert autour de ce préten-du Centre commun de gravité.

Et M. Newton qui repréſente ce mouvement du So-leil comme un Trouble , comme une agitation tout-à-fait troublée *in omnes partes* , me paroît , tout franc , s'être un peu troublé , & tout-à-fait contredit lui-même en ce point fondamental.

Son Syſtême n'eſt pas net ſur l'article. C'eſt le *Prin-cipe de l'attraction réciproque* qui l'a jetté dans cet em-barras plein d'une obſcurité, que je ne puis pas croire que cet homme très-clairvoyant n'ait affectée quelque-fois.

Les 10 premieres Sections de ſon premier Livre , traitent régulierement des mouvemens des Corps au-tour des Corps immobilement placés au Centre de leur Révolution.

B b 2

Newton dit lui-même qu'il a jufqu'à la 11e. expofé les mouvemens des Corps attirés vers un Centre immobile. *Hactenus expofui motus Corporum attractorum ad Centrum immobile.*

Mais il ajoute tout de fuite, que ce Centre immobile eft une Chimere dans la nature. *Centrum immobile, quale tamen vix extat in rerum naturâ.*

Il faut aider à la Lettre. Il veut dire un Centre Corporel & attractif. Car il ne nie pas l'immobilité du Centre des mouvemens planetaires, puifqu'au contraire il eft partifan rigide de l'immobilité générale, & fans exception, de tous les Centres de toutes fortes de mouvemens.

Il explique fort bien tout fon Syftême à cet égard dans le court Préambule de la 11e. Section dont il s'agit.

Les attractions, dit-il, fe font par des corps vers les Corps. *Attractiones enim fieri folent ad Corpora.*

Or, continue-t'il, les Corps attirés & les Corps attirans, étant également attractifs, leurs actions mutuelles font égales. *Et Corporum trahentium & attractorum actiones mutuæ funt, & æquales.*

De forte que ni l'attiré ni l'attirant ne peuvent être en repos; mais qu'ils doivent en fe portant vers leur commun Centre de Gravité, tourner les uns & les autres tout autour.

» *Adeò ut neque attrahens poffit quiefcere, neque at-* » *tractum fi duo fint corpora, fed ambo (per legum Co-* » *rollarium quartum) quafi attractione mutuâ circum gra-* » *vitatis Centrum commune revolvantur. Et fi plura fint*

» . . . . . *hæc ità inter fe moveri debeant , ut Gravitatis*
» *Centrum commune vel quiefcat , vel uniformiter mo-*
» *veatur in directum.*

Ce Syftême , finon de Révolution mutuelle & générale , au moins d'attraction réciproque , eft de Kepler.
Newton n'en difconvient pas. Kepler eft fon héros.

Or c'eft l'opinion des vuides céleftes , ou la profcrip-
tion des Tourbillons Corporels , qui y a jetté Newton ,
un peu malgré lui.

Kepler plaçoit le Soleil , comme Copernic , fi je
m'en fouviens , immobile au Centre des Orbes des Planetes , ou à leurs Foyers qui faifoient la fonction de
Centres.

Mais Kepler en admettant l'attraction réciproque ,
ne la faifoit pas , fi pofitivement au moins , le Principe
des Révolutions planetaires.

Au lieu que Newton l'employant à cet effet , &
n'ayant que les Planetes elles-mêmes , en y compre-
nant le Soleil , pour contrebalancer leurs mouvemens
refpectifs , il a été obligé de tout mettre en action autour d'un Centre mathématique & idéal , n'en ayant
point de réel qu'il put fixer. Ce Centre mérite quelque
nouvelle difcuffion.

I I.

VINGT-QUATRIE'ME PROBLEME.

Quelle eſt la propre idée de Newton ſur le CENTRE
DE GRAVITE' *autour duquel il fait rouler
les Planetes ?*

C'EST une idée toute mathématique, ſurtout chez
Newton. Elle eſt priſe de la méchanique ſpécula-
tive & du Principe même des Machines.

Soient (*Fig. 32,*) deux Corps *A* , *B* au bout d'un
Levier. Il y a un point *C* dans ce Levier autour duquel ces Corps ſont en Equilibre. Ce point eſt plus près
du Corps *B* qui eſt plus grand , & ſon voiſinage eſt à
raiſon de l'excès de *B* ſur *A*.

Enſorte que ſi *B* eſt double de *A* , le point *C* eſt
deux fois plus proche de *B* que de *A*,

Ce Levier étant ſoutenu en *C* , les Corps *A* , *B* , reſtent en repos. Leur force eſt comme réunie en ce point,
Et c'eſt par-là qu'il eſt leur Centre de gravité,

Il le ſeroit de même ſi les Corps *A* , *B* repréſentoient
deux forces qui tirent le levier, ou la corde, ou la chaîne
AB , pour l'étendre ou pour la rompre,

Car s'ils tiroient en raiſon réciproque des diſtances
AC , *BC* , le point *C* ſeroit le point le plus tiré , &
le plus ſujet à rompre par ce contreffort.

Si au lieu de tirer , les forces repréſentées par *A* &

B pouſſoient de bout en bout l'une vers l'autre le levier ou le bâton *AB* , le point *C* placé toujours à des
diſtances réciproques des contrefforts , en feroit le Centre de gravité , c'eſt-à-dire le Centre d'Equilibre.

On définit (*Fig. 33.*) communément le Centre de
gravité d'un Corps , le point *C* par exemple , par lequel s'il étoit fuſpendu , il demeureroit en repos & en
Équilibre ſans que leurs parties changeaſſent leur poſition par rapport aux corps environans.

On ſent bien que ſi le corps précédent étoit fuſpendu
par la pointe *A* , ſa partie *B* tomberoit au-deſſous du
point *A* & du point *C* même , en ſorte que la ligne
de fuſpenſion , autrement appellée *Ligne de Direction*
paſſât par le centre *C* de gravité.

Dans la premiere Propoſition de la 11ᵉ. Section ,
Propoſition qui eſt la 57ᵉ. du premier Livre , M.
Newton prétend que deux Corps qui s'attirent mutuellement , décrivent autour de leur Centre de gravité des
figures ſemblables. Voici comme il démontre cette Propoſition.

Les diſtances de ces Corps , dit-il , ſont réciproquement proportionelles à ces corps , c'eſt-à-dire , dans
la figure pénultiéme 32 , les diſtances *AC* , *BC* ſont
réciproquement comme les corps *B* , *A*. Et , par exemple , le corps *B* étant double ſa diſtance *BC* eſt ſous-
double ; & *A* étant ſous-double ſa diſtance *AC* eſt
double.

Donc , dit-il , ces diſtances ſont en raiſon donnée ,
c'eſt-à-dire , toujours en même raiſon. La choſe eſt

certaine : puifque la raifon des corps eft toujours la même. J'aide à la Démonftration.

Ainfi les Diftances changeant, elles doivent changer femblablement, c'eft-à-dire, de maniere que leur raifon foit toujours la même. Ce qui fait alors des figures femblables dans la Révolution égale de ces deux corps autour du centre C.

Car confidérant les diftances AC, BC comme un levier infléxible qui tourne tout d'une piéce, ou comme dit Newton, d'un mouvement angulaire égal autour de C, & qui s'allonge ou s'accourcit proportionnellement des deux côtés, les figures décrites par les corps A, B, doivent être évidemment femblables, par exemple, deux ovales concentriques, comme le dit Newton, mais plus bas.

Newton eft plus concis que cela dans fa démonftration, qui en même tems a plus d'étendue que je ne lui en donne.

Car non feulement il veut que ces Corps décrivent des figures femblables autour du Centre C, mais autour l'un de l'autre, difant formellement

    „ *Corpora duo fe invicem trahentia defcribunt, & cir-*
„ *cùm commune Centrum gravitatis, & circùm fe mutuò,*
„ *figuras fimiles.*

Je ne fçais pas comment il l'entend, quoique je voye bien où il en veut venir. Car (*Fig. ci-def.*) le Corps A le plus éloigné de C peut bien être dit abfolument décrire une Ellipfe ou tout autre orbe autour de B dont l'orbe lui eft intérieur.

Mais

Mais je ne vois pas comment ce corps *B* peut être dit décrire son orbe autour de *A* dont l'orbe enveloppe le sien.

Toute concise qu'est la Démonstration de Newton, il ne laisse pas d'y avoir d'autres superfluités, comme lorsqu'il conclut que les distances *AC*, *BC* étant en raison donnée, elles le sont aussi avec la distance totale *AB* des deux corps.

Cela est vrai, mais à quoi cela va-t-il ? A rien pour la Proposition présente & pour sa Démonstration : mais à beaucoup pour la suivante ; l'Auteur ayant ses raisons pour accoutumer à cette idée en la glissant dès l'entrée de la 11e. Section, dont elle est le nœud secret. Je suppose que j'ai l'honneur de parler à des Lecteurs attentifs, attentifs ici plus qu'ailleurs. Newton aime les Lecteurs distraits.

III.

VINGT-CINQUIE'ME PROBLEME.

Analyse particulière du MOUVEMENT ANGULAIRE, proposé dans la 11e. Section.

SELON le sçavant Auteur que je tâche de suivre de près, crainte qu'il ne m'échape dans ce labyrinthe géométrique, les Tourbillons sont un grand obstacle au mouvement des Planetes.

Cc

Et par son Syſtême des vuides céleſtes, il ſe déclare hautement le Vengeur ou le Défenſeur de la liberté des mouvemens des Aſtres.

Il faut dans un Etat en régle ſe défier de ceux qui prêchent trop la liberté. Ils ne veulent rompre les liens naturels qui uniſſent les ſujets à leur maître naturel, que pour les charger ſouvent des peſantes chaînes de la tyrannie la plus inſupportable. Sans ſortir de l'Angle-terre, *Cromwel* eſt un exemple moderne de ce que je dis. Newton ſeroit-il le Cromwel de la Philoſophie ?

Newton après avoir rompu l'unité, la continuité, la liaiſon, l'enchaînement naturel de tous les corps de l'u-nivers, a bien ſenti qu'il falloit pourtant des liens dans les parties d'un corps ſi bien aſſorti.

Je crains bien qu'ayant cherché un ſupplément aux liens ſouples, mais forts de la nature, & l'ayant cherché dans la Géométrie, qui eſt purement ferme & rigide, il ne l'ait entravée elle-même en lui ôtant dans le fond toute ſa liberté.

Car elle en a une, & il eſt étonnant que je ſois obligé de l'établir ici contre Newton, qui anéantit preſque toute la maſſe de l'univers pour en procurer l'ombre, puiſqu'il faut parler clair, bien plus que la Réalité.

Oui malgré leur Régle éxaête, les Aſtres, les Pla-netes au moins jouiſſent entr'elles d'une certaine liberté au moins honnête, qui ne les aſſujetit à aucun aſpeÇ, à aucune poſition relative.

Aſſujettie à rouler autour de la Terre, la Lune s'en éloigne, s'en rapproche, & ſe balance ſans aucune con-

trainte trop marquée , tantôt vers le Nord , tantôt vers
le Sud , n'ayant du reste aucun aſſujettiſſement marqué
par rapport aux autres Planetes.

Et celles-ci aſſujetties au Soleil juſqu'à un certain point
ſeulement , paroiſſent fort dégagées de toute ſervitude
réciproque les unes avec les autres.

Du reſte leurs Phénomenes au moins ſont fort indépendans les uns des autres. Tantôt ils ſe levent enſemble , tantôt l'un ſe leve lorſque l'autre ſe couche : tantôt
Mars devance Jupiter , tantôt c'eſt Jupiter qui a le pas
ſur Mars.

Tantôt ils ſont en conjonction , tantôt en oppoſition,
& tantôt avec les uns , & tantôt avec les autres.

Tantôt l'un rétrograde lorſque l'autre avance ou eſt
ſtationaire , & tantôt , &c.

Et qu'on les prenne deux à deux , trois à trois , quatre
à quatre , & ſurtout tous enſemble , on leur verra toujours former des figures , des contraſtes , des poſitions
relatives toutes nouvelles , que tous les Aſtrologues ſont
défiés d'attrapper.

Et peut-être , & ſans peut-être , depuis le commencement du monde , ne ſe ſont-ils pas vûs deux fois en conjonction ou en oppoſition tous enſemble , ni dans le même aſpect ou la même poſition relative.

Selon M. Newton cependant (on ne le croira pas)
rien ne devroit être plus ordinaire que le retour des Planetes , de toutes même , & pour le moins de deux , de
trois , de quatre , &c. aux mêmes poſitions , points ,
diſtances & aſpects d'où nous les voyons partir à chaque
inſtant.   *C c 2*

Car enfin il nous les repréfente deux à deux , trois à trois , & en vérité toutes enfemble comme affujetties aux bouts de deux , & de plufieurs leviers roides & impliables qui les entraînent en fe mouvant orbiculairement , tout d'une piéce & d'un mouvement angulaire égal , autour d'un centre commun.

Ce mouvement angulaire égal , & cette idée d'un levier roide & impliable n'eft point une fiction de ma part.

Dès la premiere Propofition de cette 11e. Sèction où il jette exclufivement à tout autre endroit de fes Principes , les Principes immédiats de tout le Syftême du Ciel , il parle ainfi.

» *Feruntur autem hæ diftantiæ circum terminum fuum*
» *communem æquali motu angulari , proptereà quod in*
» *directum femper jacentes , non mutant inclinationem ad*
» *fe mutuò.*

Remarquez, 1°. ces mots bien formels & bien exprès *æquali motu angulari* , qui caractérifent le propre mouvement des deux branches d'un levier autour d'un même centre.

2°. Newton craignant fans doute de ne l'avoir pas encore affés caractérifé par-là , ajoute que ces deux branches , 1°. font toujours allignées en droiture l'une avec l'autre , 2°. qu'elles ne changent point leur inclination mutuelle , c'eft-à-dire , leur allignement.

3°. Cette expreffion *feruntur autem hæ diftantiæ circum terminum fuum communem,* ces diftances *AC* , *BC* (*Fig. ci-def.*) des Corps *A* & *B* font emportées autour de leur terme commun , autour de leur Centre *C.*

Comment des diſtances ſont-elles emportées ? Ces
diſtances déſignées ici par deux lignes noires *AC*, *BC*
ſont-elles quelque choſe de réel & de matériel pour être
ainſi emportées ? Newton les réaliſe-t'il par la force &
la vigueur de ſon imagination géométrico-phyſique ?

Non & oui. Il ne les réaliſe pas juſqu'à en faire des
leviers réels de fer ou de tout ce que l'on voudra. Mais
il fait tout comme s'il les réaliſoit : il fait au moins al-
luſion à des leviers réels, très-roides du reſte & très-
impliables, *proptereà quod in directum ſemper jacentes*
non mutant ; & parce que leur mouvement angulaire,
quoique fictice, eſt égal.

Au lieu de *feruntur hæ diſtantiæ*, Newton pouvoit
dire *feruntur autem hæc Corpora.* Non, il a voulu pré-
ſenter l'idée d'un levier roide & impliable, parce qu'il
l'a eue ſurement lui-même dans l'eſprit, non pour la réaliſer, mais pour en réaliſer l'effet unique & non équivoque. Les Newtoniens ne nous ont jamais parlé de tout
ceci. C'eſt pourtant-là la phyſique de Newton.

IV.

VINGT-SIXIE'ME PROBLEME.

Comment Newton à-t'il rajufté ce Syftême fictice au Syftême réel. ?

CE mouvement angulaire eft fon Principe & fon Principe fixe, j'ofe dire, & d'où il eft parti, & d'où tout part, fecretement au moins.

Car du refte j'avoue que ce grand homme étoit trop clair-voyant, pour ne pas fentir l'étrange fingularité de fon idée mathématique tranfportée dans la Phyfique, & qu'elle n'étoit en aucune forte accommodable à l'Aftronomie & aux obfervations conftantes de la nature.

Auffi n'a-t'il penfé, après avoir lâché comme en paffant cette idée fpéculative, qui eft pourtant, je le répete, le fonds de fon vrai Syftême, qu'à l'adoucir, à la pallier, à la détourner, à l'accommoder en un mot, par voye de fuppofition tacite, felon fa grande maniere, à la vérité.

Toute fa 11e. Section, après les deux premieres Propofitions, après la premiere même, & même dès la premiere, n'eft employée qu'à ramener les chofes à l'idée d'un Soleil central, d'un centre réel, fervant, à la façon de Copernic, de point fixe aux tendances & aux Révolutions planetaires.

J'ai déja remarqué que dans la premiere Propofition

de cette Section 11e. Newton établit non seulement que les deux corps attractifs décrivent des figures semblables autour de leur Centre commun, mais qu'ils les décrivent autour l'un de l'autre, *& circùm se mutuò*; ce que j'ai aussi remarqué être très-faux, la figure du plus grand, du plus voisin du centre étant embrassée toute entiere par celle du plus petit, mais ne l'embrassant point du tout.

Le But secret de cette Proposition, est de faire entendre que, quoique dans le vrai le mouvement se fasse ici autour d'un Centre extérieur au Corps, fictice & imaginaire, idée que Newton veut écarter en l'admettant, ce mouvement se fait cependant comme autour d'un Corps qui sert de but, de centre réel, & d'appui solide par conséquent.

La Proposition suivante (la 58. du I. Liv.) déroute de plus en plus, quelqu'un surtout qui est Géométre.

Elle dit qu'aux deux Orbes que ces deux Corps décrivent autour d'un centre extérieur de gravité, on peut concevoir substitué un Orbe unique semblable & égal aux deux, décrit avec les forces réunies des deux Corps, par l'un d'eux, le plus petit sans doute, autour de l'autre plus grand, conçu comme immobile.

Je ne cite pas le texte Latin, pour abréger : mais je le paraphrase en le traduisant fort fidélement pour le sens, sinon littéralement. On peut le consulter.

Dans les Corollaires, au nombre de 3, de cette Proposition 58, l'Auteur attentif & systématique, n'a rien de plus pressé que d'effacer tout-à-fait cette idée d'un

Centre extérieur & en l'air ou à vuide, en ramenant celle fur laquelle il avoit bâti jufques-là, celle, dis-je, d'un centre folide & corporel, autour duquel roulent folidement d'autres Corps.

Car les 56 Propofitions des 10 premiéres Sections, n'avoient abfolument roulé que fur des mouvemens à l'ordinaire d'un Corps dirigé vers un Centre, fuppofé attractif.

Or ici l'attraction ne dérive pas du Centre; mais le Centre eft le réfultat de l'attraction, *Attraction réciproque* de deux Corps, dont par conféquent aucun n'a droit d'être Central.

Car, prenez-y garde, ils le font tous les deux, l'un pour l'autre. Aucun ne peut donc l'être au préjudice de l'autre. Et par la même qu'ils s'y attirent (chofe merveilleufe & peu croyable!) ils doivent s'en écarter.

Le plus grand, il eft vrai, doit en être le plus près. C'eft tout fon privilége. Ils s'en tiennent mutuellement écartés en raifon réciproque de leurs forces. Ce n'eft pas la jufteffe géométrique qui manque à cette idée, purement géométrique en vérité. Mais je fuppofe que j'ai l'honneur de parler à des Lecteurs attentifs. Newton ne s'eft que trop prévalu de l'inattention d'un fiécle à qui il a fait avaler des vuides & des attractions.

La 59ᵉ. Propofition & les 4 fuivantes, ramenent à force l'idée des 10 premieres Sections. Et comme elles font plus mathématiques qu'autre chofe, ou relatives au moins à des Propofitions vigoureufement mathématiques, cette force de géométrie ôte à un Lecteur qui ne

fe

se sent que Phisicien, à & plus forte raison s'il n'est que
Géometre, toute envie d'articuler, d'oser concevoir
même des difficultés.

Au Systême de deux Corps attractifs, M. Newton
en ajoute un troisiéme, un quatriéme & à l'infini dans
les propositions suivantes jusqu'à la 66ᵉ. fameuse qui
vient avec ses 22 grands corollaires, suivis du renfort
encore de 3 ou 4 autres Propositions fort mathématiques, achever de donner le change, jusqu'au 3ᵉ Livre,
où sur la parole de l'Auteur qui y cite froidement le
premier, c'est-à-dire, cette 11ᵉ. Section, le Lecteur aime
mieux croire se souvenir qu'il y a vû la Démonstration
de tout.

C'est bien pis, s'il n'a pas lû ce premier Livre, &
cette 11ᵉ. Section, ou s'il n'en a lû que les titres ; chose
à laquelle tout Physicien qui n'est que cela, ou qui n'est
pas même triplement Géométre ou Mathématicien, est
bien obligé de se réduire de force, & se réduit communément de bon gré.

Il y a dans tout ceci trop de Physique pour un Géométre, & trop de Géométrie pour un Physicien. Il
n'est pas ordinaire de posséder ces deux qualités au même & à un certain degré : & la partie où l'on se sent
foible, tient en respect sur celle où l'on croiroit pouvoir se mesurer avec le grand Newton.

Je passois, sans y prendre garde, un peu légérement
sur la 61ᵉ. Proposition, dont voici le texte littéralement
traduit.

» Si deux Corps s'attirent mutuellement avec des

» forces quelconques, & n'étant d'ailleurs ni attirés ni
» empêchés, fe meuvent de façon quelconque, leurs
» mouvemens s'éxécuteront tout comme s'ils ne s'atti-
» roient point mutuellement, & que chacun fut attiré
» par un troifiéme Corps placé dans leur commun cen-
» tre de gravité avec les mêmes forces, &c.

J'obferve d'abord la contradiction de vouloir tantôt
qu'on regarde le Corps *A* (*ci-def.*) comme mu autour du
Corps *B*., tantôt comme mu autour d'un autre Corps
fictice placé en *C*. C'eft toujours du fictice pour des Lecteurs réellement attentifs.

Mais c'eft toujours aufli, qu'on fe tienne fur fes gar-
des, un Auteur attentif qui va par le pour & le contre
à fon But de dépaïfer fon Lecteur, & de l'empêcher de
trop réfléchir fur une idée que cette feule façon de l'écarter ou de la couvrir, pouvoit efficacement inculquer.

Newton fentoit, mieux que tout autre, le foible, le
faux même fenfible, de fon *Attraction réciproque*. Il en
avoit befoin pour remplacer les *Tourbillons Cartéfiens*
dont il ne vouloit point.

Sa *Révolution univerfelle* des Planetes, fans pouvoir
y foufraire abfolument le Soleil même, lui découvroit
le faux de fon *Attraction univerfelle*.

Il couvroit donc tout cela de fon mieux, & fe racro-
choit comme il pouvoit au Syftême commun de l'attraction ou de la gravitation fimple, & au Syftême Copernicien des Planetes mobiles autour d'un Soleil feul
immobile au vrai centre de l'Univers ou du Tourbillon.

Et Preuve qu'abfolument il admettoit malgré lui le

mouvement périodique du Soleil autour d'un Centre qui n'étoit pas celui de cet Astre Central, c'est qu'au troisiéme Livre, pour mieux dérouter les Physiciens, encore a-t'il mieux aimé peindre ce grand corps comme agité d'un mouvement troublé *in omnes partes*, que d'un mouvement plus régulier, auquel on auroit peut-être regardé de plus près, les Astronomes surtout qui auroient d'abord voulu l'observer, le calculer, & le prédire.

Il se réservoit du reste à force d'aggrandir le Soleil & de le rendre corpulent & peu mobile, de rendre ses troubles si légers, son excentricité si frivole, *ut possint contemni*, selon son expression favorite en pareille matiere.

V.

VINGT-SEPTIE'ME PROBLEME.

Si les diverses Propositions de la IIe. *SECTION, s'accordent bien entr'elles ?*

DANS tout le cours de son Ouvrage, du premier Livre au moins, & surtout ici, Newton propose deux Hypothéses que je lui ai passées jusqu'ici, mais auxquelles je commence à me rendre plus attentif, quoi-qu'il ne prenne son parti à leur égard qu'au 3e. Livre; parti qui est assés de consequence pour un Analyste, pour que je n'atende pas jufques-là , finon à l'arrêter, du moins à m'y arrêter moi-même.

La premiere Hypothéfe de Newton , confifte à fup-pofer la force centripete , la gravité ou l'attraction d'un Corps vers un Centre ou vers un autre Corps en raifon fimple de la diftance D de ce Corps à fon Centre : hy-pothefe bizarre , & dont je doute que M. Newton fe foit jamais demandé raifon phifolophique à lui-même ou à la nature.

La feconde Hypothéfe eft celle que j'ai difcutée juf-qu'ici , parce c'eft la plus raifonable , & celle même que l'Auteur adopte au 3ᵉ. Livre. C'eft la raifon $\frac{1}{D}$ ou $1 : D^2$ d'une force en raifon renverfée des diftances redoublées.

Par exemple, felon la premiere Hypothéfe, un Corps 2 fois plus éloigné de fon Centre a deux fois plus de force ; 3 fois plus près , en a trois fois moins , &c.

Selon la feconde $1 : D^2$ le corps 2 fois plus loin a 4 fois moins de force : car 4 eft le redoublement de 2 , ou 2 fois 2. Et celui qui eft 3 fois plus loin, en a 9 fois moins : car 3 fois 3 font 9 , &c. chofe affés vraifemblable à peu près.

Dans les premieres Sections de fon premier Livre , Newton prétend qu'un Corps mu dans une Ellipfe , a par rapport au Centre de cette Ellipfe , une force Cen-tripete en raifon D des fimples diftances , mais que rela-tivement au Foyer il a une force $1 : D^2$.

Newton a foin de préfenter ces deux Hypothéfes à part : & tantôt il rapporte un Corps au Centre de l'El-lipfe , & en trouve la force D : tantôt il le rapporte au

Foyer , & lui trouve la force $1 : D^2$. Il faut croire que jamais il n'a combiné enfemble ces deux points de vûe , ni pris garde qu'on pouvoit les combiner.

Or on le peut, donc on le doit. Un Corps ne peut pas fe mouvoir dans une Ellipfe autour de fon Centre , fans fe mouvoir en même tems autour du Foyer & des deux Foyers de la même Ellipfe. Un Corps mu en Courbe , fe meut toujours autour de tous les points qui font dans l'intérieur de la concavité de cette courbe.

Jupiter , par exemple , ne peut pas fe mouvoir autour du Soleil chés Copernic , fans embraffer dans fon mouvement Mercure , Venus , la Terre , la Lune , Mars & tout ce qui fe trouve plus près que lui du Soleil.

Ainfi par un même mouvement indivifible un Corps mu dans la circonférence d'une Ellipfe , fe meut autour du Centre & des Foyers de cette Ellipfe.

Ainfi en même tems ce Corps a une force en raifon D , par rapport au Centre , & une force $1 : D^2$ par rapport à chaque Foyer. C'eft la même force qui eft différente , étant rapportée à différens points.

Jufques-là il n'y a rien de furprenant. Un Corps qui tombe directement fur un autre Corps le frappe avec plus de force que s'il y tomboit obliquement ou de biais ; & felon les divers biais , la force eft différente ou fait une différente impreffion.

Mais Newton porte cette différence bien loin. Selon lui un million de Corps mus dans des Ellipfes avec des forces centrales D chacun , ne fe troublent point dans leurs mouvemens par leurs attractions réciproques.

Au lieu que des Corps mus dans des Ellipfes autour des Foyers avec des forces $1 : D^2$, fe troublent, & s'empêchent mutuellement de décrire des Ellipfes réguliéres.

Raifonnons. Tout Corps Elliptiquement mu avec une force D autour du Centre d'une Ellipfe, a une force $1 : D^2$ avec laquelle il fe meut autour du Foyer de la même Ellipfe.

Si donc un Corps mu avec force D autour du Centre d'une Ellipfe, ne peut troubler ni être troublé, il ne peut l'être lorfqu'avec une force $1 : D^2$ il fe meut autour d'un Foyer. *c. q. f. d.*

Et fi un Corps mu avec une force $1 : D^2$ autour d'un Foyer peut troubler & être troublé, le même mu avec une force D autour d'un Centre d'Ellipfe peut troubler & être troublé. *c. q. f. d.*

Il me paroît que voilà une des plus formelles contradictions, & des plus faciles à fentir. Il ne faut que fentir la réunion conftante des deux hypothéfes, que M. Newton n'a jamais envifagées qu'à part; qu'on peut à la vérité envifager auffi à part, mais qu'on peut auffi & qu'on doit réunir & confronter pour la vérification du Syftême; puifque dans le vrai des chofes elles font toujours réunies, & ne marchent jamais l'une fans l'autre.

On ne le croira pas, je le répete. Mais qu'on le croye ou non; avec de pareilles confrontations, preuves & démonftrations en main, je dirai que la 11e Section, qui eft la fondamentale, & tout le nœud du Syftême de Newton, eft toute pleine de pareilles contradictions.

J'ai déja remarqué, comment après avoir repréfenté

2 Corps mus autour de leur commun Centre de gravité, Newton veut qu'on les regarde comme mus l'un autour de l'autre, & comme si l'un des deux étoit en repos.

Dans la 64e. Proposition les Corps mus avec une force D centrale, ne se troublent point, quoiqu'ils y soient réellement mus autour des Foyers avec une force $1 : D^2$. *c. q. f. d.*

Dans la 65e. ils se troublent par une force $1 : D^2$, quoique cette force $1 : D^2$ soit inséparable de la force pacifique & imperturbable D. *c. q. f. d.*

Cette Proposition 65e. annonce des Troubles dans son Texte, & dans son Préambule aussi.

Mais dans sa démonstration, tout le But de l'Auteur est de parcourir les cas où les troubles se réduisent à rien.

La fameuse 66e. au contraire annonce une grande modération de troubles dans son Exposé. Sa Démonstration même est assés paisible.

Mais dans les nombreux Corollaires qui lui font cortége, c'est une guerre déclarée: & de tout l'ouvrage c'est l'endroit où les troubles, leurs causes, leurs effets sont amplement exposés & adoptés.

J'ai déja observé que ces troubles-là nommément ne le sont pourtant gueres qu'en paroles, & que tout s'y réduit à l'explication réguliere des anomalies lunaires, & au flux & reflux des mers.

Sur ce flux & reflux, j'observe que tout consistant à élever & à abaisser alternativement les eaux, & à leur faire prendre une forme Elliptique dont la terre est le centre, c'est encore ici une des plus manifestes contra-dictions du Système.

Car tout mouvement elliptique est imperturbable par rapport au Centre, selon Newton. Or le mouvement des Eaux est un mouvement elliptique purement central; & cependant c'est un trouble, & le pur effet d'un des plus grands troubles que reconnoisse cet Auteur, *c. q. f. d.*

V I.

VINGT-HUITIÉ'ME PROBLEME.

Si la PREMIERE HYPOTHESE de Newton, est recevable,

J'AVOIS jusqu'ici donné peu d'attention à cette hypothese des attractions en raison *D* des simples distances directes. Sans quoi j'en aurois agité la question dès la premiere ou la seconde Analyse. Elle n'est pas cependant ici hors de sa place.

Dans le moment je rappelle la vraye raison pourquoi je ne l'ai pas analysée plûtôt. L'hypothese $\frac{1}{D}$ étant la seule raisonnable, & celle de *D* ne l'étant en vérité point du tout, mon esprit distrait sur une chose qu'il ne pouvoit goûter, & prévenu en faveur de l'Auteur, avoit toujours substitué $\frac{1}{D}$ au lieu de *D*.

Il y a comme cela mille choses, que l'esprit préoccupé lit

lit tout autrement que les yeux. Et je dois avouer que
pendant 20 ans j'avois toujours lu & écrit même $\frac{1}{D}$ au
lieu de D, donnant d'ailleurs pour la raifon que j'ai
dite, peu d'attention à cette fuppofition.

La raifon D fignifie que l'attraction d'un Corps par
un Centre ou par un autre Corps eft comme fes Diftances de ce Centre ou de ce Corps.

La raifon $\frac{1}{D}$ ou $1 : D$ eft l'envers de celle-là, & exprime une attraction en raifon renverfée des Diftances.

C'eft-à-dire une attraction d'autant plus petite que la
Diftance eft plus grande, & celle-là d'autant plus grande
que celle-ci eft plus petite.

Or cette inverfion eft très-raifonnable. Il eft raifonnable de penfer que plus un Corps eft proche de fon Centre d'attraction, plus il eft attiré.

Au lieu que je ne vois rien de recevable dans l'hypothefe contraire d'une attraction qui croiffe en s'éloignant de fa fource.

Il n'y a que les rivieres qui ayent ce privilege de grof-
fir à force de rouler: mais c'eft qu'à une fource il s'en
joint de nouvelles. Car fi ce n'étoit cela, il n'y a pas
de fource qui arrivât à la mer, & qui ne fe perdit peu à
peu dans les fables & dans les airs, en s'éloignant de fon
origine.

M. Newton n'adopte pas l'hypothefe D. Mais il y
a de l'indécence à propofer comme poffible, ce qu'on
ne peut admettre comme exiftant. Pour le moins tout
ce qui fe rapporte là, eft une très-inutile fpéculation.

D'ailleurs la chofe n'eft pas poffible, & l'hypothen

D contredit formellement l'hypothefe $\frac{1}{D^2}$, & la détruit même totalement.

Newton, dira-t'on, n'admet pas l'hypothefe D, & n'a jamais entrepris de les concilier. Tant pis, & voilà ce qui fait le mal de fon Syftême. S'il avoit entrepris de les concilier, il auroit trouvé avec fa fagacité ordinaire, qu'elles étoient irréconciliables ; & il fe feroit beaucoup défié du Principe qui le jettoit dans de fi étranges contradiftions.

Quel eft donc ce Principe ? Je n'ofe prefque le dire : c'eft la Géométrie. Oui c'eft la Géométrie qui a donné à Newton l'hypothefe D, comme elle lui a donné l'autre $\frac{1}{D^2}$.

C'eft par des Propofitions toutes géométriques en apparence dans leurs Conftruftions & dans leurs Démonftrations, qu'il a trouvé qu'un Corps mu dans une Ellipfe avoit une force D relativement au Centre, & une force $\frac{1}{D^2}$ relativement au foyer de cette Ellipfe.

J'ai déja pris la liberté de jetter un foupçon un peu fort fur la Propofition qui donne la force $\frac{1}{D^2}$, quoique je ne doute pas du fond de vérité de cette raifon.

Mais il y a beaucoup plus qu'un foupçon, contre la raifon D : Et Newton a beau ne pas adopter cette raifon. Il faut malgré lui qu'il la concilie avec $\frac{1}{D^2}$, ou qu'il renonce à fes Principes, je dis à fes Principes mathematiques les plus géométriques.

Dès qu'il a démontré qu'un Corps & tout Corps mu dans une Ellipfe a une force D par rapport au Centre de cette Ellipfe ; & qu'il admet que les Aftres, les Pla-

netes. fe meuvent dans des Ellipfes , il ne peut plus fe refufer à la conféquence , que les Aftres ont une force *D*
par rapport au Centre de leur Orbe.

Il a beau laiffer-là fa premiere Hypothefe *D* , c'eft-à-
dire , n'y plus penfer , n'en plus parler , & s'attacher à
l'hypothefe $\frac{1}{D}$ relative aux Foyers.

Toute Ellipfe qui a des Foyers , a un Centre , placé
entre deux. Et l'Aftre qui a une force $\frac{1}{D}$ tendante à ces
Foyers , a une force *D* néceffairement dirigée & tendante à ce Centre.

Il ne s'agit donc plus que de voir s'il eft poffible de
concilier les deux hypothefes dans une même Ellipfe ,
pour juger d'un feul coup de la vérité des deux Propofitions très-géométriques , la 10e. & la 11e. du premier
Livre de Newton.

Je doute qu'il y ait en effet rien de plus géométrique ,
que ces deux Propofitions , dans tous les Principes mathematiques de la Philofophie naturelle.

J'excepte les Sections 4e & 5e du premier Livre , &
un nombre d'autres Lemmes ou Propofitions répanduës
ailleurs , qui font une pure Géométrie , & que Newton
auroit pu tranfporter dans quelque Ouvrage purement
géométrique.

Je ne parle que des Principes mathematiques ou Phyfico-mathematiques , dont la matiere eft toute phyfique , mais dont la forme eft toute géométrique.

Qui doute qu'une matiere auffi ingrate , auffi rebelle
à la Géométrie que la Phyfique , n'ait pu répandre fon
incertitude , fes Paralogifmes , fes erreurs fur la Géo-

E e 2

métrie du grand Newton même, ainfi que je l'ai déja remarqué plus d'une fois ?

En tout cas fi l'on en doute, on n'a qu'à entreprendre la conciliation des deux raifons D & $\frac{1}{D}$.

C'eft-à-dire, de prouver par une raifon fenfible plutôt que de démontrer par une Géométrie équivoque qu'un Corps décrivant une Ellipfe, (*Fig. 34.*) de A en F, & de F en B, il a en F moins de force qu'en A, par rapport au Centre C, & plus de force par rapport au Foyer D.

Car fa Diftance FC eft moindre que AC; & fa Diftance FD eft moindre auffi que AD. Et dans un cas le moins produit le moins, & dans l'autre il produit le plus.

On ne rend pas raifon d'une Démonftration géométrique, dira-t'on. Mais je dis à mon tour que la Démonftration n'étant tout au plus que Phyfico-mathematique, on doit rendre raifon de fa partie phyfique au moins, qui ne fçauroit être à l'épreuve d'une contradiction fi palpable. *c. q. f. d.*

VII.

VINGT-NEUVIE'ME PROBLEME.

Analyse particuliere de la soixante-quatriéme Proposition de la onziéme Section.

J'AI déja remarqué que cette 64e. Proposition exemte de trouble les Corps qui se meuvent dans des Ellipses avec une force D relative au Centre de ces Ellipses.

Y en eut-il cent mille mus librement avec une pareille force dans un espace illimité en grandeur & en petitesse, M. Newton ne veut pas que leurs forces relatives puissent troubler leurs mouvemens régulierement elliptiques.

Soit la figure même (*Fig. 35.*) de Newton. Les Corps T, L, ayant leur commun Centre de gravité en D, s'attirent avec des forces TD, DL, c'est-à-dire, en raison directe de leurs simples Distances TD, DL.

Ils décrivent donc une Ellipse réguliere chacun. Et le Centre de chacune de ces Ellipses est D, selon la 10e. Proposition du premier Livre des Principes mathematiques.

Soit ensuite un troisiéme Corps S attirant & attiré par T, L, toujours avec des forces D, c'est-à-dire, ST, & SL, qui sont les Distances de S à ces Corps T, L.

Alors T, L, se mouvant comme si de rien n'étoit, autour D, leur Centre D les entraînant sans aucun trouble, se mouvra avec S autour de leur commun Centre C, & ils décriront chacun une Ellipse réguliere autour de ce Centre C.

Soit un 4e. Corps V attirant ces 3 S, T, L, toujours avec une force D, ces 3 n'en faisant en quelque sorte qu'un au point C, seront entraînés comme d'un mouvement total avec V autour du nouveau Centre B.

Soit un 5e. un 6e. & un milliéme Corps si l'on veut avec des attractions toujours conditionnées de même, chacun décrira son Ellipse, & deux à deux ils décriront une nouvelle Ellipse, 3 à 3 une nouvelle, &c. Et toutes ces Ellipses seront sans trouble, sans anomalie, sans inégalité. L'Auteur le démontre ainsi.

L'attraction, par exemple, du 3e. Corps S se décompose en deux, sçavoir ST, en SD, DT; & SL en SD, DL.

Or SD est commune, & est employée à faire avancer le Systême total des Corps, T, L, comme si ce n'étoit qu'un seul Corps réuni au Centre D.

Les deux autres parties TD, DL, sont les mêmes que les attractions propres des Corps T, L, & s'unissent avec elles, ne changeant rien dans leur Proportion, ni par conséquent dans leur Ellipticité. Seulement elles augmentent les forces absoluës, & accélérent la Description absoluë de leurs Ellipses. *c. q. f. d.* dit Newton.

Or j'avouë qu'après une Proposition si bien concertée, je suis surpris que M. Newton se soit avisé dans les

fuivantes 65 , 66, 67, &c. & dans tout le 3ᵉ. Livre, de
reconnoître aucune forte de troubles dans le Syftême du
monde.

Quand on a un fi rare talent de pacifier les troubles
les plus réels, on n'eft point excufable d'avoir été le
premier à donner le fignal du trouble & de la fédition.

M. Newton auroit bien pu, là comme ici, diffimuler
tous les troubles qui naiffent ici comme là, de la multiplicité des Corps attractifs. Car c'eft cette multiplicité
feule qui produit tout le trouble, fi quelque chofe le
produit.

1°. J'ai remarqué déja, & même, je penfe, démontré qu'un Corps mu autour du Centre d'une Ellipfe avec
une force D, eft indivifiblement mu autour de fon foyer
avec une force $\frac{1}{D^2}$, & que fon mouvement étant troublé
à raifon de cette derniere force, il doit l'être malgré la
premiere.

2°. On n'a qu'à prendre les raifonnemens que Newton fait dans les Corollaires de la 66ᵉ. Propofition pour
expliquer les troubles caufés par la raifon $\frac{1}{D^2}$, & les ap-
pliquer ici où on ne voit furement rien qui les empêche
d'y être appliquables.

3°. C'eft par la Décompofition de la force, par
exemple, ST ou SL en deux, que Newton fauve ici les
troubles de la raifon D. Eft-ce qu'on ne peut pas décompofer les forces $\frac{1}{D^2}$?

4°. Dans fa 66ᵉ. Propofition, M. Newton les décompofe bien lui-même. Il eft vrai que c'eft pour expliquer les troubles ; au lieu qu'ici c'eft pour les excufer ou

les pallier. Mais n'est-ce pas là ce qu'on appelle soufler le froid & le chaud ?

M. Newton qui excelle dans les suppositions, c'est-à-dire, à les couvrir, jusqu'à persuader à ses Disciples, & à la plûpart de ses adversaires, qu'il n'en admet aucune, ne raisonne ici que sur la figure, & le cas particulier qu'il présente à son gré aux yeux d'un Lecteur distrait.

Qu'on dérange un peu cette figure hypothetique, & qu'on suppose par leur mouvement périodique (*Fig. 36.*) les Corps *T*, *L*, arrivés en *t*, *l*. Et voyons un peu ce qui en arrivera, & s'ils sont si imperturbables dans leur premier Systême de mouvement elliptique.

Par ce mouvement le Corps *L* s'est éloigné du Centre *D* & rapproché du Corps *S*. Et le Corps *T* s'est éloigné de *D* & de *S* aussi. Cela ne change-t'il rien dans l'attraction du Corps relative à ces deux Corps ?

Au moins n'y a-t'il rien de changé dans la Démonstration de Newton. La force *St* se décompose toujours en *SD* & en *Dt*, &c. & tout le reste va quant aux paroles.

Mais le sens des paroles va-t'il aussi ? Et dans cette nouvelle Position le Corps *S* attirant réellement davantage *l*, & moins *t*, n'y a-t'il pas quelque accès d'accélération dans le mouvement de *l*, & de retardement dans celui de *t* ? *c. q. f. d.*

Rien au moins n'est plus fatal à la description angulaire & concentrique des Ellipses de ces deux Corps *L*,

T

T ou *l*, *t*, que de dire que l'un eſt retardé lorſque l'autre
eſt accéléré. *c. q. f. d.*

Et alors même le rapport des deux rayons elliptiques *lD*, *tD* changeant ſurement par cet endroit, la
Deſcription elliptique doit être troublée d'un trouble
qui pour les mêmes raiſons doit ſe renouveller & s'ac-
croître à chaque pas. *c. q. f. d.*

Pour ſentir, groſſierement même, de quoi il s'agit,
on n'a qu'à ſuppoſer la ligne *TL* ou *tl* tombant ſur *SD*,
& les deux Corps *T*, *L*, en conjonction & dans une même ligne avec *S*.

Alors *L* étant tout-à-fait près de *S*, & *T* en étant
tout-à-fait loin, les attractions en ſeront fort inégales,
& rendront tout-à-fait inégales celles de ces deux Corps
mêmes *T*, *L*, entr'eux. *c. q. f. d.*

Newton n'excepte aucune pluralité de Corps ; il l'admet même la plus grande qu'on peut vouloir l'imaginer :
Et eâdem Methodo Corpora plura adjungere licebit, dit-il.

Feignons un cas où il y ait tant de Corps, & où ils
ſoient ſi proches les uns des autres qu'ils ne puiſſent ſe
mouvoir ſans ſe rencontrer ; ſans ſe rapprocher au moins
de très-près.

Croit-on qu'alors au moins, ils ne ſe troubleront pas,
même en ſe heurtant ? A moins que Newton qui rend
leur attraction d'autant plus foible qu'ils ſont plus voiſins, ne donne au voiſinage parfait qui eſt le contact &
l'impulſion, la vertu d'anéantir l'impénétrabilité même
des Corps, & tous les troubles qui en pourroient réſulter. *c. q. f.* encore *démontrer.*

Ff

VIII.

TRENTIE'ME PROBLEME.

Comment la Loi géométrique de L'IMMUTABILITE' DES CENTRES, fur laquelle M. Newton fonde fa onziéme Section, fon troifiéme Livre, & tout fon Syftéme, & fur laquelle tout Syftéme méchanique doit être fondé, y eft obfervée ?

VOICI le grand nœud de l'affaire. La coignée eft à la Racine de l'arbre : & quand tout ce que je puis avoir jufqu'ici établi contre Newton , feroit non avenu, je me flatte de le prendre ici dans fon fort, & de porter une atteinte décifive à fon Syftême.

C'eft pourtant fon fondement géométrique , & le plus inébranlable par conféquent que j'entreprends ici d'ébranler, je le fçais , je l'avouë , finon à ma honte , du moins pour ma juftification.

Car je fçais auffi le refpect infini qu'on doit à M. Newton Géométre ; & j'avouë, en preuve de ce refpect dont je prétends m'honnorer ; que c'eft toujours , & furtout ici , mon Corps défendant, que j'ai la témerité de l'attaquer fur fon propre terrain.

Mais , je le répete en excufe de cette témerité ; dans un Syftême Phyfico-mathematique comme celui-là , fi la Géométrie y répand une lueur de vérité & de certitude fur la Phyfique, à plus forte raifon la Phyfique y répand-elle à fon tour une ombre d'incertitude & peut-être d'erreur fur la Géométrie ; étant toujours bien plus facile d'altérer le bien que de corriger le mal.

Et cela eft d'autant plus à craindre ici, que M. Newton a mêlé de plus près ces deux Sciences, fans jamais fe picquer de les démêler, affectant au contraire toujours de les confondre, & de donner fans ceffe l'une pour l'autre, comme fi c'étoit abfolument la même fcience.

Pour moi, je regarde franchement comme tout auffi difficile, que la Géométrie, celle même de Newton, fe foit confervée dans fa pureté au milieu de tant de Phyfique, de Syftême & d'Hypothefe ; qu'il l'eft à quelqu'un de fort fage, de conferver conftamment fa raifon, en fréquentant conftamment des fols.

Quoi qu'il en foit, le Principe d'un mouvement angulaire égal dans deux Corps attractifs qui tournent de concert autour d'un Centre commun, Principe dont M. Newton fait la bafe de tout fon Syftême du monde, lui eft fi contraire, je dis fi contraire au Syftême du monde, & fi contraire même au Syftême de Newton, que j'ai été long-tems fans y rien concevoir.

Je l'ai dit, & je le répete : je doute que fes Difciples mêmes en ayent fenti tout le fin, & pris tout l'efprit. Il ne m'en revient actuellement aucun dans l'efprit, quoique je les aye lus la plûpart, qui ait fait entrer ce mouvement angulaire pour quelque chofe dans l'idée qu'ils ont prétendu nous donner de leur Syftême adoptif.

Ff 2

Tout cela, avant même la vérification, m'avoit mis en défiance, & fait foupçonner que le Paffage du Principe à la conféquence, devoit contenir ici quelque Paralogifme ou quelque contradiction.

Je connois un peu les fuppofitions tacites, les tranfitions foûterraines, les contremarches fecretes, les fous-ententes fçavantes de ce profond Géométre, qui a au moins toujours la plus impénétrable Géométrie à la main pour dérober fes plus fubtiles évolutions.

Je me fuis donc rendu fort attentif aux liaifons de cette onziéme Section du premier Livre avec le Livre troifiéme; & voyant que ce troifiéme eft partout décifif, & tout décidé même d'après le premier. Je me fuis renfermé dans la onziéme Section, pour y trouver le Paffage en queftion.

Les deux extrêmités y font en effet, feulement un peu moins prononcées, un peu fous-entenduës & fuppofées.

D'abord dans les deux premieres Propofitions le mouvement angulaire le plus roide, y eft fort clairement énoncé. Ces deux Propofitions font la 57. & la 58. du premier Livre.

Or dans la 66e. fameufe, il n'eft plus queftion de mouvement angulaire, & les Corps s'y meuvent fort librement, fans y être aucunement enfilés deux à deux aux bouts d'un Levier impliable, & mu tout d'une piece autour de fon centre ou point fixe de gravité.

Dès la 61e. Propofition le paffage étoit fait. On y a déja vû l'Auteur fuppofant ou, à ce qu'il dit, démon-

trant que deux Corps attraĉtifs fe mouvoient autour de
leur Centre commun de gravité , comme s'ils ne s'attiroient point du tout, comme même s'ils ne fe mouvoient point tout autour , mais fimplement l'un autour
de l'autre , & furtout le plus petit autour du plus grand.

C'eſt donc dès la 58ᵉ. Propofition de ce premier Livre , & dès la feconde de cette 11ᵉ. Seĉtion, qu'à l'ombre d'une bonne Géométrie s'étoit faite la fubſtitution
phyſique de ce mouvement libre d'un Corps autour
d'un Corps , au mouvement purement angulaire & géométriquement enchaîné de deux Corps autour d'un
Centre incorporel , mais immuable.

Mais que devient cette immutabilité des Centres
dans le Syſtême réel de l'Univers, fi le Soleil devenu
par là Centre de tous les mouvemens de ces Planetes ,
eſt mu lui-même comme elles , non-feulement dans un
Orbe elliptique, ainſi que Newton le faifoit d'abord entendre dans les premieres Propofitions de la 11ᵉ. fameufe Seĉtion , mais qui pis eſt , mu , agité , troublé *ab
hoc & ab hac* , enfin en tout fens *in omnes partes* , comme il eſt dit formellement au 3ᵉ. Livre à l'endroit déja
cité ?

C'eſt pourtant une Loi de la nature , & M. Newton
dès le commencement de fon magnifique Ouvrage , le
déduit comme un 4ᵉ. Corollaire d'une 3ᵉ. Loi , que le
Centre de gravité de deux ou plufieurs Corps agiſſans
& réagiſſans les uns fur les autres , fe conferve dans un
repos inaltérable par rapport à ces Corps.

Ce n'eſt en effet que par fon parfait repos , qu'il peut

fervir de point fixe à l'action & à la réaction réciproque
de ces Corps. Il eft même comme le réfultat toujours
égal de leurs actions réciproques, & le feul garand de
l'Équilibre, de l'égalité du moins de leurs forces refpectives.

Et c'eft en conféquence de cette Loi que Newton
même traite d'axiome, au premier Livre, qu'au
3ᵉ. il établit une premiere hypothefe bien articulée pour
raifon, qui porte *Centrum fyftematis mundani quiefcere*,
que le Centre du Syftême de l'Univers, eft en repos.

Or cette hypothefe eft immédiatement fuivie d'une
Propofition 11ᵉ. qui dit, *commune Centrum gravitatis
terræ, Solis & Planetarum omnium quiefcere*, que le commun Centre de gravité de la Terre, du Soleil & de
toutes les Planetes eft en repos.

Dans l'explication de fon hypothefe, l'Auteur attentif avoit dit, qu'elle étoit convenuë de tout le monde,
les uns mettant la Terre, les autres le Soleil en repos
au Centre du Syftême de l'Univers. *Videamus quid in-
de fequatur*, ajoute-t'il froidement.

La Propofition 11ᵉ. qui fuit eft de quatre ou cinq lignes. Tout d'un coup après ce court intervalle, fuit la
12ᵉ. qui dit, *Solem motu perpetuò agitari*, avec le correctif, *fed nunquam longè recedere à communi gravitatis
centro Planetarum omnium*.

Voilà donc ce qui fuit de l'hypothefe, & de la Propofition confécutive qui ne fait que la répeter.

Newton encore une fois eft fans façon; un grand
homme comme lui a droit. Il ne délibere pas pour fe

contredire. Il le fait tout ouvertement, de peur que s'il paroiſſoit héſiter, il n'encourageât par cela ſeul quelqu'un à l'en ſoupçonner. Cette franchiſe apparente eſt un grand coup de politique de ſa part.

Mais ce n'eſt pas le Soleil, ſelon lui, qui eſt ici le Centre de gravité des Planetes ; je le ſçais : c'eſt un point imaginaire qui ſe repoſe, tandis que le Soleil eſt agité, troublé, comme baloté de toutes parts.

Mais que devient donc le mouvement angulaire, ſi néceſſaire pour maintenir l'immutabilité, ſinon le repos de ce Centre imaginaire ? C'eſt ce que je vais achever de rechercher dans le Problême ſuivant.

I X.

TRENTE-UNIE'ME PROBLEME.

Si cette Loi géométrique de l'IMMUTABILITE' DES CENTRES peut s'obſerver dans le Syſtême de Newton ?

. . . . *ſi Pergama dextrâ,*
Defendi poſſent, etiam hâc defenſa fuiſſent.

Si Troye avoit pu être ſauvée par la main d'un homme, elle l'auroit été par celle-ci, dit Enée chés Virgile.

SI la Loi géométrique de l'immutabilité des Centres avoit pu être ſauvée dans le Syſtême de Newton, qui doute que Newton ne l'eut ſauvée ? Et s'il l'a abandonnée, qui eft-ce qui ofera entreprendre feulement de la fauver?

Or il l'a fûrement abandonnée dans fon 3e. Livre, & dès fa 11e. Section, où il l'avoit d'abord propofée au parfait, furtout dans la 64e. Propofition. On en a vu la figure & le raifonnement dans les Problêmes précédens.

Plufieurs Corps s'attirent T, L, S, V, &c. le nombre n'en eft pas limité. Or ils s'attirent deux à deux, trois à trois, quatre à quatre, &c.

T & L s'attirant, ils fe meuvent autour du Centre commun D, où ils font cenfés réunis, & ne former plus qu'un Corps, comme s'il y avoit-là un Corps D les valant tous deux.

Ce Corps D & le Corps S s'attirant, ils fe meuvent autour de C, qui reprefente comme la réunion des trois Corps T, L, S. Et enfuite ce Corps C avec V font mus autour de B, &c.

Quelle que foit au refte la loi de leur attraction, il n'eft pas poffible qu'ils fe meuvent autrement.

Les Planetes avec le Soleil s'attirent, & voilà par conféquent la loi ou la forme de leur mouvement.

Jupiter avec fes Satellites, Saturne avec les fiens, la Terre avec la Lune, fuivent à peu près cette loi, avec cette différence cependant qu'on peut douter que la Terre fe meuve autour de la Lune, ou au moins autour d'un Centre commun, & que Saturne & Jupiter fe meuvent auffi autour du même Centre que leurs Satellites.

Je

Je parle d'un Centre extérieur & différent de celui de la Terre, de celui de Saturne, de celui de Jupiter.

Je m'exprime fort doucement, quand je dis qu'on peut douter. Eft-ce qu'il n'eft pas certain par les Obfervations que la Lune feule fe meut autour de la Terre muë feulement tout au plus autour du Soleil ? Et que de même le Centre intérieur de Jupiter & de Saturne, eft le Centre propre du mouvement de leurs Satellites ?

Si cela n'eft pas certain, au moins eft-il en poffeffion d'être regardé comme tel; & c'eft à M. Newton, s'il en doute, de nous articuler les raifons, raifons de fait & d'obfervation, & non de Syftême ou d'hypothefe, d'en douter.

Dès que M. Newton admet un Centre extérieur au Soleil autour duquel ce Soleil fe meut, foit circulairement, foit elliptiquement, foit d'une maniere troublée, *in omnes partes*, comme les Planetes, il doit admettre la même excentricité & le même mouvement dans la Terre, dans Saturne, dans Jupiter. *c. q. f. d.*

Il y a plus : Jupiter & Saturne s'attirant, doivent décrire, *circa Centrum commune & circum fe mutuò figuras fimiles*, doivent décrire des figures femblables, des Ellipfes autour de leur commun centre de gravité, & même autour l'un de l'autre, fuivant la premiere Propofition de la 11e. Section de Newton.

Et enfuite Saturne & Jupiter formant comme un feul Corps, & comme un tourbillon doivent décrire autour de Mars, & Mars autour d'eux, & tous les trois autour d'un Centre commun, des Orbes femblables, ou à peu près,

Et puis ces trois avec la Terre & la Lune, & puis avec Venus & Mercure, doivent former un pareil Systême de mouvement & de tourbillonnement : & leur total doit enfin en former un autre avec le Soleil.

M. Newton convient assés en gros de ce dernier, & il ne met le Soleil en mouvement autour du Centre du monde qui n'est pas son Centre ; & cela dans la seule vûë de faire équilibre avec les Planetes.

Mais il abandonne l'Equilibre des Planetes entr'elles, & ne les assujettit point à la loi des Centres particuliers de leurs attractions réciproques. Je demande pourquoi, après qu'il a donné la loi de l'immobilité des Centres comme une loi générale & universelle.

Le pourquoi n'est pas absolument difficile à deviner. Les observations sont par tout contraires à ce Systême de Révolutions particulieres, & d'attractions réciproques.

Et voilà pourquoi à peine Newton a établi ces révolutions & ces attractions dans une premiere Proposition, que vîte dès la seconde il établit que deux Corps attractifs se meuvent autour de leur Centre extérieur, comme si l'un se mouvoit seul autour du Centre de l'autre.

Sappant les tourbillons & toute matiere céleste capable de faire Equilibre autour du Corps Central, il étoit forcé d'établir un Centre imaginaire autour duquel les deux ou plusieurs Corps nécessairement entraînés pouvoient se contrebalancer & maintenir l'Equilibre.

Mais Equilibre imaginaire auffi , & du refte très-in-
commode par fon mouvement angulaire roide & tout
contraire aux obfervations , qui nous font voir les Planetes fort libres à cet égard , & fort éloignées de s'af-
treindre aux pofitions & contrepofitions qu'un pareil
Equilibre demanderoit.

X.

TRENTE-DEUXIE'ME PROBLEME.

*Si l'idée des TROUBLES NEWTONIENS , peut s'accorder
avec la Loi de l'IMMUTABILITE' DES CENTRES.*

C'EST de cette immutabilité, que M. Newton dérive immédiatement cette idée des Troubles céleftes. Or il n'y a rien de plus incompatible , de plus
contradiƈoire , & qu'on en puiffe moins dériver.

J'avance ici deux Propofitions , l'une que M. Newton dérive les Troubles de fon Principe de l'immutabilité des Centres. La feconde , que ces deux chofes font
incompatibles.

En premier lieu , il eft d'abord certain que la 11e.
Seƈion réunit ces deux extrêmes , foit comme deux
Principes indépendans , foit comme deux affertions,
dont l'une eft le Principe , & l'autre en eft la conféquence.

La 57e. Propofition établit le mouvement angulaire
exaƈ ; duquel feul dépend l'immutabilité des Centres,

La 65e. annonce ouvertement les Troubles, que la 66e. établit fort au long.

Or ces extrêmités font liées par la 58e. & par la 61e. Propofitions, felon lefquelles les mouvemens de deux Corps autour de leur Centre commun de gravité, fe font tout comme fi l'un de ces Corps fe mouvoit feul autour de l'autre, conçu en repos dans le Centre de ce mouvement.

Le mouvement angulaire de deux Corps autour d'un Centre commun de gravité, eft le feul Principe de l'immutabilité des Centres. Je le démontre.

Soient (*Fig. 37.*) deux Corps *A*, *B*, ayant leur Centtre de gravité *C*, fe mouvant de *A* en *a*, & de *B* en *b*, enforte que les angles *ACa*, *BCb* foient toujours égaux, la ligne *ab* qui joint les Corps paffera toujours par le même Centre *C*, qui fera donc unique & immuable. *c. q. f. d.* en premier lieu.

Mais fi *A* allant en *a*, *B* n'alloit qu'en *d*, enforte que l'angle de fon mouvement *BCd* fut moindre ou plus grand que *ACa* angle du mouvement de *A* en *a*, alors la ligne *ad* joignant les deux Corps ne pafferoit plus par *C*, & le Centre de gravité feroit dans ce cas *e*, & non *C*, & le Centre *C* auroit eu lui-même un mouvement de *C* en *e*; ce qui répugne à la loi de la nature, de la Méchanique, de la Phyfique, loi établie par M. Newton même. *c. q. f. d.* en fecond lieu.

Mais il faut encore démontrer, que cette loi n'admet point de Troubles, pareils au moins à ceux du Syftême de Newton, où effectivement ce seroient de vrais Troubles.

Car, je le répéte, dans le Syftême des Tourbillons, de quelque maniere que les Planetes fe meuvent & fe combinent, il y a toujours Equilibre entre chaque Pla-nete, & toutes les parties de fon Tourbillon qui la con-trebalancent autour du Corps, central auquel il eft per-mis d'être immuable dans le vrai Centre commun de tout le Tourbillon.

Mais ici ce n'eft plus cela. Il n'eft pas permis à une Planete de fe troubler, fans que celle qui la contreba-lance à l'oppofite du Centre commun, fe trouble d'au-tant, par un mouvement angulaire égal.

Et alors il n'y a plus de trouble, lorfque tous les mouvemens font concertés; & s'il y a un vraï trouble, les mouvemens ne font plus concertés, le mouvement angulaire n'eft plus égal; le Centre commun change, & il n'y a plus de Principe d'Equilibre, ni de loi de la nature qui fe foutienne.

Ce que je dis de deux Corps, doit fe dire de 20, de 30 & de 1000, s'il y en a ce nombre d'affujettis à des Centres communs, affujettis eux-mêmes à un feul der-nier Centre, auquel tous les autres reffortiffent en der-nier lieu.

Un feul de ces Corps ne peut fe troubler, fans que tous les autres fe troublent proportionnellement, & par des Angles exactement égaux.

Or alors il n'y a plus de trouble, dès que tout eft éga-lement troublé. Il n'y en a point, dis-je, entre ces

Corps, relativement les uns aux autres ; rien n'étant plus régulier que des mouvemens ſi bien & ſi géométri-quement concertés.

Je dis même plus. Alors le trouble, ſi l'on veut en maintenir l'idée, ne peut venir de ces Corps mêmes, & doit venir d'ailleurs, de quelque agent externe & in-dépendant qui agiſſant ſur un de ces Corps, agiſſe im-médiatement ou par le moyen de celui-là ſur tous les autres.

Je m'explique par la comparaiſon d'une balance en Equilibre, qui d'elle-même ne ſe tirera jamais de ſon état d'Equilibre & de repos, mais qui en étant ôtée d'un côté par une impreſſion étrangere, l'eſt également des deux côtés.

Appellera-t'on mouvement troublé celui qui balance les deux plats qui pendent aux bouts du levier ? Ce mou-vement étant égal de part & d'autre, eſt fort régulier & nullement troublé.

C'eſt un trouble, il eſt vrai, & une irrégularité que deux Corps en équilibre ſe meuvent. Auſſi ce mouve-ment ne vient point d'eux, & ce qui vient d'eux, c'eſt la régularité non troublée de leurs mouvemens. *c. q. f. d.* en dernier lieu. Je crois les Tourbillons & le Plein dé-montrés ſpécialement par ceci.

X I.

TRENTE-TROISIE'ME PROBLEME.

*S'il eſt vrai que deux Corps aſſujettis à un commun Centre,
ſe meuvent ou puiſſent ſe mouvoir comme ſe mouveroit
un ſeul d'eux autour de l'autre en repos ?*

COMME cette 11e. Section fait tout le fonds du
Syſtême que je diſcute, on ne ſera pas ſurpris de
m'en voir pouſſer la diſcuſſion auſſi loin qu'elle peut
aller. Je la crois fauſſe dans tous ſes points.

Il y a bien de la Géométrie, & de la plus profonde :
mais moins que partout ailleurs. Et elle eſt plus phyſique qu'autre choſe. Le 3e. Livre n'a de phyſique qu'autant qu'il en reçoit de-là.

On diroit que cette Section étant précédée & ſuivie
de la Géométrie la plus ſubtile, & le 3e. Livre étant
tout compliqué de Calcul Aſtronomique, Newton a
voulu dérober ſa marche phyſique à ſes lecteurs, ſurtout
à ſes lecteurs Phyſiciens.

Ils trouvent cette 11e. Section ſuppoſée partout dans
la Phyſique du 3e. Livre. Ils ſçavent, Newton lui-même
en a averti, que les deux premiers Livres ſont tous mathematiques.

S'ils ſont tentés d'aller voir aux endroits cités, la
Géométrie qu'ils entrevoyent, ſeulement en feuilletant

le Livre pour arriver à cette Section, leur fait croire qu'elle en est elle-même tout auſſi infeſtée : elle en a même aſſés l'air par-ci par-là.

On la laiſſe donc, & on croit tout plutôt que d'entreprendre une vérification, qui coûteroit trop au commun des eſprits, accoutumés la plûpart à la maniere aiſée de Deſcartes.

Mais parce que Deſcartes eſt aiſé, populaire & preſque trivial, on le mépriſe & on le laiſſe tout-à-fait. Newton n'eſt point lu, ou ne l'eſt qu'à demi ; & par là même on le redoute, on le révere, on le reſpecte, on l'eſtime, & on le croit.

Les hommes ſont plus faits pour croire qu'on ne penſe : & Dieu qui les connoît bien, ne les mene que par la foi.

Il a droit : ſes myſteres ſont ſurnaturels, & hors de la portée de notre raiſon. Les myſteres Newtoniens ſont, comme on voit, fort naturels. Les Philoſophes les croyent pourtant, à peu près comme tel d'entr'eux reproche quelquefois au Peuple docile, de croire ceux que Dieu ſeul a droit de propoſer.

Je reviens à la prétention de Newton, qui a à peine propoſé dans ſa 57e. Propoſition, ſon Principe du mouvement angulaire, roide, géométrique, & imperturbable ; que dans la 58e. & même dès la 57e. il ſe prépare un promt retour aux mouvemens libres & troublés, qui caracteriſent ſon Syſtême des vuides céleſtes.

Je n'avois pas d'abord ſenti la conſéquence de cette 57e. Propoſition qui ne ſe borne pas à dire que deux

Corps

Corps réciproquement attractifs décrivent des figures femblables, feulement autour de leur commun Centre de gravité, mais *circum fe mutuò*, l'un autour de l'autre.

Cela ne femble rien, & a même un air de vérité générale, parce qu'il y a au moins un de ces Corps dont l'orbe embraffe celui de l'autre.

Mais ce *circum fe mutuò*, eft fi peu mis là pour rien, que tout de fuite dans la Propofition 58ᵉ. fuivante, ce génie profondément fyftématique, s'attache à montrer, qu'avec les forces avec lefquelles ces Corps décrivent chacun fon orbe autour du Centre commun, l'un des deux, quel qu'il foit, *peut décrire* autour de l'autre fixé en repos, *peut décrire* une figure femblable & égale.

Remarqués ce mot *peut décrire*, qui ne dit encore rien que de purement géométrique. Car il n'eft pas douteux que cela ne foit poffible, géométriquement parlant.

Les deux Propofitions fuivantes, toutes géométriques, & inintelligibles pour un fimple Phyficien, ne fortent pas de là, c'eft-à-dire, ne vont pas plus loin, mais inculquent bien la chofe, & fixent le point de vûe d'un Corps central fubftitué au Centre commun de gravité de deux Corps.

La 61ᵉ. Propofition fort du géométrique & du poffible, & établit le fait, prétendu phyfique, que les deux Corps attractifs (effentiellement mobiles autour d'un Centre commun) font dégagés de la loi de ce Centre, & fe meuvent librement comme s'ils ne s'attiroient point réciproquement, & qu'un feul d'eux fe mut autour de l'autre fixé en repos.

H h

J'ai déja cité ce texte ; je le répete. *Motus eorum perindè se habebunt, ac si non traherent se mutuò, &c.*

Toute cette Section, je le répete, ne roule que sur cette substitution d'un Corps central à un commun Centre de gravité, de deux ou de plusieurs Corps.

Or, physiquement parlant, cette substitution est fausse & contradictoire. Il est faux, purement faux que deux Corps attractifs puissent se mouvoir autrement que d'un mouvement angulaire égal, autour de leur commun Centre de gravité.

1°. M. Newton le démontre lui-même d'abord dans sa 57e. Proposition. Et si cette Proposition est vraie, toutes les autres, & tous les tempéramens, toutes les modifications, toutes les palliations qu'il y apporte dans les Propositions suivantes, sont fausses, & démontrées fausses par celle-là. *c. q. f. d.*

2°. Les deux Corps A, B (*Fig. 32. ci-des.*) s'attirant réciproquement, & se mouvant en conséquence autour de leur commun Centre C, on ne peut pas imaginer seulement que le Corps B se meuve d'un mouvement angulaire, ou plus ou moins vîte que A ; & beaucoup moins que H se meuve tout seul autour de B fixé en repos.

Car dans ce cas A entraînant en quelque sorte le lévier, le rayon ou la *distance AB* autour du point B seul immobile, le point C seroit aussi entraîné & se mouvroit contre toute notion du Centre de gravité, toute loi d'Equilibre, & tout Principe de la nature, contre les Principes mêmes de Newton. *c. q. f. d.*

CINQUIÉME ANALYSE

DU SYSTÊME DE NEWTON,

Comparé avec celui de DESCARTES.

EXAMEN DE LA NEUVIE'ME SECTION
DU SECOND LIVRE DES PRINCIPES:

OU NEWTON PRÉTEND RÉFUTER
LES TOURBILLONS.

I.

QUOIQUE cette *neuviéme Section* foit uniquement confacrée à la Réfutation expreffe & directe des Tourbillons de Defcartes, il eft remarquable que Defcartes n'y foit nommé ni défigné nulle part.

Du refte cette Réfutation eft un des beaux morceaux du Livre des Principes mathematiques de la Philofophie naturelle.

Jamais Defcartes ni aucun Syftême de Phyfique n'a été réfuté avec une force & une précifion de Raifonnement, pareille à celle que le profond Auteur fait éclater dans tout ce morceau.

Cette force & cette précifion ne confiftent pas tant ici, dans celle de la pure Géométrie, dont les raifonnemens y font compliqués.

Il y a de la Géométrie fans doute, & de la bonne. Mais il y a encore plus d'efprit géométrique.

Quoique le fujet en foit comme purement Phyfique, l'Auteur l'a fi bien faifi avec fa vigueur géométrique ordinaire, qu'il l'a rendu géométrique en apparence au moins, finon en effet.

Je ne connois aucun Cartefien qui ait entrepris de dépouiller la réalité phyfique qui fe trouve pourtant toujours ici, de cette enveloppe géométrique qui lui eft toujours étrangere, avec quelque force de génie & d'art que M. Newton ait pu la lui approprier.

Je ne connois perfonne qui ait fait femblant feulement de répondre directement fur l'article, & réfuter pied à pied cette réfutation.

Les Tourbillons céleftes font une chofe de foi fi évidente en Phyfique, indépendament même de Defcartes, que les Cartefiens contens d'en être perfuadés, ont cru pouvoir continuer à les foutenir par voye de fait, fe fentant la plûpart hors d'état, manque de Géométrie, de répliquer à Newton.

Mais ces Tourbillons font d'une fi grande conféquence dans la faine Phyfique, & l'autorité de Newton eft d'un fi grand Poids, pour bien des gens mêmes qui ne font pas affés Géométres, pour lui répliquer ni pour l'en-

tendre, que plufieurs lâchent le pied fur ce point, &
deviennent Newtoniens, par la raifon même qui rend les
autres Cartefiens.

De forte qu'il convient une bonne fois enfin de percer l'enveloppe, & d'éclaircir le myftere ; afin qu'on
fçache au moins à quoi s'en tenir.

I I.

TRENTE-QUATRIE'ME PROBLÊME.

*En quoi confifte la Démonftration de Newton
contre les Tourbillons.*

LA neuviéme Section en queftion, toute entiere
confacrée, comme j'ai dit, à cette Démonftration,
fe réduit à une hypothefe préliminaire, fuivie de trois
grandes Propofitions qui ont plufieurs Corollaires, avec
deux ou trois grandes Scholies.

Le titre infiniment modefte en eft, *De motu circulari
fluidorum*, c'eft-à-dire, *du Mouvement circulaire des
fluides.*

L'hypothefe préliminaire, fuppofe que » la Réfiftan-
» ce qui naît du défaut de lubricité des parties d'un flui-
» de eft, *cæteris paribus*, c'eft-à-dire, tout le refte étant
» égal, proportionnelle à la vîteffe avec laquelle les
» parties fe féparent les unes des autres.

Ce font-là les propres termes de cette hypothefe, tra-
duits en françois.

La premiere Propofition qui fuit , laquelle eft la 5 1e. du fecond Livre des Principes , a pour énoncé les paroles fuivantes.

» Si un Cylindre folide infiniment long tourne avec
» un mouvement uniforme autour de fon axe dans un
» fluide uniforme & infini , & que par l'impreffion feule
» de ce Cylindre tournant , le fluide foit entraîné dans
» fa Révolution , & que chaque partie du fluide perfé-
» vere uniformément dans le mouvement qu'elle a une
» fois pris de la forte , les tems périodiques de ces par-
» ties font comme leurs Diftances de l'axe du Cylindre.

Cette Propofition n'eft que préparatoire , & une efpece de Lemme pour la Propofition fuivante , qui va directement au fait. En voici l'énoncé.

» Si une Sphere folide , dans un fluide uniforme &
» infini, tourne uniformément autour de fon axe donné
» de Pofition ou immobile , & que fon impreffion feule
» mette le fluide environnant en train de tourner auffi
» d'un tournoyement uniforme & conftant , les tems
» périodiques des parties du fluide , feront comme les
» quarrés de leurs diftances de l'axe.

C'eft cette Propofition qui eft décifive contre les Tourbillons , au moins dans l'intention de l'Auteur.

Car felon la Découverte de Kepler , vérifiée par tous les Aftronomes , les quarrés des tems de la Révolution des Aftres font comme les cubes de leurs diftances centrales.

Or felon cette Propofition les tems feroient dans les Tourbillons , comme les quarrés des Diftances.

J'ai dit qu'on appelle quarré, le nombre produit en multipliant un nombre par lui-même. 4 est le quarré de 2. Car 2 fois 2 font 4. 100 est le quarré de 10. car 10 fois 10 font 100, &c.

On appelle cube la multiplication d'un quarré par sa racine. Ainsi 8 est le cube de 2, parce que 4 quarré de 2 étant multiplié encore par 2, donne 8. Et de même 1000 est le cube de 10, parce que son quarré 100 multiplié par 10 donne 1000.

Le quarré quarré est le quarré du quarré, ou le quarré multiplié par lui-même. 16 est le quarré de 4, & le quarré quarré de 2. 10000 est le quarré de 100 & le quarré quarré de 10. Car 10 fois 10 font 100. & 100 fois 100 font 10000, &c.

Prendre la racine quarrée de 4, c'est trouver 2 qui étant multiplié par lui-même donne 4. La Racine de 100 est 10. La Racine cube ou cubique de 8 est 2. La Racine quarrée quarrée de 16 est 2, &c.

Il faut donc selon Kepler, que prenant le quarré du tems de la Révolution d'un Astre, d'une Planete, & prenant le cube de sa distance depuis le centre de cette Révolution, ce quarré & ce cube ayent entr'eux la même proportion que de pareilles Puissances du tems & de la distance d'une autre Planete.

On appelle Puissances de 2, le nombre 4 qui est son quarré, le nombre 8 qui est son cube, le nombre 16 qui est son quarré quarré, le nombre 32 qui est son quarré cube, &c.

Tout nombre peut être regardé comme quarré; mais

tout nombre n'eſt pas quarré pour cela , & n'a pas un nombre qui ſoit ſa Racine quarrée. Par exemple , 5 n'eſt pas un nombre quarré. Car 2 fois 2 font 4. & 3 fois 3 font 9. Le nombre 2 peut être regardé comme la Racine approchée de 5.

De même tout nombre pouvant être regardé comme cube , n'a pas pour cela de Racine cubique , ſi ce n'eſt approchée. 9 a 3 pour Racine quarrée exaĉte , & 2 pour Racine cubique approchée. Car le cube de 2 n'eſt que 8,

Suppoſant par exemple le tems de la révolution d'un Aſtre de 10 jours , & ſa Diſtance centrale de 6 de ſes Diametres : le quarré de ſon tems ſera 100 , & le cube de ſa diſtance ſera 216. Car 6 fois 6 font 36 , & 6 fois 36 font 216.

Si une autre Planete ſe trouve avoir 9 jours de ré-volution , & entre 5 & ſix de pareils Diametres de Diſ-tance , le quarré de 9 eſt 81 , le cube de 5 eſt 125 , & prenant 176 par exemple entre le cube 125 & le cube 216.

Alors les 2 quarrés 100 & 81 auront à peu près la même proportion que les 2 cubes 216 & 176. Ce qui eſt conforme à la découverte , ou , comme on dit , à la *loi* , à la *régle* de Kepler.

Au lieu que ſuivant la 52e. Propoſition du ſecond Livre des Principes ce ſeroient les quarrés des Diſtan-ces qui ſeroient comme les tems,

Par exemple , les tems de la révolution de deux Pla-netes étant 10 & 6 , leurs diſtances devroient être 9 &

7. Car les quarrés 81 & 49 de 9 & 7 font à peu près en même raifon que 10 & 6.

Ceux que ces calculs, tout petits que je les fais, embrouillent, peuvent les paffer fans trop de conféquence.

Outre cette 52e. Propofition, M. Newton en ajoute une 53e. qui dit que les „ Corps qui font leur révolu- „ tion entraînés par un Tourbillon, font de même den- „ fité que ce Tourbillon, & s'y meuvent de concert „ & de même vîteffe, que les parties du Tourbillon.

Toutes ces Propofitions ont leurs Corollaires, furtout la feconde qui en a 11 & une affés longue fcholie. C'eft la derniere Propofition, qui eft fuivie de cette fcholie fameufe, qui commence par ces mots. *Hinc liquet Planetas à vorticibus corporeis non deferri.*

Voilà le fujet de la préfente Analyfe, où je vais tâcher d'aller pied à pied, & de difcuter tout, avec le plus d'exactitude & de netteté, qu'il me fera poffible.

I I I.

TRENTE-CINQUIE'ME PROBLEME.

Expofition de la 51e. PROPOSITION du fecond Livre des Principes de Newton.

JE confeille à ceux qui ne font pas Géométres, de paffer cet article où je vais rendre prefque litteralement le texte de Newton. Dans le Problême fuivant,

I i

je le débarafferai, de mon mieux, de tout ce qu'il a de trop géométrique & de difficile.

On peut même, fi l'on veut, lire ceci, fans fe piquer de le bien entendre, toute la fuite devant lui fervir de commentaire, & le rendre, je crois, tout-à-fait intelligible pour les Phyficiens qui feront le moins Géométres.

Soit (*Fig. 38.*) dit Newton, *AFL* la coupe d'un Cylindre uniformément mu en rond autour de fon axe reprefenté par le Centre *S*.

Soit autour de ce Cylindre, le fluide conçu diftingué en une infinité de Cylindres concentriques de même épaiffeur, repréfentés par les anneaux ou circonférences circulaires *BGM*, *CHN*, *DIO*, *EKP*, &c.

Et parce que le fluide eft homogêne, les impreffions des Orbes contigus les uns fur les autres feront comme leurs tranfports les uns d'auprès des autres, & comme les furfaces contiguës fur lefquelles fe font ces impreffions.

Si l'impreffion d'un Orbe fur un autre, eft plus forte dans la partie concave ou dans la convexe, la plus forte impreffion prévaudra, & accélérera ou retardera le mouvement de l'Orbe, felon qu'elle fera dirigée de même part qu'elle, ou d'un fens contraire.

De forte qu'afin que chaque Orbe perfévere dans un mouvement uniforme, les impreffions en deffus & en deffous doivent être égales & contraires.

Les impreffions étant donc comme les furfaces contiguës & comme leurs tranfports relatifs, & ces impreff-

fions étant égales, les tranfports relatifs feront en raifon renverfée des furfaces, c'eft-à-dire, de leurs diftances au Centre *S.*

D'un autre côté, les différences des mouvemens angulaires autour de l'axe, font comme ces tranfports directement, & réciproquement comme les diftances, c'eft-à-
dire, font réciproquement comme les diftances redoublées, ou comme les quarrés des diftances.

Jufques-là ce font des idées affés fortement géométriques : voici de la plus forte Géométrie en perfonne.

Si à chaque point d'une ligne droite infinie *SABC
DEQ*, on éleve des Perpendiculaires *Aa*, *Bb*, *Cc*,
Dd, *Ee*, réciproques aux quarrés des Abfciffes *SA*,
SB, *SC*, *SD*, *SE*, &c.

Et fi par les extrêmités de ces Perpendiculaires, on
mene une ligne courbe hyperbolique *abcde*.

Les fommes des différences, c'eft-à-dire, les mouvemens angulaires entiers, feront comme les fommes cor-
refpondantes des lignes *Aa*, *Bb*, *Cc*, &c.

C'eft-à-dire, en augmentant le nombre des Orbes &
diminuant leur épaiffeur à l'infini, pour conftituer un
milieu uniformément fluide, les mouvemens angulaires
fufdits, feront comme les aires hyperboliques *AaQ*,
BbQ, *CcQ*, &c.

Or les tems font réciproquement proportionels aux
mouvemens angulaires. Ils le feront donc auffi à ces
aires.

Donc le tems périodique d'une Particule *D* quelconque, fera réciproquement comme l'aire *DdO* c'eft-

I i

à-dire , (*par les Quadratures connuës des Courbes*)
directement comme la diſtance *SD. c. q. f. d.*

Tout le monde connoît-il les Quadratures ? Newton
le ſuppoſe. Mais il auroit pu ſans le ſuppoſer , donner
la ſatisfaction à tout le monde, d'énoncer la Démonſtration en entier. En voici le ſupplément pour les Géométres , qui ne le ſont pas tout-à-fait juſques-là.

Soit l'Abſciſſe *SD* , *x* , & l'ordonnée *Dd* , *y*.

Or par la conſtruction $y = \frac{1}{x^2} = x^{-2}$, qui repreſente
la Différence ou l'Element des mouvemens angulaires.

Prenant donc par la Régle d'integration, la ſomme
$\frac{1}{2}y^2 = - x^{-1} = -\frac{1}{x}$ de ces Elemens, on aura $\frac{1}{x}$ pour l'expreſſion renverſée du tems périodique , qui ſe trouve
par conſéquent dans la raiſon directe *x*, de la diſtance
SD.

Mais cela même nous découvre un ſecond inconve-
nient de la Démonſtration de Newton , qui a non-ſeulement manqué par défaut envers ſes lecteurs, en ſup-
primant cette integration ou cette quadrature, mais qui
a encore péché par excès, en introduiſant ici une conſtruction géométrique qui ſurcharge ſa Démonſtration
ſans néceſſité.

Car il pouvoit ſupprimer cette hyperbole, & tout
ce que j'ai appellé la Géométrie en perſonne.

Il ſuffiſoit , après avoir dit que les différences des
mouvemens angulaires , étoient réciproquement comme les quarrés des diſtances, de nommer ces différences
y & ces quarrés x^2 , & d'integrer enſuite , comme je
viens de le faire $y = \frac{1}{x^2}$, ce qui d'un ſeul coup auroit

fimplifié & completté la Démonftration , & épargné deux difficultés affés fortes à fes lecteurs.

Dans la Géométrie pure même , je goûte rarement ces conftructions des Problêmes , qui allongent les Démonftrations , fans leur aider en rien. J'appelle cela un étalage d'érudition géométrique.

Dans les matieres Phyfico-mathematiques furtout , les Géométres en font fort curieux , fans doute d'après M. Newton , qui n'a pas une idée de Phyfique , qu'il ne lie auffi-tôt à une idée , à une figure , à un calcul géométrique , comme pour dérober celle-là fous l'enveloppe de celle-ci.

I V.

TRENTE-SIXIÉME PROBLEME.

Expofition plus familiere de la 51e. PROPOSITION en queftion.

IMAGINONS , comme auparavant , le fluide coupé en une infinité de couches , concentriques au Cylindre qui les met en mouvement.

La loi de la communication de ce mouvement , de couche en couche , de maniere que la force du mouvement foit égale dans toutes les couches , enforte qu'elles foient toutes en Equilibre , paroît admirable , & elle a même un grand air de vérité en général.

Il femble que la force des couches doit être égale &
en Equilibre, enforte qu'elles faffent les unes fur les autres une égale impreffion, & que chacune rende à fa fuperieure autant de mouvement qu'elle en reçoit de fon
inférieure.

De forte qu'une couche ayant autant de mouvement
qu'une autre, & les forces étant compofées de la maffe
& de la vîteffe, felon l'hypothefe commune établie par
Defcartes, & conftament admife par Newton, alors
$mV = Mu$.

C'eft-à-dire, la maffe m de la couche inférieure, multipliée par V fa vîteffe, qui doit être plus grande à proportion que la maffe eft plus petite, eft égale à la maffe
M plus grande de la couche fuperieure, multipliée par la
vîteffe u, d'autant plus petite que la maffe eft plus
grande.

Les maffes des couches, c'eft-à-dire, les Anneaux cylindriques du fluide, font donc réciproquement comme
leurs vîteffes, c'eft-à-dire, font d'autant plus grandes que
les vîteffes font plus petites; ou les vîteffes font en raifon réciproque des maffes.

Or les maffes, c'eft-à-dire, les Anneaux, font comme
les diftances. Donc les vîteffes font en raifon réciproque
des diftances: ce qui s'exprime ainfi $V = \frac{1}{D}$ ou $V = 1 : D$.

De-là Newton paffe à la confideration des mouvemens angulaires. Qu'entend-il par-là ? Le voici.

Un Corps (*Fig. 39.*) mu de A en B dans un cercle ou autre courbe, a un mouvement angulaire ACB,
comme fi fixé au bout A d'un Rayon CA, il l'entraî-

noit de *CA* en *CB* , les deux *CA* , *CB* faifant un angle en *C.*

Or cet angle & ce mouvement angulaire , générale-ment parlant , font d'autant plus grands , que le tranf-port ou l'axe *AB* eft plus grand , & que le Rayon ou la diftance *CA* l'eft moins ; c'eft-à-dire , d'autant plus grands , que *AB* eft un plus grand Arc d'un Cercle plus petit.

Par exemple , (*Fig. 40.*) prenant *DE* fur un plus grand Cercle égal à *AB* fur le petit , il eft clair que l'angle *DCE* eft plus petit que l'angle *ACB* , quoique le tranfport de *D* en *E* foit abfolument égal au tranf-port de *A* en *B.*

Les vîteffes & les tranfports font déja trouvés en rai-fon réciproque des diftances. Nous avons vû tout à l'heure que $V = \frac{\cdot}{D}$.

Donc le mouvement angulaire , qui eft en raifon de la vîteffe & en raifon renverfée de la diftance , fera en raifon doublement renverfée de la diftance , & $A = \frac{1}{D^2}$. *A* exprime le mouvement angulaire.

Or le mouvement périodique , c'eft-à-dire , la Révo-lution entiere du Cercle , eft compofée de tous ces mou-vemens angulaires , en nombre infini.

On fçait que les *Fractions* diminuent de valeur par la multiplication ; & que le quarré d'une fraction eft plus petit que fa racine. *Un quart* ($\frac{1}{4}$) eft plus petit que ($\frac{1}{2}$) *une moitié* , dont il eft le quarré.

Et dans l'infiniment petit , le quarré fractionaire eft infiniment plus petit que fa racine. Et par conféquent la racine eft l'infini du quarré.

Ainfi $\frac{1}{D'}$ étant infiniment petit ici, $\frac{1}{D}$ fera fon infini ou fon integrale comme on dit, & la Révolution périodique compofée d'une infinité de mouvemens angulaires $\frac{1}{D'}$, fera $\frac{1}{D}$.

La Révolution d'un cercle ou d'une couche du Tourbillon fluide, eft donc en raifon renverfée de fa diftance.

Or le tems eft en raifon renverfée de la Révolution. Il eft donc en raifon directe de la diftance, ou comme la diftance.

Que la Révolution foit en raifon renverfée du tems, Newton le fuppofe; & la chofe paroît évidente.

Plus la Révolution eft grande, plus il faut de tems pour l'achever. Je reprends en deux mots toute cette Démonftration, qui eft affés forte.

Toutes les couches ou anneaux concentriques du Tourbillon étant naturellement en Equilibre, & ayant des mouvemens égaux.

Les vîteffes des couches doivent être plus grandes dans les couches plus petites, & plus voifines du centre. Les vîteffes font donc en raifon réciproque des diftances.

Les mouvemens angulaires font en raifon des vîteffes & en raifon renverfée des diftances. Ils font donc en raifon renverfée des diftances redoublées, ou des quarrés des diftances.

Les révolutions, fommes des mouvemens angulaires en nombre infini, font en raifon fous-doublée des mouvemens angulaires, & font par conféquent en raifon renverfée des fimples diftances.

Or les tems font en raifon renverfée eux-mêmes des
Révolutions

Révolutions : & font par conféquent en raifon directe
des fimples diftances, ou font comme les diftances fimplement.

C'eft-là tout ce que Newton a prétendu démontrer
dans fa 51e. Propofition, qui n'eft pas la principale,
mais d'où dépend abfolument la principale qui fuit,
parce que la démonftration des deux eft prefque la
même.

Car la figure eft la même ; le moyen de démonftration par l'hyperbole, eft le même. C'eft même le même fonds de raifonnement.

Sçavoir l'Equilibre des couches concentriques, le
mouvement angulaire, la révolution, &c.

C'eft pourquoi, avant que de paffer à cette 52e. Propofition décifive, je crois devoir remanier celle-ci encore une troifiéme fois, mais déformais avec un peu
plus d'analyfe.

V.

TRENTE-SEPTIÉME PROBLEME.

*Si la 51e. Propofition du fecond Livre de Newton
eft exacte ?*

PLUTÔT que de diminuer la force de la démonftration précedente, on doit voir que je lui ai aidé de
mon mieux, la donnant d'abord telle qu'elle eft dans

K k

Newton, la débarraffant enfuite de tout ce qui la fur-charge, fuppléant à ce que Newton y fuppofe, afin de mettre tout le monde en état de la faifir, fi elle eft vraye, ou de juger fi elle ne l'eft pas.

J'avouë que j'y trouve bien des chofes dont je ne puis pas fentir la force & la vérité. Car outre la force géométrique qui la rend très-difficile à faifir, outre l'hy-perbole qui y fait diverfion à l'attention du lecteur, outre enfin ces quadratures qui épuifent cette attention, j'y trouve des chofes fort équivoques, & des Principes fort litigieux.

Je ne dis rien d'abord de ce premier Principe, que les couches font en Equilibre, & ont un mouvement égal, & par conféquent leurs vîteffes réciproques à leurs maffes & à leurs diftances.

Ce Principe eft beau, féduifant, & en apparence tout fondé fur la nature. Je veux bien le paffer ici, mais à la charge d'y revenir bien-tôt pour le difcuter un peu à fond.

Mais il y a ce *tranfport* dont je trouve l'idée fort équivoque, Newton le prenant, tantôt pour la vîteffe, tantôt pour l'efpace parcouru; ce qui peut fouffrir des difficultés. Car la vîteffe étant en général le rapport de l'efpace au tems, ce n'eft qu'en fuppofant les tems égaux, qu'on peut confondre les efpaces avec les vî-teffes.

C'eft furtout cette différence du mouvement angu-laire, qui vient là je ne fçais comment, pour fervir de tranfition de la vîteffe au tems, qui m'embarraffe beau-coup.

Il me femble, fans tant de détour, qu'après avoir démontré que les vîteffes font dans les couches, réciproques aux couches & à leurs diftances, il n'y avoit qu'un pas à faire, mais qui n'auroit pas abouti au même point où Newton a abouti.

Car enfin c'eft un Principe convenu de tous les Géometres & Phyficiens, que la vîteffe eft, comme j'ai dit, le rapport de l'efpace au tems, c'eft-à-dire, en raifon directe de l'efpace, & en raifon renverfée du tems.

C'eft-à-dire, encore, que la vîteffe eft d'autant plus grande, que l'efpace parcouru eft plus grand, & que le tems mis à le parcourir eft plus petit.

D'où il fuit, que le tems auffi eft en raifon directe de l'efpace, & en raifon renverfée de la vîteffe, ce tems étant évidemment d'autant plus grand, que l'efpace eft plus grand & la vîteffe plus petite.

Or l'efpace parcouru ici, eft le Cercle, la Couche, l'Orbe : & cet Orbe eft proportionel à la diftance. Le tems eft donc proportionel à la diftance, & à la vîteffe renverfée.

Or la vîteffe eft le renverfement de la diftance. Donc la vîteffe renverfée eft la diftance directe.

Donc le tems eft proportionel deux fois à la diftance, c'eft-à-dire, à la diftance redoublée, ou au quarré de la diftance.

Cela eft tout-à-fait contraire à Newton, qui veut que le tems foit proportionel à la diftance, non redoublée, mais toute fimple.

La chofe paroît cependant être comme je le dis : &

plus je l'examine dans fa fimplicité , & fans tant d'appareil de Géometrie , plus il me femble que les tems doivent être ici en raifon redoublée des diftances.

Newton fe feroit-il embrouillé dans une démonftration trop chargée & trop compliquée ? Tout autre feroit alors excufable de s'y être embrouillé d'après lui. On n'y a pas manqué , & le nombre peut encore ici fervir d'excufe légitime.

J'ai beau ouvrir les yeux. Je ne vois que deux endroits , par où doit fe décider la queftion du tems de la Révolution d'une couche, qui tourbillone autour de l'axe commun.

Plus cette couche va vîte , & plus elle eft petite , plutôt chacun de fes points aura fait fon tour , fa Révolution. Le tems de fa Révolution eft donc en raifon compofée de la grandeur de fa vîteffe & de la petiteffe de la couche.

Or la grandeur de la vîteffe dépend de la petiteffe de la diftance , & la petiteffe de la couche dépend auffi de la même petiteffe de cette diftance.

La petiteffe de la diftance entre donc deux fois dans la compofition du tems. Le tems eft donc en raifon compofée de la diftance redoublée. Le tems réfulte du redoublement de la diftance , ou de la diftance redoublée, ou du quarré de la diftance $T=DD$. Au lieu que felon Newton $T=D$.

Newton a fait entrer deux fois dans fa démonftration la confidération du tems : une fois fous l'idée du mouvement angulaire , & une autre fois fous fon propre nom de tems périodique.

Et comme ces deux idées , qui font la même , fe préfentent fous deux points de vûë réciproques , l'une a
chaffé de l'expreffion $T=DD$, un D que l'autre y avoit
fait entrer , & l'a réduite à $T=D$.

Le mouvement angulaire , à le bien prendre , n'eft
autre que le tems renverfé. Preuve de cela , c'eft que ,
felon Newton , le mouvement angulaire eft en raifon
directe de la vîteffe (fous le nom de tranfport) & en
raifon renverfée de la diftance , c'eft-à-dire , de l'efpace.

Or le tems eft en raifon directe de l'efpace , & en
raifon renverfée de la vîteffe. On voit donc que le mouvement angulaire , n'eft que le tems renverfé.

Car plus le mouvement angulaire eft grand , moins
il faut de tems pour l'achever. Ainfi , après avoir trouvé que le mouvement angulaire étoit en raifon renverfée du quarré des diftances , il falloit s'arrêter-là , &
conclure que le tems étoit donc en raifon directe de ce
quarré.

Il falloit , dira-t'on , intégrer ce mouvement angulaire , qui n'eft que l'Element de la Révolution entiere.
Mais c'eft-là , je crois , paffer le but phyfique par trop
d'érudition ou de rafinement géométrique.

Comment prouve-t'on que ce mouvement angulaire
eft un Element qui a befoin d'integration ? Ce mouvement angulaire , n'eft-il que la naiffance du mouvement
angulaire ?

La proprieté d'être en raifon directe de la vîteffe , &
en raifon renverfée de la couche , & d'être par conféquent en raifon renverfée du quarré des diftances , eft

la propriété d'un mouvement angulaire fini , & de l'angulaire total , & par conféquent de la Révolution entiere.

Suppofons deux couches , l'une double & à double diftance de l'axe.

La petite fous-double a double vîteffe , & deux fois moins de chemin à faire pour completter fa révolution.

Donc lorfque celle-ci a completté fa révolution , & que chacun de fes points a fait fon tour , l'autre n'a fait que le quart de la fienne , & il lui faut en tout un tems quadruple. Et la petite aura fait quatre tours , pendant que la grande n'en aura fait qu'un.

Car la petite a double vîteffe de la grande , felon Newton même : or felon tous les Géométres la grande a un contour double , & par conféquent un double chemin à parcourir pour completter fon tour ; donc il lui faut le double du double , c'eft-à-dire , le quadruple du tems : & il paroît que par trop de force & de fcience géométrique , Newton s'eft en effet mépris. *c. q. f. d.*

V I.

TRENTE-HUITIE'ME PROBLEME.

Si le Principe de l'Equilibre des Couches d'un Tourbillon,
eſt exaɧ ?

CE Principe eſt au moins fort ſpécieux, & paroît
fort naturel : & j'avouë que M. Newton l'a propoſé d'une maniere qui approche de la démonſtration.

Soit (*Fig. 41.*) un Cylindre vû par ſa Baſe *S* qui
tourne de droite à gauche, & ſoit autour de lui un fluide uniforme, conçu diviſé par couches, entraînées par
lui, & les unes par les autres dans le même ſens *Aaa*,
Bbb, *Ccc*, &c.

Il eſt d'abord naturel de croire que la vîteſſe des couches ira en diminuant régulierement, à meſure qu'elles
ſont plus grandes, & qu'elles s'éloignent du centre *S*, &
du Principe du mouvement. Mais l'affaire eſt de ſçavoir, ſi ces diminutions de vîteſſes ſeront préciſément,
en raiſon de l'aggrandiſſement des couches & de leurs
diſtances.

Newton le prétend, par cette raiſon tout-à-fait vrai-
ſemblable, qu'elles doivent être en Equilibre, & que la
couche *Bbb*, par exemple, doit être autant entraînée
dans le ſens *Bbb*, par l'interieure *Aaa*, qu'elle eſt retardée dans le contre-ſens *ccC*, par cette ſuperieure qu'elle

doit entraîner en furmontant fa *force d'inertie*, en lui donnant une égale force dans le fens *Ccc*. Analyfons un peu ce raifonnement, & la chofe en elle-même.

Soit conçu tout ce fluide comme folide, & ne faifant avec le cylindre *S* qu'un même cylindre, tournant avec lui autour de l'Axe, fans aucune féparation de cou-ches.

Alors toutes ces couches feront leur Révolution en même tems, de même que la circonférence d'une grande Rouë de Caroffe, fait fon tour en même tems, que la petite circonférence du moyeu dans lequel paffe l'Effieu.

Mais cette grande circonférence, aura, par-là même, plus de mouvement & de vîteffe que la petite, & la couche *Ccc* en a dans le Tourbillon folide plus que *Bbb*, & celle-ci plus que *Aaa*. La folidité, & l'adhérence to-tale des couches produit cet effet.

N'allons pas fi vîte, d'une extrêmité à l'autre. Con-cevons la folidité rompuë d'une couche à l'autre, & ces couches féparées par Anneaux ou Cylindres creux concentriques & contigus. Et ce cas là même peut fe partager en deux.

Si les couches font fuppofées parfaitement, infini-ment polies, je ne vois pas que l'une tournant doive en entraîner néceffairement une autre, ni que le cylindre étant mu, doive rien mouvoir.

Rien ne fe fait dans la méchanique fans néceffité. Une couche peut faire fa Révolution fans que l'autre l'empêche. Et ce n'eft que par des engagemens, des in-fertions de parties, comme de *Rouës dentées*, que de pa-reilles

reilles couches peuvent fe faire obſtacle, fe donner prife, & s'entraîner. Voilà un premier cas.

Un fecond cas eſt, que les couches foient raboteuſes,
& comme engrainées les unes avec les autres par l'in-
fertion des parties folides de l'une, dans les pores ou dans
les cavités de l'autre, & alors même il y a deux cas.

1°. Si la folidité des couches ou de chaque couche eſt
parfaite & infurmontable, c'eſt la premiere hypotheſe
qui revient, d'un Cylindre totalement folide, & non
féparé par couches. Une couche doit entraîner l'autre,
d'un mouvement angulaire égal, en lui donnant plus de
mouvement qu'elle n'en retient.

2°. Si les parties engrainées peuvent prêter, céder,
fe fléchir avec quelque effort, n'étant qu'élaſtiques, la
démonſtration de Newton paroît avoir lieu.

La couche inférieure doit aller plus vîte, que celle
qu'elle entraîne au-deſſus d'elle, & celle-ci plus vîte que
fa fupérieure, & cette fupérieure retardant autant celle
du milieu, que l'inférieure l'accelere, elles femblent devoir fe mettre en Equilibre, en égalité de force & de
mouvement, avec des vîteſſes, réciproques à leurs maſſes.

Cela paroît : mais je demande fi les couches étant
plus ou moins polies ou raboteuſes, & leurs parties engrainées en plus ou moins grand nombre, & avec des
engrainemens plus ou moins grands, & étant plus ou
moins dures ou élaſtiques, la communication du mouvement des unes aux autres, doit être égal ni plus ni
moins.

Il paroît peu croyable, qu'il n'y ait point de milieu,

L l

entre des couches parfaitement folides & totalement
liées ou engrainées , & des couches parfaitement polies,
ou qu'il n'y ait qu'un milieu.

Il paroît peu vraifemblable , que ces couches s'entraînent felon la même loi , foit que les couches foient
fort raboteufes , & fort dures & élaftiques , foit qu'elles foient peu raboteufes , & fort fouples , ou même fort
molles , c'eft-à-dire, fort réfiftantes, ou peu , & très-peu
réfiftantes.

M. Newton a pris même le cas d'une infinie non réfiftance , ayant confideré non-feulement des couches féparées phyfiquement l'une de l'autre ; mais fluides & très-
fluides , & compofées de parties détachées l'une de l'autre à l'infini , ou du moins à l'indefini.

N'ayant même diftingué aucun cas de fluides plus ou
moins fluides , ni de fluides & de folides , ni de folides
plus ou moins folides , ni de corps en général plus ou
moins réfiftans, M. Newton fait voir , qu'il n'a fait nulle
attention à l'adherence des couches, ni de leurs parties ,
& qu'il n'a pas cru qu'elle y fit rien. On voit par-là combien il étoit Phyficien , ou plutôt combien il étoit purement Géometre , abftrait & métaphyficien.

M. Newton avoit d'affés étranges idées fur les réfiftances des milieux. Il croyoit que la fluidité, jufqu'à un
certain point , diminuoit cette réfiftance. Mais paffé
cela , il ne croyoit pas qu'une plus grande fluidité rendit
un milieu moins réfiftant.

Il ne connoiffoit point de milieu infiniment fluide ,
& ce n'eft qu'hypothetiquement qu'il en parle ici , &

du reste sans conséquence, comme on voit, ne croyant pas que cette fluidité infinie touche à son hypothese des résistances.

Il alloit jusqu'à croire, que l'air, l'eau, l'argent vif même avoient toute la fluidité compétente pour favoriser le mouvement des corps qui y sont plongés; ne concevant rien de plus fluide que ces Corps, ni qu'il fut nécessaire de concevoir une plus grande fluidité que celle-là.

Allons à la source. Le commun des Philosophes croyent que la résistance des milieux vient de deux causes, du mouvement qu'il faut communiquer à une masse d'air, d'eau ou de tout autre, dans lequel un corps se meut, & de l'adherence, de la ténacité, de l'espece de viscocité qu'il faut surmonter pour les pénétrer, pour les diviser, pour s'y mouvoir.

M. Newton ne connoissoit en verité presque que la premiere de ces deux Résistances; c'est que ce Principe étoit chez lui l'effet d'un autre Principe non moins étrange, que la densité, la masse solide, la quantité de matiere faisoient tout dans la nature, sans que les formes & les textures soit extérieures, soit intérieures des corps y fissent rien.

Dieu a fait le monde *in Mensurâ, pondere & numero.* M. Newton étoit Géometre & Méchanicien, & ne connoissoit que les deux premiers Principes. C'est que tout grand Calculateur & Astronome qu'il étoit, il n'étoit en verité gueres vrai Physicien, gueres Physicien tout court.

L'hypothese qui commence sa 9e. *section* dont il s'agit ici , & qui précede ses trois Propositions contre les Tourbillons , est expresse & très-parlante.

» *Resistentiam , dit-elle , quæ oritur ex defectu lubri-* » *citatis partium fluidi , cæteris paribus , Proportionalem* » *esse velocitati quá partes fluidi separantur ab invicem.*

Cette hypothese me jetteroit dans de trop grandes discussions sur les résistances des milieux. Je n'en veux parler, au moins ici, que par rapport à la matiere pré-sente.

Je le répete, il paroît tout-à-fait contre les notions communes , & contre toutes les observations & les ex-périences ordinaires , que des couches entraînées par la rotation du Cylindre supposé , soient entraînées & s'entraînent aussi vite , soit qu'elles soient solides ou fluides , soit qu'elles soient même plus ou moins solides , ou plus ou moins fluides , soit qu'elles résistent plus ou moins à leur entraînement.

Mais, c'est un Principe, ce me semble , incontesta-ble , qu'un Corps n'en entraîne un autre dans son mou-vement, que parce que celui-ci lui résiste , & qu'autant & à proportion que celui-ci lui résiste.

Or, il ne paroît pas moins certain, que des Corps plus ou moins engrainés par des parties plus ou moins solides , souples, molles ou fluides , s'opposent des ré-sistances plus ou moins grandes, &c. *c. q. f. d.*

Je n'ai point traité jusqu'ici specialement le propre cas de la Proposition 51 dont il s'agit. Preuve que je n'affecte pas de trouver Newton en défaut.

Car, il a juſtement pris l'hypotheſe, dans laquelle je crois ſa prétention la plus inſoutenable : celle d'un fluide parfait en tout ſens, & d'une infinie non réſiſtance.

Un Corps n'en entraîne un autre dans ſon mouve-ment, qu'autant que celui-ci lui réſiſte. Il n'entraîne donc point du tout celui qui ne lui réſiſte point du tout.

Or, un fluide parfait ne réſiſte point du tout à un Cy-lindre bien poli, mû autour de ſon axe, non plus que des couches cylindriques parfaitement polies qui enve lopperoient ce Cylindre, le plus immédiatement. Donc le tournoyement de ce Cylindre, loin de communiquer un mouvement égal à toutes les couches de ce Cylindre, ne doit leur communiquer aucune ſorte de mouvement. *c. q. f. d.*

VII.

TRENTE-NEUVIÉME PROBLÈME.

Expliquer la Loi de l'entraînement des Couches d'un Tourbillon.

SOIT conçu un Cylindre central enveloppé de cou-ches moins denſes, & dont la denſité diminuë en s'éloignant de l'axe, enſorte que la couche immediate ſoit denſe, par exemple, comme de l'argent vif, la ſe-conde comme de la bourbe, la troiſiéme comme de l'eau, &c.

On peut concevoir chaque couche fort mince, & la denfité diminuant à chaque pas, ou bien même, chaque couche épaiffe autant qu'on voudra, & les diminutions brufques autant qu'on voudra auffi, d'une couche à l'autre.

Suivant la prétention de M. Newton, les couches les plus éloignées, devroient toujours tourner plus vîte que les plus prochaines : afin que la vîteffe compenfant les maffes ou les denfités, le mouvement d'une couche fut égal à celui de l'autre.

Or, rien ne paroît moins vraifemblable que cette fuperiorité de vîteffe dans des couches entraînées fur celles qui les entraînent, & il paroît évident qu'une couche qui entraîne doit laiffer toujours en arriere celle qu'elle entraîne, à moins dans le feul cas des couches folides, folidement adhérentes au cylindre entraînant, & les unes aux autres.

Sur toutes chofes, il paroît que c'eft la premiere Loi de l'entraînement des Couches d'un Tourbillon, que la vîteffe aille toujours en décroiffant, à mefure qu'on s'éloigne du Principe du mouvement.

Et à cet égard il paroît qu'il n'y a rien de déterminé dans les rapports de vîteffe entre la Couche entrainée & la couche entraînante : ou qu'au moins cela ne peut fe déterminer que par le degré de leurs fluidités ou non adherences refpectives.

Pour traiter cette matiere par les loix de la Mechanique, feules capables d'y fixer l'objet, & d'y déterminer quelque chofe, je crois qu'il faut changer un peu

le point de vuë, & regarder en effet deux couches Concentriques qui s'entraînent l'une l'autre, comme des
Rouës engrainées, dont l'une fait tourner l'autre. Il eſt
étonnant que ſur cette matiere on n'ait juſqu'ici que des
Principes arbitraires, & qu'on y ait tant philoſophé à
perte de vuë, ſans peut-être jamais rien analyſer.

Mais en innovant ſur un point, il eſt rare qu'il ne
faille pas innover ſur deux, une nouveauté ayant toujours beſoin d'une, & ſouvent de pluſieurs nouveautés
pour ſe ſoutenir.

Effectivement le Syſtême de deux Roues engrainées,
ne peut répondre qu'imparfaitement, à celui de deux
Couches concentriques.

Car deux Roues qui ſe touchent par leur convexité
extérieure, n'ont jamais qu'une ou deux dens engrainées à la fois: au lieu que deux Couches concentriques
& contigues s'engrainent en quelque ſorte dans tous leurs
points, dans toutes leurs dens à chaque inſtant.

Pour atteindre donc par des Roues engrainées à l'ordinaire, à cette infinité d'engrainemens mobiles ou mo-
bilement mobiles des Couches concentriques, on voit
par cette figure 42e. ce que j'ai imaginé.

Ce ſont des Roues compoſées d'une infinité de petites Roues engrainées entr'elles, & dont les dens ſer-
vent de dens mobiles à la grande rouë qu'elles compoſent.

Deux grandes Roues ainſi engrainées ſucceſſivement,
à la façon des Roues dentées vulgaires, par des dens
qui ſont elles-mêmes en quelque ſorte des Roues den-

tées, & dont les dens pourroient elles-mêmes être de plus petites roues dentées, repréfentent fort bien les engrainemens des couches fluides qui s'entraînent, en Tourbillon, autour de leur Axe commun.

Je ne dis rien de l'ufage de ces Roues dentées de nouvelle efpece, furtout pour diminuer les frotemens, & augmenter les forces mouvantes comme à l'infini.

Je n'en parle ici, que par rapport à l'ufage qu'on en peut faire, pour l'explication de la nature, furtout dans le Syftême de la réfiftance des milieux ; & nommément dans l'affaire préfente de l'entraînement des Couches des Tourbillons.

Car, je crois que c'eft ici le vrai dénouëment de la chofe, fans qu'on puiffe en imaginer d'autre, fans qu'il foit au moins befoin d'en imaginer.

Quand deux couches ou deux Corps quelconques, contigus l'un à l'autre gliffent l'un fur l'autre, il doit arriver, & il arrive certainement la même chofe, qui arrive à deux Roues pareilles aux précedentes, dont les dens font elles-mêmes de petites Roues dentées, mobiles autour de leur Centre ou de leur Effieu.

Dans les Roues dentées ordinaires, les dens engrainées font immobilement attachées au Corps de la Roue; & elles ne peuvent qu'en fe défengrainant, favorifer le mouvement de cette Roue & de celle qui lui eft engrainée.

Dans ce cas les dens & les Roues ayant un mouvenent égal tout d'une piece, & chaque pas dépendant du défengrainement d'une dent, le nombred es dens décide

décide Souverainement de la vîteffe , du mouvement ,
de la force, du tems & de toutes les circonftances de la
Révolution d'une Roue.

Ou même le nombre refpe&if des dens de deux Roues
engrainées, décide de leur vîteffe & de leur Révolution refpe&ive.

Par exemple, deux Roues engrainées , ayant l'une
100 dens & l'autre 25 , celle-ci va refpe&ivement 4
fois plus vîte que l'autre, & fait 4 tours dans le tems
que l'autre n'en fait qu'un, & le tems de la Révolution
de celle-là eft 4 fois plus court que celui de la Révolution de celle-ci.

Dans les Roues engrainées de la nouvelle efpece que
je propofe , les chofes vont tout autrement , & dépendent bien plus des petites roues qui en compofent
une grande , que de la grande elle-même ; & le nombre
des dens ni le mouvement, tems ou vîteffe qui en réfultent , ne font pas fi faciles à déterminer.

En général une Roue ainfi armée de dens mobiles,
qui en entraîne une autre armée de même, l'entraîne
bien plus lentement, que fi l'une ou les deux avoient des
dens immobiles.

Les fluides font bien furement compofés de parties,
dont les entrelacemens, les engrainemens font mobiles autour de leurs centres, ou même dans leurs Centres mêmes.

Deux Corps folides même, quelque raboteux qu'ils
foient, ont leurs parties engrainées capables de fe plier,
de fe déplacer, de fe caffer même pour fe défengrai-

M m

ner, felon que le gliffement ou le froiffement de ces Corps, l'un fur l'autre, l'exige ou les y contraint.

Un Corps folide coulant fur un autre, roule ou fautille à caufe des engrainemens des parties, de l'un dans l'autre.

Mais fi on les empêche de rouler ou de fautiller, alors il faut bien que les parties fe plient, fe déplacent ou fe rompent pour favorifer le mouvement.

Plus un Corps eft mol ou fluide, plus ce fléchiffement des parties, ou ce déplacement eft facile & favorable au mouvement des Corps mus dans ce fluide, ou des couches mêmes de ce fluide; & moins l'entraînement de ce fluide eft grand, de couche en couche.

Surement une couche roulant fur une autre qui l'entraîne ou qui en eft entraînée, leurs molecules doivent rouler autour d'elles-mêmes, comme dans les Roues dentées de la nouvelle fabrique.

Cela fuppofé, en fuivant même le Principe général de l'Equilibre des Couches, qui paroît affez vraifem- blable, il eft faux que les vîteffes de ces couches foient en raifon renverfée des couches ou des diftances.

Car outre le mouvement de tranfport de la couche entiere, les parties acquerant par-là un mouvement particulier, chacune autour de leur Centre, fans parler de leur vacillation & de leur flotement, ce mouvement de tranfport doit être diminué par-là, & fa vîteffe auffi par conféquent, & par conféquent auffi les tems doivent être augmentés, fort au-deffus de la raifon doublée des diftances.

Et en cela il ne peut y avoir de regle fixe , chaque fluide particulier devant suivre une Loi particuliere , que Dieu seul , je crois , peut connoitre & déterminer , quoiqu'on puisse peut-être en approcher par des hypotheses , à l'aide de quelques expériences dans divers fluides.

Seulement on peut observer ici préliminairement , que de toutes les hypotheses , celle de M. Newton d'un fluide infiniment fluide , est la moins favorable à celle des vitesses en raison renversée des distances , & des tems en raison directe des mêmes Distances.

Car l'espace tourbillonant, étant solide & tout d'une piece , les couches qu'on peut y feindre , allant toutes de concert , & faisant leur Révolution en même-tems , ont leurs vitesses en raison directe de leurs distances, allant d'autant plus vite qu'elles sont plus loin de leur axe commun.

Concevant ensuite la solidité mitigée , & l'union des couches un peu moindre , c'est-à-dire , par exemple , concevant un fluide fort tenace & fort gluant , ensorte que les couches voisines de l'axe aillent un peu plus vite que celles qui en sont plus éloignées , & concevant ensuite la fluidité augmentée , & la tenacité diminuée par progrès.

On pourra imaginer & supposer un fluide moyen , entre la solidité parfaite & la parfaite fluidité , tel que l'huile ou , que fais-je , l'argent vif ? Dans lequel les vitesses pourront être en raison renversée des Distances , & les tems en raison directe des quarrés.

Après ce fluide on pourra concevoir l'eau ou l'efprit de vin , ou l'air même , dans lequel les vîteffes feront en raifon renverfée des quarrés des diftances , & les tems par conféquent comme les cubes.

De forte que la fluidité augmentant toujours, jufqu'à l'infini même, les vîteffes diminuëront toujours, & les tems augmenteront, jufqu'à devenir les unes infiniment petites, & les autres infiniment grandes. *Ce qu'il falloit trouver & démontrer.*

VIII.

QUARANTIE'ME PROBLEME.

S'il n'y a pas d'autres Hypothefes, où celle de Newton fe trouve encore plus en défaut ?

CEUX qui regardent toutes fes Démonftrations comme exactement géométriques, & comme des Oracles inconteftables, feront bien furpris de le trouver en défaut fur la Géométrie même. Ils ont pu déja, je penfe, en concevoir quelque foupçon.

Mais fa Géométrie fut-elle encore plus exacte, la Géométrie n'eft ici qu'un moyen, une méthode, une maniere. La Phyfique en fait tout le fonds. Or cette Phyfique, qui en doute ? Peut être fauffe par bien des endroits.

J'ai paffé un Principe à Newton, que le mouvement

eſt en raiſon compoſée de la maſſe & de la vîteſſe. Deſcartes, il eſt vrai, le lui auroit paſſé, puiſqu'il en étoit
même l'Auteur.

Mais, quoique je défende les Tourbillons, je ne ſuis
point Cartéſien, ſi ce n'eſt dans les points où Deſcartes me paroît avoir raiſon.

Car, s'il n'étoit queſtion que des Tourbillons Cartéſiens, j'avoüe que je ne me mettrois pas en de ſi grands
frais, pouvant au beſoin aider à Newton à les détruire,
tant je les crois mal conſtruits.

Je n'en défends pas la Conſtruction; mais l'Exiſtence
générale, qui eſt plus ancienne que Deſcartes dans la
Phyſique.

Encore même ne défends-je juſqu'ici rien, ſi ce n'eſt
la verité, que Newton me paroît attaquer par ſes prétenduës Démonſtrations géométriques.

Quoi qu'il en ſoit, c'eſt une Découverte ou une opinion poſterieure à Deſcartes & à Newton, que la force
du mouvement eſt en raiſon compoſée des maſſes &
du quarré des viteſſes $F = MVV$.

De ſorte que, dans le cas en queſtion, les forces des
couches, étant égales, les viteſſes ſeroient non en raiſon inverſe des Diſtances, mais des racines des Diſtan-
ces $V = \text{℞} \frac{1}{D}$ ou $= \sqrt{\frac{1}{D}}$, cet ℞ ou $\vee$ expriment la Racine, comme ℞ 4 ou $\sqrt{4} = 2$, c'eſt-à-dire la Racine de
4 eſt égale à 2, eſt 2.

D'où il ſuivroit que T, au lieu d'être $= DD$, ſeroit
$= D \vee D$, & élevant le tems au quarré, D ſe trouveroit élevée au cube, $TT = DDD$ ou $T^2 = D^3$. Car

élevant D au quarré on a DD, & y élevant $\sqrt{D}$ on a D ; ainfi élevant $D\sqrt{D}$ on a DDD ou D^3. *c. q. f. d.*

Ce qui dès la premiere Propofition de Newton contre les Tourbillons, en affureroit l'exiftence contre la feconde & la troifiéme Propofition.

Car, felon la fameufe Regle de Kepler, comme je l'ai expliqué ailleurs, $TT=D^3$, les quarrés des tems des Révolutions des Aftres, Planetes, font comme les Cubes de leurs diftances.

Et M. Newton ne profcrit les Tourbillons, que parce qu'il n'y trouve pas cette Loi obfervée, mais celle des tems en raifon des quarrés des Diftances.

C'eft dans la Propofition fuivante que Newton trouve $T=DD$. Mais comme on a vu dans celle-ci que Newton s'eft trompé dans le Tourbillon cylindrique, où il a trouvé $T=D$, au lieu que j'ai d'abord trouvé, même en le fuivant $T=DD$, & que je trouve même ici $TT=D^3$, on verra dans le Tourbillon fpherique que fa raifon $T=DD$ eft fauffe.

Du refte, il n'eft pas auffi peu vraifemblable qu'on le diroit bien, que le mouvement ne foit en raifon des maffes & des quarrés des viteffes.

C'eft l'opinion de *M. de Leibnitz*, & de la plûpart des Sçavans d'Allemagne & du Nord, qui ne manquent pas de bonnes raifons pour l'appuyer.

C'eft dommage qu'il y ait parmi les Philofophes & les Géométres mêmes, des opinions de Nation, & que les Anglois qui font fi éclairés fur ces matieres, tiennent fi fort à l'opinion du mouvement en raifon des fimples vîteffes, parce qu'elle eft de Newton.

J'avouë que les François y tiennent auffi beaucoup, fans doute parce qu'elle eft de Defcartes. Mais il faut efperer que les François étant peu Newtoniens de goût, & les Anglois étant encore moins Cartéfiens d'inclination, les Allemands pourront les mettre d'accord en les brouillant même fur l'article.

J'ai tenu moi-même, je l'avouë à l'opinion Cartéfio-Newtonienne du mouvement en raifon des maffes & des fimples vîteffes, & j'ai commencé, il y a près de 20 ans, par combattre celle de M. Leibnitz, à laquelle je n'étois point façonné.

La force des raifons m'a depuis fait battre en retraite, & applaudir en bien des occafions à l'opinion $F = MVV$, que je crois tout-à-fait vraifemblable déformais.

Je ne m'arrêterai point ici à en détailler les raifons. On peut les voir chez *M. Leibnitz* dans les *Journaux de Leipfick*, chez *M. Wolfius*, chez *M. Hermann*, & dans bien d'autres, furtout dans les *Memoires de l'Academie de Petersbourg*, où la matiere a été fouvent agitée par d'habiles Phyficiens & Géométres.

I X.

QUARANTE-UNIE'ME PROBLEME.

Expofition de la 52ᵉ. Propofition du fecond Livre des Principes de Newton.

J'AI difcuté un peu à fond la Propofition précedente, parce qu'elle renferme tout le fonds Géométrique, de celle que j'entreprends ici de difcuter.

Celle-là ne peut tomber fans entraîner celle-ci , qui s'appuye fur les mêmes Principes, les mêmes hypothe-fes , la même tournure de raifonnement ; ayant les mê-mes vices , avec quelques autres de furplus qui lui font particuliers.

La même figure a lieu ici , excepté que le Cercle *S* Central repréfentoit jufqu'ici un cylindre dont il étoit le profil naturel ; & qu'ici il repréfente une Sphere ou boule , arrondie également de toutes parts.

Le But de Newton eft de montrer que , cette Sphere tournant & entraînant le fluide environnant , ce fluide pris à diverfes diftances du centre , fait fa révolution en un tems , qui eft comme le quarré de fa Diftance Cen-trale.

Pour le prouver , l'Auteur diftingue 3 cas. Dans le premier , il fuppofe d'abord le Tourbillon folide , divifé par Couches fpheriques concentriques , qui s'enveloppent

pent & embraffent le centre de toutes parts, comme autant de fpheres creufes, folides, & partout de même
Epaiffeur.

Dans le fecond cas, chaque Couche eft divifée en
une infinité d'Anneaux, paralleles & mus parallelement les uns aux autres. Newton n'articule pas ce Parallelifme; mais il le fuppofe très-manifeftement.

Dans le troifiéme cas enfin, chaque Anneau devient
fluide, fes parties étant détachées les unes des autres,
mais continuant à tourner annulairement par l'entraînement de la Sphere qui eft au Centre.

Or, dans tous ces trois cas, M. Newton prétend également que les tems révolutifs des Cercles, des Anneaux,
de leurs parties, font en raifon des quarrés de leurs Diftances au Centre de la fphere.

La Démonftration du premier cas n'a de différent de
celle de la Démonftration de la Propofition 51, qu'en
ce que ce font-là des Couches cylindriques qui tournent
les unes autour des autres, & qu'ici les Couches font
fpheriques.

Les Couches cylindriques ou les cylindres creux, font
en rapport ou raifon fimple de leurs diftances de l'Axe
commun.

Les Couches fpheriques font en raifon doublée de ces
Diftances, c'eft-à-dire, comme les quarrés de ces Diftances.

Ainfi les mouvemens ou les forces des couches devant
toujours être égales, à caufe de l'Equilibre que Newton
établit dans ces Couches, & les viteffes devant par

N n

conféquent être en raifon inverfe des Couches, elles font en raifon inverfe des quarrés des Diftances $V = \frac{1}{D^2}$.

Puis viennent les différences prétenduës des mouvemens angulaires, en raifon directe des viteffes, & en raifon renverfée des Diftances, & par conféquent en raifon totalement inverfe des cubes des Diftances, $A = \frac{1}{D^3}$.

Suit la Defcription d'une hyperbole, dont les ordonnées font en raifon de ces différences angulaires, c'eft-à-dire $O = \frac{1}{D^3}$.

Les aires hyperboliques entrent en Confideration à leur tour, & tout finit par les *Quadratures connuës des Courbes*, c'eft-à-dire par l'intégration des différences $\frac{1}{D^3}$, laquelle donne aux Géométres $\frac{1}{D^2}$.

Et enfin les tems étant en raifon inverfe des mouvemens angulaires, on arrive à $T = D^2$.

Le fecond cas, où les couches fpheriques font divifées en une infinité d'Anneaux circulaires, porte fur ce raifonnement.

Chaque Anneau à 4 Anneaux contigus, un au-deffous, l'autre au-deffus de lui, & les 2 autres aux 2 côtés.

Par les frottemens de l'anneau inférieur & du fupérieur, dit M. Newton, chaque anneau ne peut avoir d'autre mouvement que celui du premier cas.

D'un autre côté, les Anneaux latéraux n'oppofent point de frotement qui retarde ou altere en rien ce mouvement. *Attritus annulorum ad latera nullus eft.* Ce font les paroles précifes de cet Auteur Géométre.

Il conclut donc que les tems feront encore ici en rai-

fon doublée des diſtances. Et la concluſion pour le troiſiéme cas, où les anneaux eux-mêmes ſont diviſés en
petites parties & toutes fluides, eſt la même.

Cette diviſion & cette eſpece de fonte ou de diſſo-
lution des Couches en Anneaux, & des Anneaux en
un fluide parfait, ne touche en rien, dit Newton, à la
Loi, à la conſtitution du mouvement circulaire, & ne
fait que rendre fluide ce qui étoit ſolide.

Par ces Sections, ajoute-t-il encore, les petits anneaux ne changeront point ou changeront uniformément l'aprêté & la force de leur frottement réciproque.
*Aſperitatem & vim attritus mutui aut non mutabunt, aut
mutabunt æqualiter.*

Voici le point de vuë général de cette Démonſtration pour les 3 cas.

L'eſpace entraîné par la Sphere centrale, étant d'a-
bord diviſé par des Sections concentriques en Couches
ſpheriques, détachées l'une de l'autre, mais dont chacune a de la ſolidité, les tems feront en raiſon de ces
couches, c'eſt-à-dire, en raiſon des quarrés des Diſtances.

Or, cette raiſon ſubſiſte inalterable, ſelon Newton,
ſoit que ces Couches reſtent ainſi ſolides, ſoit qu'on les
conçoive diviſées en petits Anneaux paralleles entr'eux
& perpendiculaires à leur Axe commun, ſoit qu'on les
conçoive tout-à-fait diviſées, & fonduës en un corps tout
liquide en tout ſens.

X.

QUARANTE-DEUXIÉME PROBLEME.

Difcuffion générale de la 52ᵉ. Propofition en queftion.

IL eft d'abord certain que nous n'avons pas formé un feul raifonnement contre la 51. Propofition , qui n'ait lieu ici contre la 52ᵉ.

Elles font également furchargées de la conftruction géométrique , très - inutile , d'une Hyperbole, qui ne vient-là que pour allonger la Démonftration , & pour dérouter des Phyficiens, capables d'ailleurs de fentir l'infuffifance & le faux de la chofe.

Les Quadratures des courbes que le trop Sçavant Auteur traite encore ici de connuës, ne font ni un moindre embarras ni une moins dangereufe illufion. Bien des Géométres même s'y trouveroient embarraffés. Et comptez que ces Propofitions ne joüiffent jufqu'ici de leur exiftence , que parce qu'on n'a pû en aborder. Comment refuteroit-on, ce qu'on ne peut comprendre ?

Il y a enfuite ici la circonlocution & le détour fophiftique , de la Différence prétenduë du mouvement angulaire , qui réduit à $T=D^2$ le tems qui devroit être $T=D^3$.

Car , après avoir trouvé les vîteffes en raifon inverfe des Couches fpheriques , & par conféquent en raifon inverſe des quarrés des Diſtances $V = \frac{1}{D^2}$, il n'y avoit qu'à en tirer immédiatement la raiſon du tems.

Le tems eſt en raiſon direſte de l'eſpace parcouru, c'eſt-à-dire, de la Diſtance, & en raiſon renverſée de la vîteſſe. Car plus l'eſpace eſt grand, & la vîteſſe petite, plus il y faut de tems.

La vîteſſe étant donc déja l'inverſe du quarré de la diſtance, & l'inverſe de cette inverſe étant donc DD, le tems ſera en raiſon direſte de la Diſtance D & de ſon quarré DD; & par conſéquent en raiſon du cube DDD ou D^3.

Choſe ſinguliere cependant! Dans l'hypotheſe du mouvement en raiſon compoſée des maſſes & du quarré des vîteſſes, la raiſon $T = D^2$ aſſignée par Newton auroit lieu, & il auroit rencontré le vrai par erreur.

Car alors les Couches ſeroient en raiſon inverſe des Quarrés des vîteſſes, & les quarrés des vîteſſes en raiſon inverſe des Couches, ou des quarrés des Diſtances.

Et par conſéquent les ſimples vîteſſes ſeroient en raiſon inverſe des ſimples diſtances; & les tems étant comme les diſtances direſtes & les vîteſſes inverſes; & les vîteſſes inverſes étant comme les Diſtances direſtes, les tems ſeroient en raiſon double ou plutôt doublée ou redoublée des Diſtances; & tout de ſuite $T = D^2$.

A ces difficultés qui ſont bien ſuffiſantes, joignez celle de la réſiſtance plus ou moins grande, & ſurtout de la liquidité indéfinie des couches, des anneaux & de leurs plus petites parties.

En ce genre il y a dans le ſecond cas une choſe que je

ne puis concevoir. Newton conçoit chaque anneau entre 4 anneaux ; un au-deſſus , un au-deſſous , & un de chaque côté.

Or , il dit que l'anneau d'au-deſſus , & celui d'au-deſſous iront dans ce ſecond cas comme dans le premier ; & il ajoute que les deux collateraux ne font aucun frottement contre celui qui eſt au milieu.

J'avouë que j'ai lu & relu cent fois cet endroit ſans y rien comprendre ; & que ſi j'y entends quelque choſe , ce que je n'oſe aſſurer , ce n'eſt que dans le moment que j'écris ceci , parce que je m'y rends ſans doute plus attentif , comme il arrive ſouvent , lorſqu'on prend la plume , pour écrire ſur quelque choſe qu'on a meditée long-tems.

Car la Plume à la main , il n'y a plus moyen de reculer , l'eſprit fait un dernier effort , & l'on y penſe de très-près ; ſurtout lorſqu'il s'agit de contredire un auſſi habile homme que celui-là.

Newton conçoit d'abord des Couches ſpheriques , toutes d'une piece , chacune ; & alors les parties d'une même Couche allant de concert , ne ſe frottent en rien , & il n'y a de frottement que dans les couches d'au-deſſus & d'au-deſſous , leſquelles vont ou plus vîte ou plus lentement , à cauſe de la ſolution de continuité , comme on dit.

Mais dès qu'il y a ſolution de continuité entre les Anneaux collateraux d'une même couche ſpherique , ces anneaux doivent aller inégalement vîte , & doivent ſe frotter lateralement par la même raiſon qu'il y a frottement entr'eux & ceux d'au - deſſus & d'au - deſſous.

Voilà comme j'entendois toujours la choſe ; & pre-
venu de cette idée je ne comprenois rien à ce que Newton dit que, *attritus annulorum ad latera nullus eſt* ; non
plus qu'à ſa prétention , que les anneaux d'au-deſſus &
d'au-deſſous allaſſent comme dans le premier cas.

Il faut abſolument que Newton entende , que les Couches ſpheriques aillent de concert & tout d'une piece ,
lorſqu'elles ſont ſéparées en Anneaux ou même toutes
liquides'; comme lorſqu'elles ſont ſolides , continuës &
toutes d'une piece en effet.

Si c'eſt-là ſa penſée , comme je m'y confirme , à meſure
que j'écris ceci , elle ne me paroît plus inconcevable ,
mais purement incroyable.

Oüi , c'eſt ſa penſée ; & j'en vois même le fondement
dans ſon eſprit. Il l'avoit ferme par nature , & roide par
habitude géométrique. Une figure étoit quelque choſe
de fort déciſif pour un ſi fort Géometre.

Un cylindre mu dans le centre d'un liquide , le meut
cylindriquement, & par couches cylindriques : cela n'eſt
pas douteux ; & Newton eſt parti de-là.

Il n'a pas balancé à croire, qu'une ſphere muë dans le
centre d'un liquide ne dût le mouvoir ſpheriquement, &
par Couches ſpheriques.

Dans le cas du cylindre , *attritus annulorum ad latera
nullus eſt* : j'en conviens ſans peine. Tous les anneaux
collateraux , à même diſtance de l'axe, doivent aller
également vîte ; uniquement parce qu'ils ſont à même
diſtance , & qu'ils ont une même cauſe de mouvement.

Dans le cas de la Sphere, il a d'un coup d'œil général suppofé que tout alloit de même, & qu'il n'y avoit point de frottement lateral. Mais ce coup d'œil général mérite un coup d'œil un peu réflechi de notre part. C'eft le fujet de l'analyfe fuivante.

X I.

QUARANTE-TROISIÉME PROBL'EME.

Si le mouvement d'une Sphere dans un fluide uniforme, l'entraine par Couches fpheriques & concentriques ?

CETTE queftion eft plus importante que je ne puis dire, dans la Phyfique, & elle intereffe bien autant Defcartes, & furtout plufieurs de fes Sectateurs, que Newton.

C'eft la grande maniere de penfer des Philofophes modernes, jufqu'à Newton inclufivement, & la grande fantaifie des Cartéfiens les plus nouveaux comme les plus anciens, de vouloir que le Tourbillonement, foit de foi fpherique, & relatif à un centre unique.

Il femble qu'on aime ici à lutter contre le torrent, contre la nature, contre la verité ; & que moins il y a de raifon de ramener le tourbillonement à la fphericité, plus on fe plaife à le ramener à quelque chofe de plus que fpherique.

Car, on veut toujours l'accourcir d'un Pole à l'autre ;

en

en le relevant à l'Equateur, en maniere de fpheroïde ou d'orange ; jufqu'à l'écrafer prefque tout-à-fait , en forme de lentille , extrêmement applatie fur les côtés.

Que la Terre & les Aftres, & leurs Tourbillons mêmes foient fphériques, fphéroïdes même , & même lenticulaires , ce n'eft pas ce que je nie , ni que j'entreprends ici de difcuter. C'eft une queftion de fait , fur laquelle je puis croire tout ce qu'on voudra.

De foi & en vertu de la Pefanteur uniforme , qui porte toutes les parties de la Terre & de tout Tourbillon, de toutes parts vers un Centre commun, ces Corps doivent être exactement fphériques : j'en fuis affez fûr.

Enfuite fuppofé cette Pefanteur uniforme & cette fphéricité conféquente, je puis croire que le tourbillonement furvenant peut pouffer ces Corps au fphéroïde retreci polairement , & à la forme lenticulaire même , tant qu'on voudra : & ce n'eft point de quoi il s'agit.

Il s'agit , abftraction faite de la Pefanteur fphérique & rayonante de toutes parts vers un feul Centre , de fçavoir fi le tourbillonement, caufé dans un fluide uniforme , par une Sphere même , doit être fphérique en aucune façon ?

Or , pour ne plus tenir perfonne en fufpens là-deffus, je penfe que de foi le tourbillonement pur, le propre mouvement de Tourbillon, qu'elle qu'en foit la caufe centrale, pourvu qu'il foit libre & non contraint au dehors, eft un mouvement cylindrique, relatif à autant de Centres, qu'il y a de points dans l'Axe autour duquel il fe fait.

O o

Car de foi le mouvement de Tourbillon, le Tourbillonement se fait essentiellement autour d'un Axe qui n'a point de Centre particulier, ou dont le Centre est linéaire, & est cet Axe même, dans toute sa longueur & dans tous ses points.

Une Sphere même qui tourbillonne, qui tourne, tout d'une piece, tourne cylindriquement, & non sphériquement.

Tourner cylindriquement, c'est tourner par des Cercles parallelement placés à côté les uns des autres, autour d'un Axe dont tous les points servent de Centres à ces divers Cercles paralleles.

Tourner sphériquement, est une chose impossible, & contradictoire dans les termes. Ce seroit tourner autour d'un seul Centre par des cercles croisés, qui n'auroient tous qu'un même Centre, sçavoir celui de la Sphere à la façon des Méridiens, où pis que cela.

Je conviens dans le premier cas de Newton (*Prop.* 52.) que la Sphere centrale étant enveloppée de Couches sphériques, dures & solides, ces Couches doivent se mouvoir en conservant leur figure sphérique, qu'elles ne peuvent perdre par la supposition.

Mais lorsqu'on les a coupées, au second cas, en Anneaux paralleles & détachés, & surtout lorsqu'au troisiéme cas on les a renduës liquides, en détachant toutes leurs parties, je ne vois plus de cause, qui leur conserve leur forme de Couches, & de mouvement sphériques.

M. Newton a beaucoup simplifié les choses, & vû

fon objet d'un peu loin, lorfqu'il a bien voulu ramener tout à fon premier cas, qui n'a point de difficulté. Mais la queftion qu'il traite, renferme bien d'autres difcuf-fions.

Il a paffé de plein vol, du cylindre infini à la Sphere ramaffée. N'allons pas fi vîte. Suppofons un cylindre d'une médiocre longueur, mu autour de fon Axe au mi-lieu d'un fluide.

N'allons pas même d'abord au fluide, & fuppofons un folide divifé par couches autour de ce cylindre. Ces couches peuvent être telles qu'on voudra les imaginer, cylindriques, fphériques, ellipfoïdes, triangulaires, pyramidales, fi l'on veut.

Les cylindriques concentriques feroient les plus na-turelles ; mais quelle qu'en foit la forme, étant d'une piece, elles fe mouvront chacune tout d'une piece auffi.

Divifées par anneaux ou même renduës fluides, leur forme arbitraire difparoît, & il s'agit de voir quelle peut être la forme & la loi de leur mouvement.

Soit donc (*Fig. 43.*) le cylindre *ABDE* mu au-tour de l'Axe *PQ*, & foient les lignes parallels *LM*, *GH*, *IK*, reprefentant des cercles parallels entr'eux, & perpendiculaires au cylindre & à l'Axe *PQ*.

Naturellement ces cercles devroient fe mouvoir fe-lon la Loi de la 51e Propofition, qui ne différe de la préfente hypothefe, qu'en ce que fon cylindre atteint aux deux Poles *P*, *Q*, & doit entraîner dans la même loi, tous les cercles *NO*, *AS*, jufqu'aux mêmes Poles.

Ici évidemment ce ne peut être la même loi pour ces

cercles *NO*, *RS*, que le cylindre n'entraîne pas immédiatement, mais uniquement par la médiation des cercles *LM* ou *IK*, qui lui répondent.

Car tout étant coupé par Plans paralleles, par couches circulaires, & par parties fluides, comme le cylindre par le moyen des couches contiguës entraîne celles d'au-deſſus dans les Plans circulaires *LM*, *GH*, *IK*, de même par le moyen de ces Plans, il doit entraîner les collateraux *NO* ou *RS*, juſqu'aux Poles *P*, *Q*.

Ce n'eſt que par le frotement que les couches inférieures entraînent les ſupérieures. Or le Plan, par exemple, *LM* ne peut ſe mouvoir ſans froter ſon collateral *NO*. Il doit donc l'entraîner.

Quelle eſt la loi de cet entraînement ? Newton l'auroit bien-tôt déterminée par la ſupériorité de ſon génie, par la force de ſa Géométrie, & par la facilité qu'il a de ſimplifier de pareilles queſtions, à l'aide de quelque hypotheſe arbitraire.

Pour moi, je me contente de remarquer, que la choſe dépend du frotement plus ou moins grand, & de la plus ou moins grande fluidité des Plans, des couches, & de leurs parties.

Il y a là bien des égards à avoir : j'ajoute que les Plans mêmes *LM*, *GH*, *IK*, ne doivent pas, comme on pourroit le croire, ſuivre la même loi qu'ils ſuivroient, ſi le cylindre atteignoit aux Poles ; les Plans collateraux retardant néceſſairement ceux qui les entraînent ; & le mouvement communiqué d'abord du cylindre aux couches qui l'enveloppent, ſe communi-

quant enfuite aux Plans collateraux, depuis l'Equateur
GH, vers les Poles.

De forte que non-feulement les couches fupérieures
doivent aller moins vîte que les inférieures, mais les
Plans collateraux doivent auffi aller moins vîte, à mefure qu'ils s'éloignent de l'Equateur *GH*.

A plus forte raifon cela doit-il arriver autour d'une
Sphere, fes propres Plans paralleles ayant moins de
mouvement, à mefure qu'ils font plus éloignés de l'Equateur. *c. q. f. d.*

X.

QUARANTE-TROISIÉME PROBLEME.

*Expofition de la 53ᵉ Propofition du fecond Livre
des Principes de Newton.*

VOICI l'énoncé de cette Propofition, qui eft la derniere des trois, par lefquelles le fçavant Auteur
s'eft flaté de ruiner, de fond en comble, & jufqu'à la matiere premiere, jufqu'à la matiere même tout court, le
fyftême des Tourbillons.

„ Les Corps, *dit cet énoncé*, qui emportés par un
„ Tourbillon décrivent un Orbe, font de la même den-
„ fité que le Tourbillon, & fe meuvent felon la même
„ loi que les parties de ce Tourbillon, au moins pour
„ la vîteffe & la détermination de leur route.

Voici maintenant la démonſtration de cette Propoſition ſpécieuſe. Je n'y change rien en la traduiſant.

  » S'il vient à ſe congeler une petite partie de ce
» Tourbillon, dont les particules ou les points phyſi-
» ques, gardent leur ſituation reſpective; cette partie
» ne changeant, ni de denſité, ni de force, ni de figure,
» ſe mouvera ſelon la même loi qu'auparavant.

  » Et réciproquement, ſi une partie congelée & ſo-
» lide du Tourbillon, & de même denſité que ſa ma-
» tiere, s'y réſout en fluide, elle s'y mouvera ſelon la
» même loi qu'auparavant, excepté que ſes particules
» devenuës fluides, auront leur mouvement reſpectif
» de fluidité.

  » Qu'on compte donc pour rien ce mouvement in-
» teſtin des particules entr'elles, comme ne faiſant rien
» au mouvement progreſſif du total, le mouvement de
» ce total ſera donc le même qu'auparavant.

  » C'eſt-à-dire, qu'il ſera le même que le mouvement
» des autres parties du Tourbillon, qui ſont à la même
» diſtance que lui, du centre; parce que ce ſolide rendu
» fluide, eſt une partie ſemblable aux autres parties du
» Tourbillon.

  » Donc un ſolide de même denſité que la matiere du
» Tourbillon, étant relativement en repos avec la ma-
» tiere qui l'environne de près, aura le même mouve-
» ment que ſes parties.

  » Mais un ſolide plus denſe, aura plus d'effort qu'au-
» paravant pour fuir le centre du Tourbillon; & ſur-
» montant déſormais cette force qui le retenoit en Equi-

» libre dans fon Orbite , il décrira en s'éloignant du
» centre , une fpirale infinie , fans rentrer jamais dans
» le même Orbe.

» Par un raifonnement pareil , fi le folide étoit plus
» rare , il iroit au centre. Et pour fuivre toujours le
» même Orbe , il faut qu'il foit de même denfité que le
» Tourbillon. Auquel cas on a vû qu'il fuivroit la loi
» des parties, placées à même diftance du centre du
» Tourbillon. *c. q. f. d.* Conclut M. Newton.

J'ajouterai les deux Corollaires qui fuivent. Le premier, dit qu'un folide mu circulairement dans un Tourbillon, y eft relativement en repos.

Le fecond ajoute que , fi la denfité du Tourbillon
eft par tout uniforme , le folide en queftion peut y faire
fa Révolution, à quelque diftance du centre qu'on le
place.

Tout de fuite , eft la fameufe *Scholie* qui commence
par ces mots. *Hinc liquet Planetas à vorticibus corporeïs
non deferri.*

C'eft à cette conféquence, que Newton a dirigé toute
cette Section neuviéme , qui termine fon fecond Livre,
& furtout les deux dernieres Propofitions. On pourroit dire qu'il y a dirigé tout fon Livre des Principes ,
& que fi on mettoit tout Newton à la preffe, il n'en fortiroit que du vuide en fubftance (quelle fubftance)
avec une fumée , une vapeur d'attraction.

Car dans la 52e , ce grand Géométre ayant prétendu
démontrer, que toutes les parties d'un Tourbillon faifoient leur Révolution en des tems , proportionels aux
Quarrés de leurs diftances.

Et dans la 53e, ayant prétendu auffi, qu'un Corps folide entraîné par un Tourbillon, fuivoit la loi de fa Révolution.

La conclufion naturelle en eft, que dans les Tourbillons, les tems des Révolutions feroient comme les Quarrés de leurs diftances.

Or, les Quarrés des tems des Révolutions des Planetes, font, felon Kepler, comme les cubes de leurs diftances.

Donc pour derniere conclufion, il paroît à M. Newton, que les Planetes ne fe meuvent point dans des Tourbillons qui les portent & les entraînent.

Avant que d'analyfer cette derniere conclufion ; il nous faut un peu difcuter la Propofition préfente, comme nous avons fait pour les deux qui la précédent.

X I.

QUARANTE-QUATRIÉME PROBLEME.

Quelle eft la Loi de l'entraînement d'un Corps folide, dans un Tourbillon fluide ?

TOUTE la démonftration de la 53e Propofition en queftion, porte fur la denfité égale ou inégale du Tourbillon qui entraîne, & du Corps folide qui eft entraîné.

La denfité eft le grand Principe de Newton. Elle décide

cide de tout, felon lui. Les formes n'y décident de rien.

Ici nommément, fi le folide entraîné eft de même denfité que le Tourbillon, il s'y tiendra en repos, & s'en laiffera emporter d'un mouvement égal au fien, quelque part qu'on l'y place.

Mais fi la denfité eft inégale entre le folide, & le fluide du Tourbillon, le folide ne fuivra la loi d'aucune couche du Tourbillon, & ne fe tiendra même dans aucune.

S'il eft plus denfe, il fuira perpetuellement le centre du Tourbillon par une ligne fpirale fans fin. S'il eft moins denfe, il arrivera au centre par une ligne pareille à peu près.

En un mot, felon cet Auteur, la folidité ou la fluidité d'un corps ne fait ici rien du tout, n'influë aucune diverfité dans l'entraînement.

Il me paroît cependant que c'eft tout ce qu'il y a ici de plus décifif. Et je ne fçaurois comprendre, comment Newton a pû s'y tromper, n'ayant pû le faire fans fe contredire formellement lui-même.

Car enfin il conftituë lui-même fon Tourbillon, par couches concentriques bien diftinctes, dont les inférieures entraînant les fupérieures, vont plus vîte qu'elles; à proportion qu'elles font plus inférieures, & plus près du centre de leur mouvement commun.

Soient donc (*Fig. 44.*) conçuës trois couches d'un pareil Tourbillon, tournant de droite à gauche, avec un fil fléxible & capable d'extenfion, placé d'abord dans une direction verticale, allant au centre du Tourbillon.

Pp

Je dis que selon la Proposition présente 53ᵉ le fil *ABC* devroit dans un certain tems être transporté tout d'une piece en *HGF*, toujours dirigé vers le centre du Tourbillon.

Et je dis que selon la constitution du Tourbillon dans les Propositions 51ᵉ & 52ᵉ, le même fil ne devroit être transporté qu'en *DEF*, sous la forme pliée ou courbe qu'on voit ici.

Or, on voit que ce sont-là deux choses bien contradictoires, quoique du reste faciles à démontrer, l'une & l'autre, par les Propositions citées.

Par la 53ᵉ, un corps quelconque, pourvu qu'il soit de même densité que le fluide du Tourbillon, y est relativement en repos, & doit être transporté tout d'une piece autour du centre commun, sans s'en approcher, ni s'en éloigner.

Mais par la 51ᵉ & 52ᵉ, les couches inférieures allant plus vîte que les supérieures, la partie inférieure *C* doit être transportée en *F*, tandis que *B* ne va qu'en *E*, & *A* en *D*, ce qui fait prendre au fil la figure courbe *FED*, espece d'hyperbole.

Encore faudroit-il pour cela que le fil s'allongeât. Car dans la position *FED*, il est plus long qu'en *CAB*.

De sorte que le supposant, comme il est naturel, incapable de cet allongement auquel rien ne le détermine, il doit par la rapidité des couches inférieures être déterminé à tourner par son extrêmité inférieure *C* autour de la supérieure *A*, comme il arrive à tous les corps dont une extrêmité va plus vîte que l'autre.

Ainſi le Cops ſolide a beau être de même denſité que le Tourbillon, par cela ſeul que celui-ci eſt fluide, & va par couches inégalement rapides, & que celui-là eſt ſolide & incapable d'obéïr & de ſe concerter à cette inégale rapidité, ce ſolide doit être rejetté par les couches inférieures vers les ſupérieures ; & il doit s'éloigner du centre ſans fin & ſans ceſſe, à moins qu'une certaine conſtitution de choſes ne l'y ramene. *c. q. f. d.*

Je l'avouë franchement, j'admire Newton Géométre tant qu'on veut. Mais ce ſeul point de rapporter tout à la denſité, à la quantité brute de matiere informe, m'a toujours fait paroître ce grand homme au-deſſous du Phyſicien médiocre, & fort éloigné d'entrer en lice en ce genre avec Deſcartes, à qui je le crois fort égal pour la Géométrie, & pour le génie ou l'eſprit en général.

Il ne faut connoître aucune loi de la nature, pour ne pas connoître la grande différence qu'il y a d'un Corps fluide, au même Corps rendu ſolide. Je ne dis rien de l'eau liquide comparée à la même eau glacée.

Je ne dis rien de la contradiction palpable où Newton donne ici à cet égard dans deux ou trois Propoſitions conſécutives.

Mais ma démonſtration d'un fil & de tout autre Corps ſolide rejetté du centre vers la circonférence par l'excès de rapidité des couches inférieures du Tourbillon, eſt un fait d'expérience journaliere & triviale, que les plus grands Phyſiciens ont faite, & que les Phyſiciens les plus vulgaires connoiſſent.

Dans un pot qui boult, l'écume & tout les Corps groffiers & folides font fans ceffe renvoyés du fond où l'agitation eft plus vive, vers la furface où l'eau eft moins agitée.

Dans une cuve de vin qui fermente, les grapes, les pepins, les pellicules du raifin font toujours repouffées à la furface.

Dès qu'on agite des Corps inégaux enfemble, les plus gros prennent toujours le deffus, comme les moins propres au mouvement.

Si le mouvement partoit de la circonférence, & qu'il y fut le plus vif, les Corps groffiers feroient rejettés au centre.

Les Corps groffiers font communément faits pour le repos. Dès qu'on les en tire, ils y tendent. A chaque inftant leur mouvement diminuë. On en dira tout ce qu'on voudra. L'obfervation eft conftante, & j'ofe dire qu'il n'y en a pas une exception dans toute la nature. *c. q. f. d.*

Defcartes, qui fûrement n'étoit pas un Phyficien du commun, avoit vû de près la nature en ce point.

Il obferve formellement quelque part, je penfe dans fes Lettres, que les Corps groffiers font toujours repouf-fés par les Corps plus fubtils hors de la Sphere de leur mouvement.

C'eft dommage que ce grand homme n'ait pas fçû enfuite mettre en œuvre pour l'explication de la Pefan-teur, une vérité fi effentielle en ce genre.

Il n'a connu que le mouvement de Tourbillon, de

Révolution, capable de repouffer les Corps groffiers au centre.

Mais comme ce mouvement n'a pas un centre, mais une infinité de centres, & qu'il eft *Cylindrique & Axifuge*, plutôt que *Sphérique & Centrifuge*, il n'a pu porter les Corps au centre de la boule. Et fes difciples fe font en vain opiniâtrés à défendre ce terrain.

Il falloit trouver dans le Tourbillon, indépendament de fa Révolution, un mouvement inteftin véritablement centrifuge.

Le mouvement le plus fimple, le plus vague, celui de la feule liquidité du Tourbillon, étoit le meilleur, comme Varignon l'avoit entrevu fans pouvoir le déterminer.

De foi, tout mouvement fe porte en dehors vers la circonférence, parce que les Corps mus fe heurtent & fe repouffent, loin les uns des autres.

La circonférence eft faite pour le mouvement, & le centre l'eft par conféquent pour le repos. C'eft donc au centre que doivent naturellement fe ramaffer les Corps faits pour le repos, les Corps groffiers en un mot. *c. q. f. d.*

XII.

QUARANTE-CINQUIÉME PROBLEME.

Si les suppositions de Newton, dans sa neuviéme Section du second Livre, sont légitimes ?

JE l'ai dit, & je ne me lasse point de le repeter. Le grand art de Newton, consiste dans les suppositions, lui qui crie tant contre les hypotheses.

Les Cartesiens lui passent tout en ce genre ; & puis ils veulent cependant le refuter. Mais il est trop tard. Il faut nier à Newton tous ses Principes, ou lui passer toutes ses conséquences.

Il est Géométre & conséquent. C'est le prendre dans son fort. Mais, je le répete, il n'est pas Physicien. Il faut donc l'arrêter au premier pas, & lui montrer qu'il suppose, & suppose faux.

Dans la 51e & 52e Propositions, Newton suppose des Corps mus circulairement, & dans des cercles parfaits, autour de l'Axe du Tourbillon ; mus même dans des cercles concentriques, & du reste paralleles à l'Equateur, ou dans l'Equateur même.

Ce sont-là deux fausses suppositions. Les Planetes se meuvent toutes dans des Ellipses excentriques, & qui croisent diversement l'Equateur, & même l'Ecliptique. Cela change toute la nature des choses ; & il n'est pas

concevable par combien d'endroits , fous un air de Géométrie , Newton fait illufion à fes lecteurs , & jufqu'à
fes adverfaires.

C'eft une découverte de *Kepler* , que les Quarrés des
tems des Révolutions planetaires , font comme les cubes de leurs diftances. Mais c'en eft une auffi que ces
Révolutions fe font dans des Ellipfes.

Dans un combat légitime , il faut fe mettre au pair
de fes adverfaires , & les combattre à armes égales. Il
faut , ou détruire leurs Principes , ou en admettant leurs
Principes , faire voir l'illégitimité de leurs conféquences.

C'eft en admettant les Ovales de *Kepler* , que les
Partifans des Tourbillons , prétendent ou doivent prétendre expliquer l'égalité des Quarrés des tems aux cubes des diftances.

Newton leur prête des Tourbillons purement circulaires , & conclut de-là que les tems font comme les diftances , ou comme les quarrés des diftances. Il n'y a
point-là de bonne foi.

Que chaque couche du Tourbillon fphérique ait fa
Révolution en raifon du Quarré de fa diftance , je veux
croire que des Corps placés dans diverfes couches , &
toujours entraînés chacun dans la même couche , fui-
vront la même loi.

Mais un Corps mu dans une Ellipfe , changeant con-
tinuellement de couche , & étant entraîné fucceffivement par diverfes couches , de quelle couche fuivra-t-il
la loi ?

D'aucune en particulier fans doute, & fa Révolution fera le réfultat des portions fucceffives des Révolutions des Couches diverfes, par lefquelles il fera diverfement entraîné.

Car dans les couches inférieures, fa Révolution fera accélérée ; dans les fupérieures , elle fera retardée. Et fuivant qu'il participera plus ou moins du mouvement des couches fupérieures & inférieures , fa Révolution fera modifiée diverfement , diverfement accélérée ou retardée.

M. Newton, trop Géométre dans la Phyfique, n'a jamais embraffé le total d'un fyftême , jamais la Thefe générale , effentiellement borné à fon hypothefe particuliere.

Car la Géométrie n'eft Géométrie , que par la fimplicité abftraite de fon objet. C'eft-là uniquement ce qui la rend certaine & démonftrative.

L'objet de la Phyfique , eft toujours vafte. C'eft ce qui en fait la difficulté , l'incertitude & l'obfcurité. Mais enfin cela lui eft effentiel : & on n'en eft pas meilleur Phyficien pour être plus exaɛt Géométre.

Le vrai de la chofe , eft qu'en effet les Planetes fe meuvent plus vîte dans leurs Périhelies ou Périgées , que dans leurs Aphelies ou Apogées. Et de ce côté d'abord, leur fyftême s'accorde avec celui que M. Newton lui-même attribuë aux Tourbillons.

Ce grand homme , trop déterminé à profcrire ces Tourbillons contre fes propres lumieres , cherche les caufes de cette inégalité de vîteffe d'une Planete Aphelie

lie ou Périhelie , dans des forces centripetes ou attrac-
tives de pure fuppofition.

Il lui étoit bien naturel, & il l'eft pour tout autre Philofophe de reconnoître dans ce fimple Phénomene, l'inégale vîteffe des couches par lefquelles la Planete eft fucceffivement entraînée.

Je n'ai pas grande confiance en la Loi $T = DD$ que
Newton affigne dans fa 52e. Propofition , au Tourbillon fphérique.

Cependant comme il ne s'agit ici que de raifonner,
comme on dit , *ad hominem* , & de confronter cet Auteur avec lui-même , ce qu'il n'a pas fait à l'égard des
Cartéfiens.

Je remarque que , felon la Loi ou l'obfervation de
Ptolomée , non moins averée que celle de *Kepler* , qu'il
faut concilier avec elle après tout , les vîteffes d'une
Planete , tantôt Aphelie , tantôt Périhelie , font en raifon renverfée de leurs Diftances.

Or , les vîteffes font elles-mêmes en raifon renverfée
des tems , & en raifon directe des diftances : D'où il
fuit que les tems font comme les Quarrés des diftances,
comme M. Newton prétend l'avoir démontré.

L'obfervation de *Ptolomée* , je le répete , eft tout auffi
recevable & reçuë des Aftronomes, que celle de *Kepler*.

Kepler compare la Révolution entiere de deux Planetes differentes , & en trouve les Quarrés des tems
comme les Cubes des Diftances.

Ptolomée compare les diverfes portions de la révolution d'une même Planete entr'elles , & nommément

Q q

fa vîteſſe Aphelie à ſa vîteſſe Périhelie, & les trouvant en raiſon inverſe des vîteſſes, il ſuit néceſſairement que les tems y ſont comme les Quarrés des Diſtances aphelies & périhelies.

La vîteſſe d'une Planete périhelie, eſt celle avec laquelle cette Planete parcoureroit un Cercle, dont le rayon ſeroit ſa Diſtance périhelie. Et ſa vîteſſe aphelie, eſt celle avec laquelle elle parcoureroit un Cercle à la Diſtance aphelie.

Si la Démonſtration de M. Newton étoit vraye, elle confirmeroit abſolument l'hypotheſe des Tourbillons, bien loin de la détruire.

Il ſeroit bien ſimple de croire, que la Planete changeant ſans ceſſe de Diſtance & de Couche, auroit à chaque inſtant la vîteſſe de la couche qui l'entraîneroit. *c. q. f. d.*

C'eſt dommage que la Démonſtration Newtonienne ſoit phyſiquement & géometriquement fauſſe. Car ſi elle étoit vraye à ces deux égards, elle ſe trouveroit fauſſe aſtronomiquement par la contradiction où elle met *Kepler* avec *Ptolomée.*

Il ſeroit étonnant que M. Newton eut ignoré l'obſervation de ce dernier. Je ne le crois pas. Mais il l'a comme oubliée au moment où il auroit dû s'en ſouvenir, étant trop préoccupé de celle de Kepler, dont il avoit fait tout le fonds de ſon Syſtême.

Non-ſeulement une Planete ne ſe meut pas dans un Cercle, à une même diſtance toujours de ſon Centre, & avec une vîteſſe par conſéquent toujours la même;

mais elle ne fe meut pas non plus dans un même Plan parallele à l'Equateur.

Selon Newton même, les Plans paralleles à l'Equateur de la Sphere motrice ne fe meuvent pas avec la même vîteffe que cet Equateur ; & leur mouvement doit, comme je l'ai dit, être beaucoup plus lent que ne le fait Newton.

La Planete fe meut donc, par cet endroit, beaucoup plus lentement que fi elle fe mouvoit toujours dans le même Plan, & par-là on voit bien qu'on peut fauver la Loi de Kepler, & éluder la prétenduë Démonftration de Newton. *c. q. f. d.*

Du refte, il n'eft pas queftion ici d'expliquer pourquoi les Planetes ne décrivent point des Cercles, mais des Ellipfes, ni pourquoi leurs Orbes font inclinés à l'Equateur.

Il fuffit que ce foient là deux faits, admis par les partifans des Tourbillons. Et Newton ne combat point les Tourbillons de bonne foi, ou les combat au moins fort inefficacement, lorfqu'il les combat fur des fuppofitions étrangeres, & fur des fiĉtions arbitraires, & toutes de fa façon.

Je remarquerai cependant, que de foi le mouvement de tourbillon écartant un Corps folide comme celui des Planetes, de fon Centre, & leur Péfanteur l'y ramenant néceffairement après quelques écarts, c'en eft affés pour expliquer l'Ellipticité des mouvemens planetaires. *c. q. f. d.*

XIII·

Quarante-sixiéme Probleme.

*Examen de quelques Corollaires de la 52e. Proposition
du second Livre de Newton contre les Tourbillons.*

IL feroit étonnant que les trois grandes Propositions
de Newton, dreffées avec tant d'appareil de Géométrie, & de force de raifonnement contre les Tourbillons, portaffent à faux, & qu'on trouvât dans quelque
Corollaire moins étendu & moins épineux quelque chofe
de plus décifif.

Ceux qui connoiffent l'efprit humain pourroient bien
cependant n'en être pas fi étonnés. On manque fouvent
fon coup par trop de force & de contention ; les meilleures chofes ne font pas toujours celles qui coûtent le
plus, & il n'eft pas rare de voir la fcience nuire beaucoup au genie.

On a vu que réellement les trois Propofitions de
Newton font peu concluantes, contre les Tourbillons ;
& qu'elles font même phyfiquement, géométriquement, aftronomiquement fauffes toutes les trois, furtout les prenant en bloc comme une feule Propofition.

La 52e. qui eft la feconde des trois, a pourtant deux
Corollaires, le 5 & le 6, qui vont au fait, au moins contre les Tourbillons Cartéfiens.

Après avoir placé un Globe dans une matiere fluide & uniforme , & fait tourbillonner cette matiere par le tourbillonnement de ce Globe ; M. Newton conçoit un fecond , un troifiéme , & autant qu'on voudra de Globes placés ailleurs dans ce fluide ; & l'entraînant auffi autour d'eux par une Révolution pareille à celle du premier.

Cette difficulté eft forte , fans replique même , & une vraye difficulté de Phyfique contre les Cartéfiens , qui n'ont jamais voulu s'avifer de conftituer leurs Tourbillons , de matieres héterogênes & immifcibles.

Car alors , comme le dit Newton , les Tourbillons n'auront point de limites certaines , empieteront les uns fur les autres , & fe détruiront mutuellement , la matiere ne fçachant auquel des deux , des trois , des mille , obéir.

Ces Tourbillons fluides & homogenes , font dans le cas d'une Eau uniforme , dans laquelle une poignée de pierres qu'on jette , forment chacune fon Rond qui s'aggrandit , enjambe fur fes voifins , en eft détruit & les détruit réciproquement.

Les Cartéfiens n'ont jamais répondu à cette difficulté qui eft très-réelle encore une fois. On ne voit pas même qu'aucun s'en foit apperçu , & ait penfé à y remedier.

Le célebre *Kircher* feul , qui ne paffe pas cependant pour Cartéfien , mais qui a adopté l'idée generale des Tourbillons de Defcartes , en le citant dans fon *iter extaticum cœlefte* qui eft un bel & bon Ouvrage de Phyfique , en a vû ce défaut avant Newton , & a fort bien prévenu l'objection, en compofant fes Tourbillons de matieres hetérogenes.

Rien n'eft plus naturel & plus Phyfique que cette conftitution. Mais le peu de Sectateurs qu'elle a eu, & le peu d'attention qu'on y a donnée depuis lui, m'a toujours fait fentir, que depuis Defcartes, la connoif-fance de la Phyfique avoit toujours été en s'affoiblif-fant.

La plûpart ne l'ont prife que par le tour hypotheti-que que Defcartes lui avoit un peu trop donné. Et fans trop enfoncer dans le vrai de la nature, ils n'ont penfé qu'à entaffer Hypothefes fur Hypothefes.

Malebranche en imaginant les petits Tourbillons, a achevé de ruiner le goût & le raifonnement de la faine Phyfique.

Ces petits Tourbillons, fruit immédiat de l'imagi-nation, ont ri à l'imagination de bien des Cartéfiens, qui ont auffitôt voulu tout expliquer par-là, felon le genie effentiellement hypothetique de leur Phyfique, toujours ingénieufe, fragile & frivole, ou comme on dit, romanciere & romanefque.

Newton n'a point connu ces petits Tourbillons pour leur bonheur ou pour le malheur de ceux qui s'en entê-tent tous les jours, aux dépens de la folidité de leur fcience philofophique.

Il les auroit foudroyés, anathématifés, écrafés de tout le poids de fes armes géométriques. Et il y auroit mieux réuffi que contre les grands Tourbillons, qui ne font pas fi faciles à fracaffer.

Les petits Tourbillons d'une matiere infiniment molle, fluide, divifible & divifée, & du refte homogene
& mifcible à l'infini, font naturellement tout fracaffés.

Par où on leur donne de la confiftence, c'eft par-là
précifément qu'ils doivent périr; par le mouvement circulaire, qui tend avec une force infinie à les débander,
à les confondre, & à les diffiper.

Non-feulement ils font capables de fe mêler & de fe
confondre comme deux goutes d'eau ou d'huile mifes
l'une contre l'autre, mais ils y tendent par ce mouvement infiniment violent & centrifuge.

Comment veut-on que le mouvement pur & infini,
le mouvement de divifion, le mouvement de défunion,
foit le principe unique de l'union, de la folidité & du
repos ?

Comment veut-on que tout étant effentiellement
mobile & défuni jufques dans fes points le plus infiniment petits, il y ait de la dureté, de l'élafticité, de la
péfanteur, de la confiftence d'aucune efpece ?

J'ai propofé ailleurs des Démonftrations dans les
formes, contre ces petits Tourbillons. Je me contenterai ici des raifonnemens familiers & purement phyfiques que je viens de faire, à l'occafion de celui de M.
Newton, qui eft très-concluant contre toutes fortes de
Tourbillons fluides & homogenes, qui le font furtout
à l'infini.

Je n'ajoute que ce mot. Si ces Tourbillons étoient
tous d'eau, ou de vin, ou d'huile, ou de toute autre matiere fluide homogene, quoique non infiniment fluide

& homogene, ils ne fçauroient fe foutenir dans leur forme de Tourbillons diftinéts. Donc à plus forte raifon.
c. q. f. d.

XIV.

QUARANTE-SEPTIÉME PROBLEME.

*Examen de la difficulté, tirée des Cometes contre les
Tourbillons.*

C'E s t ici la feule difficulté que je connoiffe, non-
feulement contre les Tourbillons de Defcartes &
de Malebranche, mais contre les Tourbillons tout court,
contre toutes fortes de Tourbillons, & en propres termes, contre les Tourbillons corporels.

C'eft la grande difficulté de Newton, & fur laquelle
il a dans le fond bâti tout fon fyftême *d'efpaces celeftes
libres & vuides*, d'attraétions immaterielles, d'Ellipfes
& de troubles géométriques.

Il eft furprenant que ce grand homme l'ait comme
toujours euë au bout de la plume, fans prefque jamais
l'énoncer; & que dans cette 9e. Seétion du 2 livre,
toute confacrée à la ruine des Tourbillons, il ait mis
tant d'art géometrique pour des difficultés idéales, fans
dire un mot de celle-ci qui eft très-fenfible.

Defcartes qui, je le répete, n'étoit pas un Phyficien
du commun, avoit preffenti la difficulté, & l'avoit
comme

comme prévenuë par fa grande facilité d'imaginer des
hypothefes, le plus fouvent plus ingenieufes que folides.

Il s'étoit bien gardé de donner aux Cometes , des
Tourbillons propres. Elles en avoient eu d'abord , felon
lui ; mais elles les avoient perdus ; & fe trouvant ainfi
comme hors de ton & de cadence , hors d'Equilibre ,
elles erroient de Tourbillon en Tourbillon.

Cela eft ingenieux au poffible, & abfolument qui-
conque voudra fe payer d'une pure hypothefe , pourra
fe cantonner dans celle-ci contre la difficulté redoutable
dont je parle.

J'avourai même franchement , qu'hypothefe pour
hypothefe, celle-ci me paroît préférable au vuide , à
l'attraction, & à tout le Syftême purement géometrique & abftrait des Newtoniens.

Leur difficulté , qu'ils ont encore mieux fait valoir
que leur maître , confifte en effet dans l'efpece de courfe errante & vagabonde , que les Cometes ont à nos
yeux.

Tous les Aftres , Soleil , Planetes , Etoiles fe meuvent annuellement d'Occident en Orient , foit que ce
mouvement vienne d'eux ou de la terre , ou d'ailleurs.

Les Cometes feules s'exemtent de cette Loi commune
& invariable , qui femble devoir entraîner , tout ce qui
fe trouve enfermé dans la vafte Sphere de l'Univers.

Chaque Comete a fon cours affez conftant ; mais
l'une l'a vers l'Orient , l'autre vers le Couchant , l'autre
vers le Nord , l'autre vers le Midi ; croifant de toutes

R r

fortes de fens les plus contraires, le mouvement général des Tourbillons, s'il y en a.

Car voilà ce qui fait douter qu'il y en ait, furtout lorfqu'on envifage cette difficulté dans toute fa force.

Elle ne confifte pas précifément en ce que le cours des Cometes croife celui des Etoiles & des Planetes ; mais en ce qu'il croife ou paroît croifer leurs Tourbillons.

S'il étoit bien certain que les Cometes font toujours, lors même qu'elles fe rendent vifibles en fe rapprochant de nous, dans une Région fupérieure à nos Planetes, à Saturne, il n'y auroit pas grande difficulté.

Hors de notre grand Tourbillon qui entraîne toutes nos Planetes autour de notre Terre ou de notre Soleil, elles pourroient être emportées autour de quelque autre Soleil ou Etoile fixe en des fens contraires, oppofés, eroifés, tout autres en un mot.

Mais on prétend qu'il y a des Cometes, qui dans leur Périhelie, defcendent au-deffous de Saturne, de Jupiter, de Mars même ; ce qui ne peut fe faire fans entrer dans notre Tourbillon, fans le croifer, fans réfifter à fon entraînement ; tandis que toutes les autres Planetes fupérieures & inférieures lui obéiffent.

Voilà la difficulté que les Newtoniens font bien valoir, après y avoir fuccombé, jufqu'à faire main baffe fur les Tourbillons, & fur toute forte de matiere célefte, en lui fubftituant l'Attraction & toutes les Qualités qui s'enfuivent.

Comme la fubftitution eft aux dépens de la plus faine

Phyfique, & n'a rien de raifonnable, je ne crois pas qu'il faille admettre fans néceffité cette Defcente péri-helie des Cometes au-deffous d'aucune de nos Planetes, ni leur permettre aucune entrée dans notre Tourbillon fans néceffité, à moins que ce ne fut en paffant felon l'hy-pothefe Cartéfienne.

Or, je doute qu'il y ait une vraye néceffité aftrono-mique, d'introduire les Cometes dans notre Tourbillon au-deffous d'aucune de nos Planetes. Il ne faut pas don-ner aux Obfervations & aux Calculs des Aftronomes, plus de valeur qu'ils n'en ont.

Que ces Calculs & leurs réfultats foient vraifembla-bles tant qu'on voudra, ils ne font pourtant qu'hypo-thetiques. Et tous ceux de M. Newton, tout Newton qu'il eft, & qui en a toujours porté la valeur plus haut que tout autre, ne font jamais que des hypothefes.

Dès que la Parallaxe manque, on ne tient plus rien de certain en Aftronomie, & les Obfervations & les Calculs du plus grand Aftronome, & du plus grand Géométre du monde, ne font que des conjectures, & le plus fouvent de pures imaginations.

En général Newton, les Newtoniens, Huguens même dans fon *Cofmotheoros*, & même tous les Aftro-nomes modernes qui n'ont voulu avoir le démenti fur rien, malgré le manque de Parallaxe, & d'outils en quel-que forte néceffaires pour tout mefurer & tout détermi-ner, ont outré tous les Calculs.

Ils ont fait le Soleil un million de fois plus grand que la Terre, & M. Newton l'a même mis fans façon à 4 millions. Ils ont enfuite fait *Sirius*, un million de fois aufli grand que le Soleil.

Cela eft poffible , & donne une immenfe idée de l'univers & du Créateur. Mais la poffibilité ne décide de rien dans la Phyfique , & de pareilles raifons ne font que morales ou métaphyfiques.

Au défaut de la Parallaxe propre des Aftres trop éloignés , on a eu recours à la Parallaxe annuelle de la Terre , confiderée aux deux extrémités oppofées du grand Orbe qu'elle décrit chez Copernic.

Cela eft plus ingenieux que démontré. Toutes ces Obfervations fe trouvent dans la Region des *Erreurs Aftronomiques* , c'eft-à-dire , dans l'étenduë équivoque des Minutes , des Secondes & des Tierces , fur quoi il eft plus facile d'imaginer tout ce qu'on veut, que de rien déterminer avec précifion.

On n'a donc rien d'abfolument certain , fur le rapprochement des Cometes , au-deffous de nos Planetes. Et s'il y a quelque chofe de certain , c'eft qu'elles ne fe rapprochent jamais jufques-là.

Toute hypothefe , tout Calcul , toute Obfervation dont *le Vuide & l'Attraction* font des Corollaires néceffaires , doit, ce me femble, paffer provifionnellement pour une erreur en faine Phyfique. Autrement tout le goût d'une fi belle fcience eft perdu déformais. Peut-être l'eft-il en effet , même fans cela , & cela n'en eft peut être que l'effet.

X V.

QUARANTE-HUITIÉME PROBLEME.

S'il y a quelque Hypothefe raifonnable , pour concilier le rapprochement exceffif des Cometes , avec les Tourbillons.

D'ABORD je veux bien paffer condamnation , fur l'hypothefe Cartéfienne des Cometes échappées à leur Tourbillon , pour errer dans les Tourbillons voifins. On peut démontrer phyfiquement , le faux de cette fuppofition , dans les Principes mêmes de fon Auteur.

Car enfin on ne voit pas , pourquoi ces Cometes entrées dans un Tourbillon quelconque, en fortiroient pour aller fe jetter dans un autre , & pourquoi du moins elles n'en trouveroient pas à la fin quelqu'un qui put les captiver , ou dont elles puffent au moins s'emparer.

Il n'y a dans tout le Syftême Cartéfien , qu'un excès de mouvement & de rapidité , qui put les promener ainfi , comme par ricochets , de Tourbillon en Tourbillon. Mais cette rapidité même devroit à la fin fe rallentir.

Et d'où leur viendroit cet excès de rapidité ? D'elles-mêmes ? Il n'y a pas d'apparence : de leur Tourbillon qui eft détruit ? Cette deftruction viendroit donc elle-même d'un excès de mouvement. Je crois que , felon Defcar-

tes, elle vient plutôt d'un excès de repos qui les rend la
proye des Tourbillons voifins.

Naturellement une Comete deftituée de fon Tourbillon, devroit fe trouver comme nuë & fans armes,
à la bienfeance du premier occupant.

Enfin dès qu'elle met le pied dans quelque Tourbillon, furtout après qu'elle a un peu rallenti fa premiere
fougue, fi fougue y a, elle doit fe porter vers le Centre de ce Tourbillon, vers la Circonférence ou vers l'entre-deux plus ou moins, fuivant fon degré de Péfanteur,
fuivant les loix de l'Equilibre. *c. q. f. d.*

Ce n'eft donc pas par-là que je voudrois éluder la
difficulté des Newtoniens, en l'admettant, c'eft-à-dire,
en admettant la defcente des Cometes vers le Soleil jufqu'au deffous de Saturne, de Jupiter & même de Mars;
ce qui, je le répete, n'eft ni démontré, ni même vraifemblable.

Mais en concevant les Tourbillons, à la maniere
même de Newton, comme une quantité de matiere
entraînée circulairement par un Corps central, voici la
forme que je conçois que doit prendre ce tourbillonnement.

De foi, quelle que foit la forme du Corps central,
fphérique ou cylindrique, le Tourbillon doit être cylindrique.

Par exemple, (*Fig. 45.*) le Soleil étant *S*, je con-
çois qu'il doit par fon tournoyement autour de l'Axe
AB faire tourner autour du même Axe, l'Equateur
Mm, & toute la matiere parallele jufqu'à fes Polaires

Pp, *Nn.* Peut être même entraînera-t-il encore foiblement les Paralleles collateraux *Qq* , *Oo*.

Mais je doute , que l'impreſſion de ſon mouvement
aille juſqu'aux Poles *A* , *B*. Je panche même à croire ,
que le Tourbillonnement ne ſçauroit beaucoup paſſer
les propres poles *D* , *E* du Soleil.

De ſorte qu'alors il n'y auroit qu'une Zone , à peu
près comme le Zodiaque ; qui formeroit le Tourbillon
ſolaire.

Dans ce cas Mars étant ſuppoſé en *M*, une Comete
pourroit fort bien deſcendre juſqu'en *C* qui eſt plus proche de *S* que *M*, la Terre ſe trouvant encore plus proche de *S* , par exemple , en *T*.

Car le point *C* n'étant point du Tourbillon ſolaire ,
mais à côté , pourroit ſans difficulté appartenir à un
Tourbillon , que celui du Soleil ne croiſeroit ni n'in-
commoderoit en rien. *c. q. f. d.*

Voilà , ſi je ne me trompe , cette grande difficulté
pleinement réſoluë. Et il n'y a qu'un ſeul moyen de la
faire revenir.

Ce ſeroit de trouver une Comete qui fut en même-
tems inférieure à Mars ou à Jupiter , ou même à Saturne , & en même tems dans l'Écliptique ou dans le Zodiaque , ou même dans l'eſpace renfermé entre les deux
polaires *Pp*, *Nn* du Soleil.

D'abord j'ai remarqué , qu'il ſeroit même bien difficile , de s'aſſurer en général , qu'aucune Comete ſoit
jamais deſcenduë , auſſi bas qu'aucune de nos Planetes.

Enſuite je crois pouvoir aſſurer que les Cometes

qu'on a regardées comme defcenduës fort près du Soleil au-deffous de Mars & même de Venus & de Mercure, ont toutes paru à côté du Zodiaque, hors de l'efpace que je crois qu'occupe en latitude le Tourbillon folaire.

M. Newton dit que, fi on confulte l'hiftoire des Cometes, on trouvera 4 ou 5 fois plus de ces Aftres vus du côté du Soleil, près de leur *Conjonction* avec lui, que dans fon *Oppofition*.

Il y a une double raifon de ce Phénomene, & l'une & l'autre prouve ce que je dis ici de la forme étroite & comme cylindrique des Tourbillons.

La premiere raifon, eft que fous cette forme, on voît dans la figure précedente, que c'eft par fon axe DE que le Soleil eft abordable de plus près par les Tourbillons voifins, le point c, par exemple, étant moins loin que C de S.

La feconde raifon eft, que les Cometes doivent être plus vifibles, à proportion qu'elles reçoivent plus de lumiere, & une lumiere plus vive du Soleil.

Les Cometes paroiffant toujours hors de notre Tourbillon folaire, font trop éloignées de nous & du Soleil, pour que nous les voyons, lorfqu'elles font à l'oppofite de la fource de leur lumiere & de leur *vifibilité*, fi je puis ainfi parler.

S'il étoit indifferent à ces Aftres, d'approcher de nous par le haut en quelque forte du Tourbillon ou par les côtés, & qu'ils defcendiffent plus bas que Mars à l'oppofite du Soleil, pourquoi ne les y verrions-nous pas auffi bien que Mars ?

Pourquoi

Pourquoi en verrions-nous fi peu dans cette Oppofition ? Et pourquoi le peu que nous y en voyons, y font-
elles toujours fi effacées ? Pourquoi même n'en aurions-
nous jamais vu, qui euffent éclipfé Mars, ou Jupiter,
ou Saturne, ou même Mercure ou Venus ?

Du refte, il y a plus d'un indice de la forme étroite
& Zodiacale, que je donne ici au Tourbillon folaire.
Je ne citerai que la *Lumiere Zodiacale* elle-même obfervée d'abord par le célebre *M. Caffini*, & enfuite par
bien d'autres.

La matiere propre du Tourbillon, peut fort bien être
une matiere particuliere, d'un degré de denfité convenable, pour nous faire voir, en bien des circonftances,
une certaine lueur.

Mais je n'aime pas affez les conjeĉtures & les hypothefes, pour pouffer plus loin celle-ci. Et j'omets bien
des chofes affez plaufibles, que je ne laiffe pas d'imaginer fur ce point, & fur la *Queuë*, la *Barbe* & la *Che-*
velure des Cometes.

Il me fuffit d'avoir indiqué ma penfée fur la conftitution des Tourbillons, bien plus en vuë de maintenir
le Plein, & de fermer la porte au *Syftéme infoutena-*
ble du Vuide & de l'Attraĉtion, que de furcharger la
Phyfique qu'on accable tous les jours de mille nouvelles
vifions, tant fous le nom d'Expériences, que fous celui
de Raifonnemens & de Syftêmes.

D'ailleurs mon but n'a pas tant été ici de prouver
qu'il y a des Tourbillons, que de montrer que Newton
ne les a pas prouvés faux ni impoffibles.

Sf

. Peut être cette maniere va-t'elle au fait auffi bien que la Preuve directe, à laquelle je ne renonce pas, lorfque l'occafion me la préfente en divers endroits de cet Ouvrage.

X V I.

QUARANTE-NEUVIÉME PROBLEME.

S'il y a dans les Tourbillons une circulation, de l'Ecliptique aux Poles ?

TO U T de fuite après la Démonftration de fa 52e. Propofition, M. Newton ajoute ces mots, que j'avois d'abord oubliés, mais qui me paroiffent mériter encore un article.

» Du refte, le mouvement circulaire & fon effort
» centrifuge, étant plus grands à l'Ecliptique qu'aux
» Poles, il devra y avoir une caufe qui retienne cha-
» que partie du Tourbillon dans fon cercle, afin que la
» matiere de l'Ecliptique ne s'éloigne pas toujours du
» Centre pour aller par les dehors du Tourbillon aux
» Poles, & en revenir à l'Ecliptique le long de l'Axe,
» par une Circulation continuelle.

Cette addition de Newton en forme de *pôft fcriptum* ou *d'appendice* à fa Démonftration, m'a toujours paru finguliere, & je m'en fers d'abord pour prouver, que ce grand homme s'eft donné bien des licences, de fuppofer

tout ce qu'il a voulu, fans que les Cartéfiens ayent prefque ofé s'en formalifer, ni le contredire en rien.

C'eft Defcartes même qui a donné lieu, à cette obfervation, dirai-je, ou fantaifie de Newton. Defcartes avoit admis cette circulation de l'Ecliptique aux
Poles, & des Poles à l'Ecliptique du Tourbillon.

Rien n'étoit plus ingenieufement trouvé, & de ce
feul coup cet Auteur expliquoit les deux plus redouta-
bles Phénomenes de la Phyfique : l'Aimant & la Pefanteur.

Car Defcartes qui a la gloire d'avoir le premier expliqué la Pefanteur, par l'effort centrifuge du Tourbillon, a auffi celle d'avoir compris que cet effort effentiellement perpendiculaire à l'Axe, ne fuffifoit pas pour
ramener les Corps pefans, directement au Centre unique du Tourbillon.

Il faifoit donc revenir la matiere le long de l'Axe ou
parallelement, ce qui d'abord fe rapportoit affez bien
à la direction polaire de l'Aimant, & fervoit enfuite
à repouffer un peu plus vers le Centre, les Corps que
le fimple effort axifuge du Tourbillon ne portoit qu'à
l'axe.

Quoi qu'il en foit, M. Newton ayant la bonté, cette
fois la feulement, de prendre pour argent comptant,
cette circulation, que je ne crois point trop prouvée
cependant, trouve à propos de demander caution contr'elle, & de vouloir une caufe qui l'empêche d'aller fon
train naturel.

N'eft-ce point là détruire tout de fuite ce qu'il vient

d'édifier , ou réédifier les Tourbillons qu'il vient de détruire ?

S'il a befoin d'une caufe pour empêcher cette Circulation qu'il reconnoît naturelle , c'eft ; 1°. à lui de la trouver. 2°. C'eft qu'apparemment fa Démonftration ne va pas fans cela.

Où l'un perd , l'autre gagne néceffairement. Defcartes a donc gagné , lui qui n'a pas befoin de cette caufe , puifqu'il réduit fon Adverfaire à la réclamer , fans pouvoir cependant la trouver.

In caudâ venenum , dit l'ancien Proverbe. Ici Defcartes trouve le contre-poifon dans la queuë de la prétenduë Démonftration de Newton. Comment les Cartéfiens n'ont-ils pas vû cela ? Defcartes ne l'auroit pas manqué.

Je l'ai dit , Newton réfute les Tourbillons , non tels qu'ils font ou doivent être , ni même tels que Defcartes les a imaginés , mais tels qu'il les imagine lui-même , lui Newton , par la grande liberté qu'il fe donne de tout fuppofer , à l'ombre de fa Géométrie , indéchifrable pour le très-grand nombre de fes Lecteurs , non Lecteurs. Car *græcum eft*, *non legitur* , dit auffi un autre Proverbe fort à la mode.

Je défends , comme on voit , Defcartes , & ne fuis pas plus Cartéfien pour cela. Je ne défends que la vérité en effet.

Je ne goute point en un mot cette Circulation Ecliptico-polaire de Defcartes ni de Newton , qui ne l'ont prouvée ni l'un ni l'autre. Et comment la prouveroient-ils en effet ?

La Loi du Tourbillon, eft que le mouvement paffe de couche en couche, en s'affoibliffant toujours de l'inférieure à la fupérieure.

Si cela doit être, je ne vois pas qu'il doive arriver rien de nouveau, à un Tourbillon où cela eft. Les chofes conftituées, comme elles doivent l'être, ne font fujettes de foi à aucune altération. Selon Newton même les couches du Tourbillon font par-là en Equilibre. Elles doivent donc s'y maintenir.

Et s'il y avoit quelque écoulement du Tourbillon, à craindre dans ce cas, ce ne devroit pas être de l'Ecliptique aux Poles. Le Tourbillon n'a point de force centrifuge en ce fens-là; mais feulement par les Tangentes dans le fens du Tourbillonnement, de l'Orient à l'Occident, ou de celui-ci à celui-là.

Le mouvement de l'Ecliptique après cela, eft fauffement fuppofé plus grand que celui des Poles. Il faut comparer le mouvement des Poles avec celui des dernieres couches de l'Ecliptique, lefquelles doivent en avoir très-peu, & fans doute auffi peu que les Poles; même felon les loix d'un jufte Equilibre.

Encore tout cela fuppofe-t-il des Tourbillons fphériques. Dans le vrai les Tourbillons cylindriques ou à peu près, doivent avoir leurs cercles paralleles à peu près égaux, & à peu près également mus, à l'Ecliptique & aux Poles, c'eft-à-dire, par tout en Latitude.

Car ces Tourbillons doivent, comme le corps folide qui les entraîne, fe mouvoir comme tout d'une piece en

Latitude , & ce n'eft qu'en hauteur que le mouvement des Couches inférieures , doit être régulierement plus grand , que celui des Couches fupérieures qu'elles entraînent , de plus en plus foiblement , à caufe de la fluidité.

SIXIÉME ANALYSE

DU SYSTÊME DE NEWTON,

Comparé avec celui de DESCARTES.

DE LA DETERMINATION DES CENTRES.

DES RÉVOLUTIONS CELESTES.

I.

ATURELLEMENT j'aurois dû commencer par la difcuffion de ce point, qui eft fondamental dans tout Syftême, & nommément dans celui de Newton, comme dans celui de Defcartes. Je l'avois même d'abord annoncé le premier.

Mais je n'avois point formé, en commençant, de réfolution d'en parler. J'étois, je l'avoue, entraîné vers le grand & le profond du Syftême, & vers tout ce qu'il a de moins connu, la Defcription des *Ovales* céleftes, & les *Troubles* des Planetes.

Je ne touche pas volontiers aux sujets usés. Est-ce la peine de dire ce que tout le monde sçait déja ? Il semble qu'on ne devroit jamais écrire deux fois sur la même matiere. L'usage contraire à prévalu , & je ne dis pas que je ne m'y sois conformé plus d'une fois , mais toujours avec répugnance.

Le fait est , que dans mon traité de Physique sur la pesanteur universelle des Corps , imprimé en 1724 , j'avois touché à ce morceau des centres dans le Systême Newtonien , & que je l'avois même traité fort au long.

On regarde comme un droit de se répeter soi-même. Je n'userai ici de ce droit, que parce que cet endroit de mon Ouvrage , placé à la fin d'un second volume de Discussions un peu sérieuses, n'est point trop connu.

Newton n'avoit point alors la célebrité qu'il a aujourd'hui. On ne s'instruisoit pas si volontiers de tout ce qui peut le concerner, & je dois completer l'analyse que je donne de son Systême de Physique.

D'ailleurs , le morceau en question avoit été détaché de l'ouvrage auquel je le rejoins ici. C'étoit même par-là que je l'avois régulierement commencé il y a 20 ans & plus.

II.

I I.

CINQUANTIE'ME PROBLEME.

Expofition du Syftéme de l'uniformité des Aires céleftes.

EN fait de fcience, je crois que tout ce qui eft vrai, eft bon à dire & à réveler. Pourquoi le diffimuler plus long-tems ? Le Syftême de Phyfique de Newton, n'eft point de Newton. Il eft tout de Kepler.

Newton n'en a point trop fait le fin. Il a partout cité Kepler, & ne s'eft gueres donné lui-même, que pour Auteur du Syftême géométrique, auquel il a comme élevé le Syftême Phyfique de Kepler.

Celui-ci grand Aftronome, mais mauvais Phyficien, avoit obfervé divers Phénomenes céleftes, avec beaucoup de fubtilité. Sa gloire étoit affurée, s'il ne s'étoit point mêlé de Phyfique.

Non content de la Découverte des Phénomenes, il avoit voulu les expliquer. Mais il s'en étoit fort mal acquitté : Des attractions & des vertus occultes faifoient tout le fonds de fa Phyfique.

Elle couroit rifque de ne pas faire grande fortune, fi Newton n'y avoit mis la main. Newton n'avoit pas cependant une meilleure Phyfique, ni même une autre Phyfique, que celle des attractions & des vertus, à nous préfenter.

T t

Mais Kepler y étoit allé trop bonnement. Il avoit parlé de l'attraction, sous le nom d'attraction, en simple Physicien à la portée de tout le monde.

Par malheur pour lui, ce jargon antique étoit à la veille d'être banni de la Physique par Descartes ; qui vouloit, qu'au moins, en se mêlant d'expliquer la nature, on s'expliquât soi-même, & qu'on ne laissât rien d'occulte ni d'équivoque dans son Discours.

C'en étoit donc fait du Systême physique de Kepler, si Newton n'étoit venu le travestir en géométrique, en le masquant en effet d'une Géométrie très-profonde qui le dérobe aux uns, & en dérobe aux autres l'extrême absurdité.

Car il n'y a plus moyen, pour les Cartésiens, de traiter de *refuge d'ignorance* les attractions & les qualités, dès que c'est à force de science & de science géometrique, qu'on y atteint désormais. La profondeur Newtonienne, est un grand sophisme en faveur d'un Systême, de soi si superficiel.

Comment s'y est donc pris Newton, pour tourner le Systême physico-astronomique de Kepler en géométrique ? Et quel en est donc précisément le nœud.

Les arcs de cercle sont uniformes, & il est naturel qu'un Astre ou tout Corps mu dans une Circonférence de Cercle, y parcoure en tems égaux des arcs égaux. C'étoit-là le grand Principe de l'astronomie ancienne, qui étoit toute circulaire, par le moyen des *Epicycles* & des *Déferens*.

Mais dès que Kepler eut rendu l'astronomie Ellitip-

tique, dès qu'il eut fait parcourir aux Aſtres, aux Planetes des Ellipſes, cette uniformité des Aſtres l'aban-
donna, les Arcs d'Ellipſe n'étant point uniformes.

Cependant l'aſtronomie étant toute relative à la Pratique & au calcul, il falloit bien ſe racrocher à quelque
uniformité, n'y ayant pas moyen de calculer le variable & l'inconſtant, ſurtout avant la Découverte des nouveaux calculs de l'infini.

Heureuſement la nature a toujours un fonds d'égalité
& de conſtance, dans ſes procedés en apparence les plus
variables & les moins uniformes.

Kepler par un ſecret inſtinct de ce Principe, s'y rendit attentif ſans doute, & il eut enfin le bonheur de le
découvrir.

Il obſerva qu'une Planete, muë dans une Ellipſe (*Fig.
46.*) autour du foyer *F*, alloit plus lentement de *B* en
C que de *A* en *B*, à meſure qu'elle s'éloignoit davantage de ſon Centre *F* de mouvement.

En conſéquence ſans doute, il ſoupçonna que l'aire
ou le triangle elliptique *CFB* plus long que *BFA*, mais
moins large, pouvoit lui être égal, les deux arcs *CB*,
BA étant parcourus en tems égaux.

Ce qu'il ſoupçonna en homme de génie, il le vérifia
en habile homme. Car j'aime à lui faire honneur d'une
Découverte réflechie & raiſonnée ; celles des grands
hommes étant virtuellement telles, lors même qu'on les
croiroit le plus l'effet de l'inſtinct ou du hazard.

Quoi qu'il en ſoit de la maniere, Kepler trouva qu'en
tems égaux, les Aires elliptiques décrites par une Pla-

nete, étoient égales ou uniformes. La Découverte eft belle, étant très - profonde , & étant de nature à ne pouvoir pas n'être point raifonnée.

Il falloit un autre Kepler, c'eft-à-dire , un Newton , pour en fentir la conféquence. Celui-ci en fit toute la Bafe & tout le fonds de fon Syftême phyfico-géométri-que.

Il conçut une Planete, comme au bout d'un rayon *FA* fixé en *F*, & mobile tout autour par fon extrêmité *A.*

Ce Rayon *FA* fe nomme *rayon ve£teur* ou *condu£teur.* L'aftre en allant de *A* en *B* , en *C* &c. l'entraîne en *FB*, en *FC* &c. ou bien, fi l'on veut, il en eft entraîné.

Ce n'eft pas l'Aftre qui décrit des Arcs égaux *AB* , *BC* en tems égaux. C'eft le rayon ve£teur qui décrit des Aires égales *AFB* , *BFC* &c.

Ces Aires font l'expreffion du Tems , lui étant pro-portionnelles. Et on les nomme en ftile aftronomique , d'après Kepler , *l'Equation* , ou *l'anomalie moyenne* , à caufe de leur égalité réelle malgré leur *Anomalie* ou iné-galité apparente.

Car les arcs *AB* , *BC* font inégaux ou *anomaliftiques*, & les angles qui leur répondent en *F* font inégaux auffi. Mais les aires comprifes par ces angles & ces arcs font égales , & tiennent le milieu entre les *Anomalies An-gulaires* qui s'écartent de l'égalité , par excès & par dé-faut.

Qu'on life, qu'on parcoure Newton ; on lui verra dès fa premiere Propofition du premier Livre des Prin-cipes , & dès les premieres du troifiéme Livre , établir

cette uniformité des *Aires planetaires*, pour le fondement de tout fon Syftême, tant mathématique que Phyfique, & mechanico-aftronomique.

Et dans toute la fuite de fon premier & de fon troifiéme Livres, qui font les plus relatifs au Syftême célefte
ou au grand Syftême du monde, on le verra toujours
revenir à cette uniformité des aires, comme à la pierre
de touche, & au grand Principe de tous fes raifonnemens.

I I I.

CINQUANTE-UNIÉME PROBLEME.

Erection de cette uniformité des Aires céleftes,
en Syftéme géométrique.

VOICI le chef-d'œuvre & toute la clef du Syftême
Newtonien. Ce qui n'étoit qu'une Obfervation,
un Phénomene chez Kepler, devient une Affertion purement géométrique chez Newton.

Et par ce moyen la plus profonde Géométrie fe trouve avoir un libre accès dans l'Aftronomie & dans la Phyfique, jufqu'à fuppléer à cette Phyfique, & à la maintenir en honneur au milieu des plus grandes *horreurs du*
Vuide & des *miferes mêmes de l'Attraction.*

Ce grand homme entreprit de Démontrer directement, & *à priori* l'uniformité des Aires Elliptiques,

dans le mouvement des Planetes , & voici la maniere auſſi ſimple que ſublime dont il s'en acquitta. Je rapporte ſa figure , & je ſuis ſon Raiſonnement.

Qu'on conçoive (*Fig. 47.*) le tems diviſé en parties égales , en inſtans égaux , & que dans un premier inſtant un Corps parcoure la ligne *AB* par ſa force naturelle *Vi inſitâ :* Qualité occulte , il n'importe.

Au ſecond inſtant , ſi rien n'en empêchoit , ce Corps iroit droit en *c* , en ſorte que *Bc═AB* , c'eſt-à-dire que *Bc* ſeroit égal à *AB.*

Et alors tirant les rayons *AS* , *BS* , *cS* au Centre *S* , les aires , c'eſt-à-dire , les triangles *ASB* , *BSc* ſeroient égaux , leurs Baſes *AB* , *Bc* étant égales , & leurs hauteurs auſſi , à cauſe du même point *S* où ils vont tous deux aboutir. Il n'y a là rien que de géométrique & d'évident.

Mais le Corps étant arrivé en *B* , qu'on conçoive une force centripete qui le pouſſe d'un ſeul coup vif vers *S* , en ſorte qu'au lieu d'aller en *c* par *Bc* , continuation de *AB* , le Corps arrive dans le même tems en *C* par *BC* qui fait un triangle avec *AB* en *B.*

Soit *cC* parallele à *SB* repréſentant la force centripete. *BC* eſt donc la ligne préciſe que le Corps animé des deux forces *Bc* & *cC* parcourera dans le même tems qu'il auroit parcouru chacune de ces lignes *Bc* , *cC.*

Or , le Triangle *BSC* ſera encore égal au triangle *ASB.* Car les deux triangles *BSc* , *BSC* ſont égaux , étant ſur même Baſe *SB* , & entre mêmes paralleles , c'eſt-à-dire ayant même Baſe & même hauteur,

De même le Corps arrivé en *C* par la ligne *BC* iroit tout de suite dans le même tems, de *C* en *d*, en sorte que *Cd* seroit égale à *BC*.

Mais une force centripete représentée par *dD* le feroit arriver en *D* par une ligne *CD* qui fait un angle avec *BC*. Et l'aire *CSD* seroit encore égale aux aires *BSC*, *ASB*.

Par ce moyen le Corps parcoureroit une circonférence polygone en conservant toujours l'uniformité ou l'égalité des aires.

Concevant ensuite ce Polygone tourné en Courbe par le rapetissement de ses côtés *AB*, *BC*, *CD* &c. à l'infini, & par l'augmentation infinie de leur nombre, l'uniformité des aires sera une chose démontrée, dans toutes sortes de courbes décrites d'un mouvement de soi uniforme & régulier. *c. q. f. d.* avec & d'après Newton.

C'est l'extrême simplicité de cette Démonstration, qui la rend admirable. Mais Kepler n'est pas moins admirable d'en avoir fait la premiere Découverte sans le secours d'aucune Démonstration, au moins explicite & formelle.

Car il faut croire qu'au dedans de lui-même, il en avoit la preuve suffisante par instinct, par sentiment, par un certain goût du vrai qui mene ordinairement les inventeurs, les moins capables de rendre ce vrai, sensible; & souvent même de l'articuler & de l'énoncer.

Tout est fondé sur la nature, comme j'ai dit, du mouvement qui est de soi uniforme, & capable de perfeverer dans fon premier état de direction, de force, de vîteffe , fi rien ne lui fait obftacle.

Newton n'étoit pas grand parleur. Il n'a exprimé tout ce fondement de fa Propofition , que par cette expreffion *vi infitâ*, qui avoit pourtant befoin d'un petit commentaire, & qui pourroit bien être encore fujette à quelque Difcuffion. Mais il nous faut fuivre le Syftême géométrique de l'Auteur, avant que de rien difcuter.

I V.

CINQUANTE-DEUXIÉME PROBLEME.

Conftitution des Centres , par l'uniformité des aires.

C'E s t ici le côté le plus éblouiffant de tout le Syftême de Newton. L'air de jufteffe géométrique s'y trouve réuni avec la plus grande fimplicité , cette fimplicité noble & comme divine qui fait la principale recommandation de tout bon Syftême.

La grande recommandation du Syftême de Copernic , a été la fimplicité de ce caractere , avec laquelle s'y expliquent les *Directions , Stations , Rétrogradations des Planetes* fupérieures & inférieures , fans aucun de ces embarras *d'Epicycles* aufquels *Tychon* & *Ptolomée* font obligés de recourir.

La Terre tournant chez Copernic comme ces Planetes autour du Soleil; mais tournant plus vîte qu'elles ou
plus

plus lentement, les voit tantôt avancer, tantôt reculer, tantôt courir la poſte, ſuivant que ſon mouvement conſpire ou ne conſpire pas avec le leur.

Or, la conſtitution Newtonienne des Centres des Orbes céleſtes, par l'uniformité des aires décrites dans ces Orbes par les *Rayons vecteurs* des Planetes, jouit de toute la ſimplicité du Syſtême de Copernic à cet égard. Voici ce que c'eſt.

Après avoir démontré dans la premiere Propoſition du livre premier qu'un Corps mu régulierement dans une Courbe, décrit des aires uniformes, Newton dans la ſeconde Propoſition établit la converſe de cette premiere.

C'eſt-à-dire, qu'il fait voir que ſi un Corps décrit autour d'un point d'une courbe des aires uniformes, ce point eſt le propre Centre de ſon mouvement. Rien ne paroît plus vrai, plus ſimple & plus naturel.

Auſſi Newton établit-il pour Régle générale, dans la Scholie qui ſuit ſa troiſiéme Propoſition; que *l'uniformité des aires eſt l'indice aſſuré du Centre*, autour duquel ſe fait un mouvement, & auquel eſt dirigée la force centripete dont il eſt animé.

Il ne perd enſuite jamais de vuë cet indice du Centre des mouvemens, dans tout ſon premier Livre.

Et dans le troiſiéme, il commence par rapporter les Phénomenes, Obſervations & Calculs, ſur leſquels il va fonder tout ſon Syſtême.

Or, le premier Phénomene conſiſte à dire, que les Satellites de Jupiter décrivent autour de cette Planete,

V u

des Aires proportionnelles aux tems, c'eſt-à-dire, *uniformes*.

Le ſecond Phénomene établit la même choſe pour les Satellites de Saturne.

Le troiſiéme & le quatriéme, & ſurtout le cinquiéme diſent la même choſe des cinq Planetes principales, Mercure, Vénus, Mars, Jupiter & Saturne.

Nommément dans le cinquiéme, il eſt à remarquer qu'il eſt dit que ces cinq Planetes ne décrivent point des Aires uniformes autour de la Terre ; mais autour du Soleil.

Car, dit le Sçavant Auteur, par rapport à la Terre ces Planetes tantôt avancent, tantôt rétrogradent.

Mais par rapport au Soleil, ajoute-t-il, ils avancent toujours, c'eſt-à-dire, tournent toujours du même côté, c'eſt-à-dire, d'Occident en Orient.

Le ſixiéme & dernier Phénomene enfin dit, que la Lune décrit autour de la Terre des Aires uniformes.

Sur ces Phénomenes, tout de ſuite la premiere Propoſition de ce troiſiéme Livre établit, que les Satellites de Jupiter ont cette Planete, pour Centre de leur tendance centripete & de leur mouvement.

La ſeconde, que le Soleil eſt le Centre des cinq principales Planetes. La troiſiéme, que c'eſt le même de la Terre pour la Lune, le tout uniquement prouvé par les ſix Phénomenes, c'eſt-à-dire, par l'uniformité des Aires.

Avant que d'en venir à des Diſcuſſions dans les formes, de toutes ces aſſertions phyſico-mathématiques.

Je remarque, 1°. que c'eſt là inconſtablement le fondement du Syftême, que j'analyfe, foit parce que c'en font là les premieres pierres, foit parce que réellement tout eft fondé là-deffus, & nommément les *Gravitations*, les *Attractions*, le *Vuide*, & tous les Principes vrais ou préfumés du Syftême en queftion.

Je remarque en fecond lieu, que ce fondement qui paroît fort fimple à quelqu'un qui l'a une fois faifi, ne laiffe pas que d'être fort élevé ou fort profond à faifir.

Car, enfin il y faut au moins des Obfervations fort recherchées, pour deviner cette *égalité des Aires* fictices des Orbes céleftes. Il y faut des Calculs fort compliqués pour la vérifier. Il y faut enfin une & plufieurs Démonftrations géométriques, pour les déduire *à priori*, de l'uniformité naturelle des mouvemens curvilignes, & de tout mouvement en general.

On a beau faire, Newton eft toujours bien haut monté, puifque dès le premier pas il faut être fi Géométre & *Géométre méchanicien*. Newton eft un peu comme ceux qui font de tout un fecret & un myftere, *& jufques au bon jour difent tout à l'oreille.*

Pourquoi tant de fecret & de myftere? Et pourquoi rendre la Phyfique fi difficile? Elle l'eft affez par le *myftere de la chofe*, par le *fecret de la nature.*

Kepler a obfervé, c'eft-à-dire, deviné à force de tête & verifié à force de calcul, cette uniformité invifible, infenfible, & à peine intelligible des aires céleftes.

Nous avons mille autres obfervations fimples que tout le monde peut faire, & d'où réfulte tout auffi bien, que *la Terre eft le Centre du mouvement lunaire*; que *Ju-*

piter l'est de ses Satellites, Saturne des siens, & le Soleil
des cinq principales Planetes.

La Lune embrasse constament la Terre dans sa Révolution ; les Satellites de Jupiter embraffent cette Planete ; & ainsi peut-on dire de toutes les autres.

On l'a dit avant Newton, Copernic l'a dit, tous les
Astronomes, tous les Physiciens l'ont dit. Pourquoi
s'alembiquer & tirer de si loin les choses, comme on
dit, par les cheveux ? N'est-ce pas là au moins un faux
gout de Physique & de science en general ? N'est-ce pas
ouvrir une grande bouche pour sifler dans un siflet de
deux liards ?

Les stations mêmes & les rétrogradations des cinq
Planetes par rapport à la terre, & non par rapport au
Soleil, dont Newton se fert, & à quoi tout se réduit ici
après tout, avoient bien suffi à *Tychon* même comme à
Copernic, pour établir le Soleil, le centre des Révolu-
tions de ces cinq Planetes.

L'uniformité en question, est donc de la science & de
l'érudition inutile & perduë, pour les Newtoniens mêmes, dont plusieurs ne font pas affez Géométres &
Astronomes pour suivre leur maître jusques-là , c'est-à-
dire, jusqu'au premier pas de son trop merveilleux Systême. Et voilà pourquoi je répete, que le goût de la saine
Physique se perd, & est peut-être déja tout-à-fait perdu.

V.

CINQUANTE-TROISIÉME PROBLEME.

Si l'uniformité des aires, démontre géométriquement
le centre précis d'un mouvement ?

NEWTON par la force supérieure de son raisonnement, assorti de la plus profonde Géométrie,
réduit ceux qui le discutent à deux opérations, qui par
leur contradiction apparente, les tiennent le plus souvent
en respect.

Car il est Géométre pour ceux qui ne l'examinent
qu'en Physiciens. Et il est Physicien, pour ceux qui ne
l'examinent qu'en Géométres ; échapant à l'un par l'autre, & ne se laissant presque jamais saisir par un seul
côté.

Pour le saisir, il faut le prendre tel qu'il est : Démontrer d'abord qu'il n'est que Géométre dans la Physique,
& ensuite que sa Géométrie même, en tant qu'appliquée
à la Physique, n'est point une vraye & pure Géométrie,
& qu'en un mot à force de démontrer tout, il ne démontre rien.

Si ce grand homme s'étoit contenté de remarquer,
que la Lune tourne constamment autour de la Terre, les
Satellites autour de Jupiter, Jupiter autour du Soleil,
il auroit prouvé, démontré même physiquement, par

cela feul, que la Terre étoit le Centre du mouvement lunaire, Jupiter du mouvement de fes Satellites &c.

Mais il y a entendu plus de fineffe, il y a mis plus de fcience; il a voulu en faire une Démonftration de la plus haute efpece, & tout-à-fait géometrique, & je doute qu'il y ait reuffi. La Phyfique ne fe demontre que par la Phyfique.

Tout ce qui dépend de la fuppofition & du point de vuë, tout ce qui peut s'éluder par une autre fuppofition, dans un autre point de vuë, ne peut paffer pour géométriquement démontré. Dans toutes les fuppofitions poffibles, le triangle n'a que 3 angles, équivalens à deux angles droits.

Mais l'uniformité des aires, ne peut dans aucun cas être prife pour l'indice certain & infaillible d'un centre. Quel rapport y a-t-il de l'un à l'autre?

Qu'on nous donnât pour cet indice, l'uniformité des arcs & des angles, ce feroit un indice fort naturel : c'étoit celui des Anciens.

Il eft naturel qu'un Corps tournant autour d'un Centre, décrive autour de lui des Arcs égaux, & ait un *mouvement angulaire égal*, fi l'on veut concevoir un Rayon veĉteur qui l'entraîne ou qui en foit entraîné.

Pour fe conformer à cette notion caraĉteriftique du Centre, les Anciens concevoient fort naturellement, fort fimplement les Aftres uniformément mus à la Circonférence d'un *Epicycle*, mu lui-même avec la même uniformité dans la Circonférence d'un *Déferent*.

Ils compliquoient par-là les Centres, j'en conviens,

Mais il eſt bien force de le faire, lorſque réellement un ſeul Centre ne ſuffit pas.

Il eſt vrai que les modernes ont mieux attrapé la nature, lorſque pour décrire les Ellipſes céleſtes, ils ont compliqué deux mouvemens, l'un *circulaire* & révolutif, l'autre *paracentrique* & rectiligne, par lequel la Planete en tournant autour du Centre de ſa Révolution, s'en approche & s'en éloigne alternativement.

M. Newton a confondu ces deux mouvemens, ſoit anciens, ſoit modernes, en un ſeul, & a été par-là réduit à des notions étrangeres du Centre, qui ne s'y rapportent tout au plus que de bien loin.

Pourquoi renverſer les notions ſimples & primitives des choſes? Il faudra donc définir le Centre d'une figure, le point autour duquel les Aires ſont égales. Quelle étrange Définition? Y a-t-il perſonne qui puiſſe y entrevoir ſeulement le rapport intime des idées?

La notion eſt même fauſſe, & du reſte très-équivoque. L'Ellipſe a un *Centre* & deux *Foyers*. Il ne tient pas à M. Newton, qu'on ne prenne les Foyers pour le Centre, & qu'on n'y conçoive même qu'un ſeul Foyer.

Et puis y a-t-il de point dans l'Ellipſe d'où on ne puiſſe tirer des Rayons qui la partagent en Aires égales? Je pouſſerai bien plus loin cette difficulté dans un moment.

En attendant, je remarque que ſi la Lune, par exemple, ſe meut autour de la Terre, & ſi en même tems elle ſe meut autour de ſon propre axe, alors il eſt vrai de dire que les parties de cette Planete ſe meuvent comme elle, autour de la Terre comme Centre.

Et cependant ces parties ne décrivent point chacune des aires uniformes autour de la Terre, & il n'y a que le Centre de la Lune qui ait cette uniformité.

La Lune est alors comme un *Epicycle*, dont son Orbe est le *Déférent*, & chaque partie de la Lune se meut dans cet *Epicycle*.

En concevant, à la maniere des Anciens, chaque Planete dans un *Epicycle* mu lui-même dans un *Déférent*, cette Planete aura une double & une triple uniformité d'Aires, & même d'Arcs & de mouvement angulaire.

Car dans son Epicycle la Planete parcourera des arcs & des angles égaux, des aires mêmes très-égales.

Cet Epicycle pris tout entier ou par son Centre, aura la même triple uniformité d'Arcs, d'Angles & d'Aires.

Enfin, dans l'Ellipse résultant de ces deux Cercles compliqués, la Planete aura l'uniformité seule des Aires, sans avoir celle des Angles & des Arcs.

Il est surprenant que de tous ces Systêmes d'uniformité, M. Newton en laissant là les six premiers, n'ait adopté que le dernier qui est si stérile, si caché, & si peu propre à servir d'indice.

Mais ce Systême d'Epicycles est, dit-on, quelque chose de composé. M. Newton a pris les choses dans le point de vuë simple.

Disons mieux ; c'est le point de vuë Newtonien qui est le *composé*. Et le Systême épicyclique des Anciens en est la Résolution, & la Réduction au plus *simple*.

Je

Je ne prétends pas cependant m'arrêter à ces Epicycles , & je ne balance pas à donner la préférence à la
décompofition du mouvement Elliptique des Aftres en
un circulaire & un rectiligne *paracentrique* , felon l'idée
de *Leibnits* ou de *Fabri*.

La combinaifon d'un Cercle avec une ligne droite eft
quelque chofe de tout-à-fait plus fimple , que celle de
deux Cercles.

J'ajoute ou je répete , que dans tous les Syftêmes l'u-
niformité en queftion formée par un *Rayon vecteur*, tiré
du Foyer de l'Orbe au Centre de la Planete, eft une fiction : mais que dans le Syftême Newtonien du *Vuide* ,
c'eft une chimere.

Ce font des idées de gens accoutumés à ne reconnoître la nature , que fur un papier , dans des lignes & par
des abftractions géométriques.

Eft-ce qu'on étoit fans reffource pour connoître le
Centre des Révolutions de la Lune ou des Planetes ,
avant que *Newton* ou *Kepler* imaginaffent ce *Rayon*
vecteur ?

Il eft fingulier que Newton immatérialife tout-à-fait
les Cieux & les Orbes des Aftres , tandis que d'un autre
côté il les conçoit non-feulement comme des circonférences circulaires , mais comme des Cercles , & prefque
comme des Roues de caroffe , avec des Rayons réels ,
tirés d'un moïeu folide , à un contour de même folidité.

X x

V I.

CINQUANTE-QUATRIÉME PROBLEME.

*Si l'uniformité des AIRES CÉLESTES est Phyſico-
mathematiquement Démontrée par Newton ?*

CE profond Géométre proſcrit les Tourbillons avec
appareil |, & en adopte partout ſecretement la
ſuppoſition. C'eſt ici une Preuve indirecte, mais forte,
que j'entreprends de donner, de l'exiſtence & de la néceſſité de ces Tourbillons.

Je défie bien Newton, tout Newton qu'il eſt, de démontrer jamais ſa Propoſition préliminaire & fondamentale de *l'uniformité des Aires céleſtes*, s'il s'en tient à
l'idée rigoureuſe de ſa *vis inſita*, ou de ſon mouvement
primitivement uniforme, combiné avec une force centripete quelleconque.

Soit, dit Newton, (*Fig.* 47.) un centre S, & un
corps allant par ſa *vis inſita* de A en B, prêt à aller de
B en C dans un ſecond inſtant, enſorte que $AB=Bc$.

La force centripete cC lui fait décrire BC, d'où il
continuëroit en d, en ſorte que $Cd = BC$: mais par la
force centripete dD il va en D, en parcourant CD &c.

Tout cela eſt beau & fort géométrique. Mais en Géométrie, je me rends ſurtout attentif à la verité, un peu
plus qu'à la beauté.

Un mouvement uniforme eſt uniforme, égal, toujours le même, je penſe, en bonne Géométrie, & ſelon M. Newton même.

Si dans le premier inſtant, le corps va de *A* en *B*,
prêt à aller au ſecond de *B* en *C*, en ſorte que *Bc*=*AB*,
c'eſt donc *AB* qui eſt la regle & le *module* de cette uniformité naturelle & primitive.

Si donc cette uniformité a lieu, j'exige qu'au troiſiéme
inſtant la ligne *Cd* parcourable par le mouvement uniforme, ſoit égale à *AB* & non à *BC* qui eſt plus petite
ou plus grande.

M. Newton renonce donc à ſon mouvement uniforme & à ſa propre ſuppoſition, lorſqu'il fait *Cd*=*Bc* &
non = *AB*. *c. q. f. d.*

De toutes les courbes, il n'y a que le Cercle où les
petites tangentes *Bc*, *Cd* ſoient uniformes, & il n'y a
en effet évidemment que le Cercle, où il puiſſe être queſtion d'un mouvement réellement & de fait, égal & uniforme.

Hors de là, le mouvement varie, autant par la Tangente, que par la Secante, qui exprime la Force centripete.

Tout ce qu'on peut dire, c'eſt que le mouvement tend
de ſoi à l'uniforme, en tendant au rectiligne ; mais pour
parler juſte, il faut dire qu'il ne l'eſt jamais, non plus
qu'il eſt rectiligne.

Newton auroit parlé juſte, s'il l'avoit dit & ſuppoſé
de la ſorte, & ſa Démonſtration auroit alors marché
avec toute la juſteſſe phyſique & géométrique.

X x 2

Manque de cela, il ne se sauve que par la contre-supposition secrete des Tourbillons, qui seuls operent l'uniformité des Aires, découverte par Kepler.

L'astre a toujours sans doute la vîtesse de la Couche qui l'entraîne, & comme les Couches inférieures vont plus vîte que les Supérieures, l'excès de vîtesse compense la petitesse réciproque des distances, & produit l'égalité des Aires.

La justesse géométrique des Anciens est perduë. Dans les matieres physico-mathématiques surtout, il y a peu de vrais Géométres. Toutes les notions sont vagues, & le plus souvent plus physiques que géométriques.

Dès qu'on me parle d'un mouvement uniforme, combiné avec un mouvement centripete, je conçois un mouvement toujours le même, sans altération, sans modification, & toujours imperturbablement capable d'operer un même effet, une même vîtesse, un même espace parcouru en un même tems.

Beau mouvement uniforme que celui qui ne l'est qu'un instant. Le mouvement qui décrit AB au premier instant, capable de décrire Bc au second, a perdu toute son uniformité, dès qu'il a décrit BC par le mélange du mouvement centripete cC.

BC ne tient plus rien du mouvement uniforme. C'est un mouvement mixte, comme les corps mélangés d'air, d'eau & de terre, de sels, de soufres, d'esprits font des corps mixtes. Ne reviendra-t-on pas aux notions justes des choses? Cette justesse regnoit encore dans la Philosophie Cartésienne. Le croira-t-on? C'est le mélange ttop intime de la Géométrie avec la Phyfique , qui a tout confondu.

C'eft la Géométrie qui a tout confondu, en adoptant comme géométriques , & par conféquent comme claires & diftinctes , les notions effentiellement vagues de la Phyfique ; le mêlange du bon rendant le mauvais encore plus mauvais , & mauvais , je crains , fans retour , par la confiance que ce bon n'a que trop droit d'infpirer. De même qu'il n'eft pire fcelérats que ceux qui le font fous l'apparence de gens de bien.

On peut le remarquer. Tout paffe en Phyfique , & l'Attraction , & le Vuide , & les plus abfurdes hypothefes , depuis que la Géométrie s'eft emparée de cette fcience fans aucun ménagement. Sous une enveloppe géométrique on ne rougit d'aucun paradoxe , d'aucune folie d'efprit , d'aucun travers de raifonnement. Il me prend des accès de zele pour une fi belle fcience qu'on flétrit déformais, fans aucune pudeur.

On en flétrit bien deux. Et la Géométrie rougit des écarts, qu'elle autorife à tous momens dans la Phyfique.

En un mot , il n'y a point ici de mouvement primitivement uniforme , mais feulement une tendance au mouvement uniforme & rectiligne.

Cette tendance fuffit bien à la vérité , pour rendre les aires uniformes; mais voilà tout , & pour parler vrai , voilà encore une fois comme il faut parler, au moins en Géométrie.

V I I·

CINQUANTE-CINQUIÉME PROBLEME.

Si l'uniformité des Aires, est l'indice infaillible d'une force centripete ?

QU I prouve trop, dit-on, ne prouve rien, & une Démonstration inutile substituée à une Preuve suffisante, n'est le plus souvent qu'un Sophisme sçavant; le faux étant inséparable du rafinement.

L'uniformité des aires, si l'on en croit Newton, est l'indice certain, unique & infaillible du Centre, vers lequel est dirigée une force centripete. Mais cela est faux de toute fausseté, & il n'y a pas de signe moins univoque, comme on dit, ou plus équivoque que celui-là, d'un centre & d'une force centripete.

Il y a mille & une infinité de points autour desquels les Aires sont essentiellement uniformes, sans que ces points puissent porter le vrai nom de Centres, & sans qu'il y ait dans ces mouvemens aucun mêlange, aucune ombre, aucun soupçon de forces centripetes.

Je l'ai démontré il y a 16 ans, sans replique, dans mon Traité de Physique sur la Pesanteur, imprimé en 1724. Pourquoi faut-il en répeter ici la Démonstration ?

Soit (*Fig. 48.*) une ligne *ABCDE* droite, parcouruë par un mouvement uniforme , c'eſt-à-dire , tel qu'en tems égaux , les parties parcouruës ſoient égales.

Par exemple , *AB* , *BC* , *CD* , *DE* étant des parties égales , qu'elles ſoient parcouruës en des inſtans égaux , en une minute , ou ſeconde , ou tierce , ou quarte , ou &c. chacune.

Un pareil mouvement purement rectiligne , n'a rien aſſurément de centripete , ni de relatif à aucune eſpece de Centre.

Soit cependant un point quelconque *S* d'où on tire à tous les points des diviſions égales de la ligne , des lignes *SA, SB , SC, SD , SE* &c.

Ces lignes formeront des Aires égales , des Triangles égaux *SAB* , *SBC* , *SCD* &c. dont les Baſes ſont égales , & qui , aboutiſſant au même point *S* , ont la même hauteur.

Qu'on raiſonne comme M. Newton & ſur le même Principe , on conclura de cette égalité d'Aires décrites par les *Rayons vecteurs* , que *S* eſt ici un Centre de mouvement , objet d'une force centripete. *c. q. f. d.*

Et comme , quel que ſoit le point *S* , & quelque part qu'il ſoit placé , près ou loin de la ligne *AE* , à droite ou à gauche , en haut ou en bas , les lignes tirées de ce point à tous les points de diviſion , forment des Aires pareillement égales , on en concluroit que ce mouvement a une infinité de Centres.

De ſorte qu'à force d'en avoir , il eſt uniquement vrai de dire qu'il n'en a point du tout , comme en effet il n'en a point.

Si c'eſt même l'uniformité des mouvemens qui en dé-
ſigne les Centres , ici non-ſeulement les Aires ſont égales , mais les lignes réellement parcouruës *AB* , *BC* ,
CD &c ſont égales.

Je ne diſſimulerai point l'unique réponſe qu'on peut
faire. M. Newton parle de Courbes , qui ont réellement un mouvement centripete , & par conſéquent un
Centre de mouvement.·

J'en conviens pour ne point incidenter ſans néceſſité,
& pour éviter tout air de chicane.

Mais ſi l'uniformité des Aires décrites , peut n'être pas
quelquefois & ſouvent un indice d'un Centre & d'une
force centripete , c'eſt donc toujours un ſigne fort équivoque de ce Centre , s'y trouvant liée par accident , &
comme par hazard.

En un mot , ce n'eſt pas en vertu d'un Centre & d'une
Force centripete , que les Aires décrites par un mouvement de ſoi uniforme , ſont uniformes.

Et remarquez que le Syſtême des Aires uniformes ,
eſt ici dans toute ſa perfection , & bien au-deſſus de ce
qu'il eſt dans l'hypotheſe Newtonienne.

Car dans cette hypotheſe , il n'y a d'uniforme que les
Aires. Car du reſte les lignes décrites dans la Circon-
férence d'une Ellipſe , ſont très-difformes , très-inégales.
Et j'ai obſervé dans le Problême précedent , que ce que
M. Newton y qualifie de mouvement uniforme , n'eſt
rien moins que cela.

Au lieu qu'ici les lignes décrites *AB* , *BC* , *CD* &c.
ſont uniformes , comme le mouvement qui les décrit :
les

les Aires SAB, SBC, SCD &c. étant du refte auffi uniformes que dans le cas de Newton. *c. q. f. d.*

Mais le cas même de Newton, le croit-on fi exemt d'équivoque & de Paralogifme, à le prendre même en lui-même?

Non, non, & à la fin du fecond volume de mon Traité de la Pefanteur, imprimé en 1724, j'en ai démontré l'équivoque, que je vais remettre ici dans un plus grand jour.

VIII.

CINQUANTE-SIXIÉME PROBLEME.

Si dans les Courbes mêmes, L'UNIFORMITÉ DES AIRES, eft un figne infaillible du Centre?

JE démontrai encore la négative, il y a 16 ans dans mon Traité de Phyfique. D'habiles gens voulurent y repliquer, & m'en firent avertir. Mais j'attends encore leur replique.

Ma Démonftration confifte à faire voir, que dans une Courbe même (*Fig. 49.*) il y a plufieurs, une infinité même de points S, autour defquels un Corps mu décrit des aires égales SAB, SBC, n'y en ayant aucun auquel on n'applique fort bien la Démonftration de M. Newton.

Car ce grand homme démontre bien, que les aires

Y y

font égales autour du point S qu'il prend à l'avanture, fans le déterminer d'ailleurs.

Mais il ne montre pas, que les aires ne foient pas égales autour de tout autre point.

Le Centre eft, felon lui, tel exclufivement à tout autre point. Il faudroit donc que l'indice caractéristique de ce centre, lui convint exclufivement à tout autre point. Or cela n'eft pas, & M. Newton n'entreprend pas même de démontrer que cela foit.

Et d'abord dans une Ellipfe, M. Newton conftituë un foyer pour centre à l'exclufion de l'autre. Or il eft évident qu'en general tout ce qui convient à un foyer d'Ellipfe ordinaire, convient à l'autre foyer.

L'Ellipfe eft parfaitement uniforme à l'égard de fes deux foyers : la force centripete eft la même. Et l'on ne peut pas faire une aire autour de l'un, qu'on n'en faffe une pareille & égale autour de l'autre ; égale, dis-je, en tout, ayant le même arc, le même angle, le même raïon vecteur, la même capacité ; c'eft-à-dire, un angle égal, un arc égal, un raïon égal, une aire égale.

Or, on le peut faire en raifonnant, comme M. Newton raifonne fur un feul foyer.

Et la raifon en eft évidente. Il raifonne géométriquement, & fur la nature géométrique de ce foyer. Or les deux foyers ont la même nature géométrique, & le même raifonnement géométrique leur a toujours été appliqué par Apollonius, par Pappus, par Archimede, & par tous les Géométres de tous les tems.

Et il eft évident que tout ce qu'on peut dire de l'un

peut fe dire de l'autre ; l'uniformité de l'Ellipfe étant parfaite autour de chaque foyer.

Car ces deux foyers font à égales diftances du Centre & de leurs fommets refpeƈifs, & la courbure eft à dif-tances égales, égale de toutes parts. L'Ellipfe de New-ton, eft l'Ellipfe même d'Apollonius, l'Ellipfe conique ordinaire du fecond degré des lignes.

Mais le degré n'y fait rien, & quelque courbe qu'on prenne, on y trouvera les aires uniformes autour de quelque point que ce foit, & cela par la raifon que dans le raifonnement de Newton, rien ne caraƈerife le point qu'il prend, rien ne le détermine à être unique & exclu-fif.

L'indétermination eft telle, que je fis voir il y a 16 ans dans le Traité cité, que le point prétendu central pouvoit être pris hors de la courbe & dans fa convexité.

Il n'y a à cela qu'une difficulté, que je ne crus pas di-gne alors d'être éclaircie, & que je veux bien éclaircir ici.

Elle confifte en ce que rapportant (*Fig. 50.*) à un point *S* extérieur, le mouvement d'un Corps dans une courbe *ABC* & tirant du point *S* la tangente *AB* au point *B*, le rayon veƈeur qui d'abord va en s'éloignant de *S A* s'en rapproche enfuite, ce qui donne à ce Rayon, au Corps mu, & aux Aires une rétrogradation.

Mais cette Rétrogradation qui n'eft dans le fond qu'ap-parente, & produite par le fimple point de vuë du point *S*, n'influë aucune inégalité dans les Aires décrites par le Rayon veƈeur.

Car on doit regarder les deux portions de courbe *AB* & *BCD* comme deux courbes différentes, dont la premiere *AB* tourne sa convexité vers *S*, & la seconde lui tourne sa concavité, ou comme une courbe *inflexe* ou flechie en façon d'une *S*.

Pour démontrer au reste ici, sans renvoyer au Traité cité, que les aires sont uniformes dans la partie convexe d'une courbe, soit (*Fig. 51.*) la figure telle qu'on la voit ici construite dans le goût de la Démonstration de Newton : on lui appliquera cette démonstration, mot pour mot, toute entiere.

Arrivé en un instant de *A* en *B*, le corps iroit en un second instant, de *B* en *c*, en sorte que $Bc = AB$.

Mais tirant *cC* parallele à *SB*, & *cC* représentant la force centripete ou centrifuge, peu importe, le corps au lieu d'arriver en *c* arriveroit en *C*.

Or, les aires SAB, SBc sont égales, ayant Bases égales & égale hauteur, & SBc est aussi égale à SBC étant entre mêmes paralleles, c'est-à-dire, ayant même hauteur, & la Base SB étant commune aux deux. Donc *c. q. f. d.*

I X.

CINQUANTE-SEPTIÉME PROBLEME.

Réfolution d'une difficulté , qui paroît altérer l'uniformité des Aires , par rapport à divers Centres , dans les Courbes.

DEPUIS 16 ans , que j'ai démontré dans mon Traité de la Pefanteur, l'uniformité des aires d'une Courbe (*Fig.* 52.) par rapport à divers Centres *S* , *T* &c. perfonne n'a repliqué à ma Démonftration , au moins par écrit.

Tout nouvellement une perfonne d'efprit , fort intelligente dans ces matieres , & qui a adopté le Syftême Newtonien à cet égard , m'a fait entendre qu'elle ne croyoit pas ma Démonftration à l'épreuve.

Elle ne m'a point articulé de contre - Démonftration ni de difficulté précife. Je fuis entré dans fa penfée, par-ce que j'avois effectivement pendant 16 ans medité la matiere , & prévu les repliques , qu'on pouvoit abfolument m'oppofer.

Il y a ici, ou il peut y avoir , en effet, un embarras d'imagination , pour ceux qui ne l'ont pas bien aguerrie aux fubtilités de la Géométrie de l'infini , Géométrie capable d'étonner la plûpart de ceux qui n'y font que médiocrement initiés, & qui plus Philofophes que Géométres , craignent les conféquences d'un Principe qu'ils font pourtant forcés de dévorer , *tout crud* , comme on dit.

Il m'en a, je l'avouë , coûté pour démêler l'embarras en queſtion. Mais je crois en avoir tiré au clair toute la difficulté. La voici.

Pour la Démonſtration de Newton , il faut que la force centripete agiſſe au ſecond inſtant , par une ligne *cC* parallele au rayon veĉteur *SB*. Car c'eſt ſur ce Parallelifme qu'eſt fondée l'égalité des aires *SBC, SBc* , d'où réfulte celle des aires *SBC, SBA*.

Or , peut-on dire , ſi *cC* eſt parallele à *SB* , elle ne peut l'être à *TB* ; & par conféquent les aires *TBC, TBA* ne ſont ni ne peuvent être égales. Voilà , je penſe , la difficulté dans toute ſa force. J'en démontre de deux façons la nullité & la foibleſſe infinie.

1°. Je l'adopte , & ſi *cC* n'eſt point parallele à *TB* , ſoit donc *ce* cette parallele en queſtion. Alors au moins l'aire *TBc* ſera exaĉtement égale à l'aire *TBA*. Et je formerai comme ceci ma Démonſtration.

Le Corps ayant parcouru au premier inſtant la petite ligne *AB* , & décrit l'aire *TBA* , parcoureroit au ſecond inſtant *Bc=AB* , & décriroit l'aire *TBc=TBA*.

Or à cauſe des Paralleles *TB* , *ec* les aires *TBc, TBe* ſont égales. Donc *c. q. f. d.* La Démonſtration eſt dans les formes , & la même dans le fond que celle de Newton.

Il me plaît , dira-t-on , de ſuppoſer la force *ce* parallele à *TB*. Or , ajoutera-t-on , ce n'eſt point là la vraye force centripete qui fait parcourir *BC* au lieu de *Bc*.

J'avoüe que la suppofition me plaît en effet, & que c'eft fort arbitrairement que je la fais. Mais s'il y a de l'arbitraire à moi de prendre *ce* au lieu de *cC*, un vrai infinitaire n'avoura, qu'il y a eu le même arbitraire dans M. Newton, de prendre *cC* au lieu de *ce*.

Il eft de l'effence de l'infini d'être arbitraire, fi on ne le fçait pas; parce qu'il eft de fon effence, d'être indéterminé, inaffignable; ou, ce qui va au même en Géométrie, d'être déterminable ou affignable à volonté.

Les Courbes font des Polygones d'une infinité de côtés. L'infini eft innombrable, & l'infiniment petit eft inétendu. On donne à ces côtés telle étenduë, & tel nombre non nombrable que l'on veut.

Ajouter ou ôter à une ligne un point, deux points, mille, cent mille, mille millions de points, n'eft lui rien ôter, ni ajoûter.

Mais, dit-on, prendre *Be* au lieu de *BC* pour côté du polygone infinitéfimal, c'eft ajouter une ligne infiniment petite *Ce* à une ligne infiniment petite *BC*. Or l'infiniment petit ajouté à l'infiniment petit, le point ajouté au point, le double, ou le rend enfin réellement plus grand.

Le Syftême de l'infini fe foutient bien, pourvu qu'il foit bien foutenu. La ligne *Ce* ajoutée à *BC* ne lui ajoute rien. C'eft-là le nœud de l'affaire.

La ligne *Ce* eft infiniment petite par rapport à *BC*. Celle-ci eft un infiniment petit du premier ordre. *Ce* l'eft du fecond. Tout Géométre infinitaire en fçait, en voit au moins la Démonftration.

La ligne centripete *cC* elle-même eſt du ſecond ordre, & Newton même l'a démontré, & dans le triangle *cCe* les 3 côtés ſont infiniment petits du ſecond ordre, les 3 angles étant finis. *c. q. f. d.*

2°. Du reſte le petit triangle *CTe* étant infiniment petit par rapport à *BTC*, il ſuit que *BTC=TBA*, & qu'ainſi ſans tirer la parallele *ce*, & en ſe bornant à celle *cC* du cas relatif au centre *S*, il eſt démontré que le même mouvement par les mêmes arcs *AB*, *BC* rend les Aires uniformes autour de divers Centres, *S*, *T* &c. *c. q. f. d.*

Et tout cela eſt fondé ſur la double indétermination, 1°. De la Géométrie qui roule ſur le poſſible bien plus que ſur le réel. 2°. De l'infini qui eſt comme la racine du poſſible ou le poſſible du poſſible, c'eſt-à-dire, l'abſtrait de l'abſtrait du réel.

X.

CINQUANTE-HUITIE'ME PROBLEME.

Si l'uniformité des aires, eſt géométriquement ou méchaniquement Démontrée par Newton ?

NON-ſeulement la Démonſtration de Newton, ne prouve rien, phyſiquement parlant, puiſqu'elle laiſſe la queſtion des centres dans le vague & dans l'indétermination.

Mais il me prend quelquefois envie de douter, ſi cette Démonſtration

Démonftration eft vraye géométriquement , ou méchaniquement , en un mot mathématiquement parlant.

Je ne nie pas que Kepler n'ait obfervé l'uniformité
des aires dans les mouvemens des Planetes. Je ne nie
pas le fait : je ne connois même en Phyfique rien de plus
certain que ce qui s'appelle un fait.

Mais M. Newton en voulant encherir fur cela par la
Géométrie , a fait , ce me femble , comme les Malebranchiftes qui , au lieu de s'en tenir à la Démonftration
phyfique , au témoignage des fens pour l'exiftence des
Corps , parviennent à en douter férieufement , en voulant ériger cette Démonftration en métaphyfique ; où
comme Zenon , qui par le même effort ou le même travers d'efprit , révoquoit en doute la réalité du mouvement. C'eft un grand trait d'efprit & de Philofophie
même , de fçavoir en Philofophie n'avoir pas tant d'efprit.

L'obfervation avoit appris à Kepler , que les aftres
décrivoient des aires égales dans leurs Orbes. La Géométrie de M. Newton lui apprend tout au plus , que
cette égalité eft une chofe poffible. C'eft à force de fcience , parvenir à en fçavoir un peu moins , que ceux qui
ne font pas fi fçavans.

Si M. Newton avoit immédiatement Démontré la
même égalité d'aires , que Kepler avoit découverte par
l'obfervation , ce feroit quelque chofe. Mais il s'en manque beaucoup , que cela ne foit ainfi.

Les aires obfervées par Kepler , font des aires phyfi-

Z ʒ

ques, fenfibles, finies, mefurables par les fens, calcula-
bles par l'arithmétique.

Newton ne démontre immédiatement l'égalité,
que d'aires métaphyfiques, abftraites, indéterminées,
noyées, perdues dans l'infini &, qui pis eft, dans l'infiniment petit.

Les Géométres qui ne font que Géométres, appellent
cela remonter aux Elemens, aux Principes des chofes,
& à la nature même ; & bien furement M. Newton qui
n'a d'autre Phyfique que celle-là, s'eft flaté d'être remonté à la nature phyfique du mouvement en queftion ;
parce qu'il étoit remonté à la nature purement géométrique du mouvement courbe, ou plutôt du mouvement
en général.

De l'infini au fini le progrès eft facile pour un Géométre. Si les aires infiniment petites font égales, a dit
Newton, les aires finies qui en font la fomme, font donc
égales auffi. Sa conclufion paroît vraye, je n'oferois la
nier de front. Voici pourtant ma difficulté.

La Démonftration de Newton eft fondée, 1°. Sur la
réduction du mouvement à des aires infiniment petites
bornées par des côtés polygonaux infiniment petits,
2°. Sur la Décompofition de ces côtés & de ces mouvemens en deux, l'un uniforme par la tangente, l'autre
variable par la fecante, fi toutefois ils ne font pas variables l'un & l'autre.

Surquoi j'ai fait voir par l'indétermination même def-
dits côtés polygonaux, que les aires fe trouvoient uniformes par rapport à divers points, & nommément par
rapport aux deux foyers d'une Ellipfe.

Effectivement la Démonstration étant toute tirée de
la nature géométrique d'une courbe, & nommément de
l'Ellipse, & l'Ellipse étant uniforme autour de ses deux
foyers, ce que l'on dit de l'un peut absolument être dit
de l'autre, quand on ne se fonde que sur la nature géométrique des choses.

Cependant si l'on conçoit (*Fig.* 53.) l'Ellipse toute
partagée en Aires uniformes par des rayons vecteurs *FA*,
FB, *FC* &c. tirés d'un foyer *F*, & que de l'autre foyer
f on mene autant de rayons *fA*, *fR* &c.

Quoique les lignes *AB*, *BC*, *CD* étant supposées
infiniment petites, on puisse démontrer l'égalité des aires
fAB, *fRC*, *fCD* &c. entr'elles ; il est pourtant démonstratif que supposé l'égalité des aires *FAB*, *FBC* &c.
les premieres ne sçauroient être toujours égales, & les
aires *fAB*, *fBC*, doivent être plus grandes que celles
qui sont vers l'autre extrêmité de l'Ellipse.

Car les aires *FAB*, *FBC*, *FCD* ne peuvent être
égales, qu'autant que les arcs ou petits côtés *AB*, *BC*,
CD vont en diminuant, les rayons *FA*, *FB*, *FC*, *FD*
&c. allant en augmentant.

Or les Rayons *fA*, *fB*, *fC* &c. allant en diminuant,
& les Arcs *AB*, *BC*, *CD* &c. diminuant aussi, comment les aires comprises entre ces rayons & ces arcs
seroient-elles toujours égales & n'iroient-elles pas en
diminuant ?

Et si les Aires étoient égales pour le foyer *f*, je prou-
verois de même qu'elles seroient inégales pour *F*. De
sorte qu'elles ne peuvent être égales à la fois pour les

deux, quoiqu'elles puiſſent l'être pour chacun en particulier, en faiſant aboutir les rayons à des arcs différens.

Donc ce qui eſt vrai ici dans l'infini, ſe trouve faux
dans le fini, & la conſéquence ne va pas ſi immédiatement de l'un à l'autre.

Car, je le répete, de l'une à l'autre, on démontrera
toujours par le raiſonnement de Newton, que les deux
aires FAB, FBC étant égales, les deux fAB, fBC
ſont égales auſſi. Et quand je dis de deux, je le dis de
trois, de 100, de 1000, d'un million, & de tout nombre fini d'aires infiniment petites.

Mais dès qu'on paſſe le nombre fini, & l'étenduë infiniment petite, & qu'on arrive à des aires d'une étenduë finie par la réunion d'une infinité d'aires infiniment
petites, ce n'eſt plus cela. *c. q. f. d.*

X I.

CINQUANTE-NEUVIÉME PROBLEME.

*Verité du Principe de Kepler, fauſſeté de celui
de Newton.*

KEPLER en nous apprenant l'uniformité phyſique
des aires céleſtes, nous a appris une verité, & il
nous l'a appriſe régulierement par l'obſervation. C'eſt un
fait que par rapport au Foyer réellement occupé par le
Soleil, Mercure, Venus, Mars, Jupiter &c. décrivent

des Aires uniformes, c'eft-à-dire, égales dans des tems égaux.

Newton en nous faifant trouver une pareille uniformité par rapport au foyer quelconque, & pris à l'avanture de l'Ellipfe, & de la premiere courbe venuë ou prife auffi à l'avanture, & ne nous l'apprenant que par la voye géométrique, ne nous a rien appris, & nous a laiffés tout-à-fait indéterminés fur le choix du Foyer, du Centre même, & même du point en général.

Reftreignant même fa Démonftration géométrique & indéterminée, à un point, à un centre, à un foyer, exclufivement à tout autre, il nous a appris une fauffeté, une erreur. Et voilà comme eft tout le Syftême de Newton.

La Phyfique eft précife, déterminée, & ne va que par des faits réels & précis. On ne peut en rendre raifon que par des caufes, par des Principes déterminés, réels & précis.

Newton promet ces Caufes & ces Principes, & fe vante de les donner, ou enfin dit qu'il les donne & qu'il les a donnés. Il n'en donne pourtant que des Principes géométriques, c'eft-à-dire, vagues, indéterminé & de pure poffibilité. Quand un fait, un évenement, un Phénomene eft conftaté, nous n'avons pas befoin qu'on nous apprenne qu'il eft poffible en general. Newton ne fait jamais que cela.

Cela ne feroit pas mal abfolument, & la Géométrie eft toujours une belle & bonne chofe à fçavoir. Mais elle devient fauffe, comme ici, dès qu'on la borne, &

qu'on reftraint fa poffibilité vague à des cas particuliers qu'elle embraffe ; mais qui n'ont pas droit de la borner.

Newton, en un mot, n'étant que Géometre, ceffe même de l'être, dès qu'il ne veut en cela même n'être que Phyficien. Il y en a de qui on dit qu'ils feroient admirables, s'ils avoient fçu fe borner. Newton le feroit trop s'il avoit fçu ne pas fe borner. Car c'eft la Phyfique qui a mal-à-propos donné de fauffes bornes à fa Géométrie.

De foi, & dans fa naiffance le mouvement eft uniforme, comme il eft rectiligne, & il l'eft fous tous les afpects, & par rapport à tous les points, d'où on peut le contempler. C'eft-à-dire, qu'il tend toujours à l'être, & qu'il l'eft même toujours dans fes progrès infiniment petits.

Mais fes progrès font pourtant toujours variables, & leur variabilité fe manifefte dans le fini. Le prétendu mouvement uniforme de M. Newton, ne l'eft point du tout, par la tangente non plus que par la fecante.

Ainfi des grandeurs abfolument égales dans leur naiffance, peuvent avoir des femences d'inegalité, qui les rendent très-inégales dans leurs progrès infinis. De proche en proche la différence eft comme nulle. Mais à la longue elle peut devenir extrême.

En un mot, je ne crois pas qu'on ait generalement droit de conclure, comme le fait M. Newton, que ce qui eft égal dans l'infiniment petit, doive être égal dans le fini. L'infini change les chofes de nature.

La fomme de tous les nombres impairs à l'infini 1, 3,

5, 7, 9, 11. &c. eſt égale à celle de tous les pairs 2, 4, 6, 8, 10, &c. Cela ſe démontre, & je l'ai démontré autrefois.

Mais toute ſomme finie de nombres pairs, l'emporte toujours ſur une pareille ſomme de nombres impairs reſpe&tifs.

Cependant comme le vrai m'eſt en recommandation plus que toute autre choſe, & que je ſerois fâché de donner atteinte au calcul de l'infini, dont je connois l'infaillibilité ; je crois devoir faire ici une diſtin&tion, qui peut avoir ſon uſage dans la Géométrie de l'infini.

Je diſtingue entre l'égalité abſoluë & l'égalité relative, dont l'une eſt parfaite & exclud les différences de l'ordre même inférieur au ſien, & l'autre admet ces différences, & peut par-là dégénérer tôt ou tard en une vraïe inégalité.

L'obſervation de Kepler eſt du premier genre. Il a, comme on dit, pris la nature ſur le fait. Il ne l'a contemplée que du côté du fait. Il n'y a point là d'équivoque. Les Aires ſont uniformes, c'eſt un fait.

M. Newton en prenant le côté géométrique de la choſe, a bien pû rencontrer le cas dans lequel la Phyſique s'accorde avec la Géométrie ; parce que deux ſciences ne peuvent jamais ſe contredire en rien, & que le réel eſt toujours contenu dans le poſſible.

Il eſt poſſible que les Aires ſoient uniformes autour du foyer d'une Ellipſe, puiſqu'elles le ſont autour des deux foyers, autour du centre, & autour de tout autre point de l'Ellipſe. Voilà tout ce que M. Newton a démontré,

& fa Démonftration feroit exacte, fi elle n'étoit point fortie des bornes de la fcience qui l'avoit dictée, des bornes de la Géométrie, des bornes du poffible.

Elle en eft fortie, & en devenant excluſive pour tous les autres points, elle eft devenuë fauffe, fauffe en Géométrie comme en Phyſique.

En un mot, felon la Phyſique, felon Kepler, il n'y a qu'un centre autour duquel les aires foient uniformes. Selon M. Newton, il eft vrai, il n'y a qu'un non plus. Mais felon fa Démonftration, il y en a pluſieurs.

Sa Démonftration eft au refte, toute la raiſon phyſique qu'il donne de l'obfervation de Kepler.

Dans une vraye raiſon phyſique, il faut qu'on voye la nature, déterminée à la production de l'effet, que cétte raiſon explique.

Outre qu'on ne voit nulle production d'effet, nulle génération, nul méchanifme, nulle activité dans le raifonnement Newtonien, on n'y voit tout au plus qu'une nature abftraite & métaphyſique de courbe, indéterminée & vague qui fe prête à tout, mais ne décide de rien.

Tout le Syftême Newtonien du Monde, tout fon Syftême du Ciel, tout fon grand Syftême, eft abſolument de ce goût là.

Tout géométrique, tout vague, tout indéterminé, non-feulement il n'explique rien & n'a rien de Phyſique.

Mais il devient même abſolument faux, en ce que voulant tout expliquer, & fe donnant pour Phyſique, il reftreint la Géométrie à des limitations qu'elle ne connoît

noît pas , & réalife des poffibilités qui font effentiellement abftraites & métaphyfiques.

Newton croit tout fait en Phyfique , lorfqu'il a repréfenté la nature, les Phénomenes , les obfervations , par
des figures , & par des calculs. Car il ne fait que cela.

Jufqu'à lui cela ne s'appelloit qu'Aftronomie , Méchanique ou Géométrie, *Phyfico-mathématique* tout au
plus.

Il l'appelle Phyfique tout court; il l'oppofe, il le fubftituë à Defcartes & à tous les Phyficiens : & fes dociles
Difciples, portent l'oppofition & la fubftitution jufqu'à
l'infulte & , fi on les laiffe faire , jufqu'à l'anéantiffement
de la vraye Phyfique.

Ils veulent être , & ils veulent qu'on foit avec eux ,
Newtoniens, fans être Géometres , Méchaniciens ,
Aftronomes , Calculateurs en un mot. Car ils veulent
que Newton ait *calculé pour eux* & pour nous.

N'eft-ce pas renoncer au Newtonianifme en l'adoptant , l'effence du Newtonianifme étant de calculer , de
mefurer, de pefer, comme c'eft l'effence de l'aftronomie
pure , de la pure Méchanique & de la pure Géométrie ?

SEPTIÉME ET DERNIERE
ANALYSE
DU SYSTÊME DE NEWTON,
Comparé avec celui de DESCARTES.

DISCUSSION ABREGE'E
DE QUELQUES PRINCIPES DE PHYSIQUE
GENERALE DE NEWTON.

I.

'EST ici un morceau tout nouveau dans l'Ouvrage que je donne au Public. J'avois, je l'avoüe, comme dédaigné il y a vingt ans d'entrer en lice avec Newton, fur les Principes de Physique generale de cet Auteur.

Je ne croyois pas que le *vuide*, *l'attraction*, la *Pefanteur proportionnelle à la matiere*, *& indépendante des formes*, les *Emiffions* de la Lumiere, les *Réfrangibilités*, les *Colorabilités* duſſent arrêter un moment quelqu'un qui étoit né comme dans le ſein de la ſaine Phyſique.

Je ne prévoyois pas qu'un Syſtême ſi étrange, ſi proſ-crit, ſi peu ſiſtême, put trouver des Seĉtateurs dans un ſiecle qui ſuivoit celui d'un *Galilée*, d'un *Scheiner*, d'un *Deſcartes*, d'un *Grimaldi*, d'un *Malebranche*, d'un *Boy-le*, d'un *Torricelli*, & de bien d'autres reſtaurateurs du vrai goût des ſciences Phyſico-mathématiques.

D'ailleurs Newton ayant fait ſon capital, de ſes Prin-cipes mathématiques de la Philoſophie naturelle, & ces Principes étant démontrés toujours inſuffiſans & ſou-vent faux, je m'y étois borné d'abord.

Mais ayant depuis 20 ans reconnu à loiſir, que je m'étois fort mécompté dans ma créance & dans ma pré-voyance à ce double égard, & ayant été engagé par ma fonĉtion de journaliſte pendant tout ce tems-là, & dans d'autres Ouvrages, de diſcuter tous ces Principes pré-tendus phyſiques de Newton ou des Newtoniens, j'ai cru enfin, pour rendre mon Ouvrage complet, devoir y ajouter un réſultat de toutes mes diſcuſſions en ce genre.

Ma grande idée étoit autrefois, qu'en fait de ſciences on devoit aller, & qu'on alloit même toujours en avant par des Découvertes ajoutées aux Découvertes, par la perfeĉtion au moins, & l'extention de celles dont les grands hommes qui nous ont précedés, nous avoient mis en poſſeſſion.

Je ſçavois, d'après l'illuſtre M. de Fontenelle, que les Experiences des Peres ſont, dans la vie civile & ordi-naire, perduës pour les enfans.

Mais je ne fçavois pas, qu'à moins de quelques inon-
dations de *Vandales*, de *Huns*, de *Goths* & d'*Oftrogots*,
les Experiences, les obfervations, les bons Principes,
les raifonnemens concluans des Philofophes fuffent perdus pour les Philofophes. Il n'y a qu'à vivre, dit-on,
pour apprendre à penfer, j'ajoute même, aux dépens
de ceux qui le défapprennent.

Je voyois l'attraction gagner, & le vuide & les réfrangibilités, & je ne pouvois pas le croire, & je difois,
c'eft une mode, c'eft un caprice de goût, cela n'ira pas
loin; la France au moins s'en préfervera; quelque Cartéfien viendra au fecours.

Je ne connoiffois d'autre maniere, que de perfectionner
Defcartes, & d'aller plus loin; j'avois fait quelques efforts, quelques pas dans cette carriere. Je n'étois point
Cartéfien; mais je m'occupois à recueillir bien du bon,
que je trouvois dans ce grand Philofophe.

J'aurois voulu que fes Difciples de profeffion l'euffent
mis en valeur, & que convenant de bien des défectuofités de fon Syftême, ils l'euffent au moins débarraffé
de ce tas d'hypothefes particulieres, & de faux méchanifmes dont il s'eft accablé lui-même.

Voyant que le fecours ne venoit point de ce côté-là,
& qu'au lieu de retrancher, on oppofoit de nouvelles
hypothefes aux Newtoniens, comme pour verifier les
reproches qu'ils en faifoient, j'ai pris plus d'une fois moi-
même la défenfe de Defcartes, fans être, je le répete,
trop Cartéfien.

Et cela, jufqu'à me mettre entre les deux Syftêmes

regnans, celui du Vuide & celui des Tourbillons, c'eft-
à-dire, entre deux feux, & deux feux affez vifs. Depuis
6 à 7 ans, on peut le voir par les Journaux, je lutte en
faveur de Defcartes même, contre les Cartéfiens, autant
que contre les Newtoniens.

C'eft donc ici mon dernier effort, contre les attaques
de Newton cependant ou des Newtoniens, un peu plus
que pour la défenfe de Defcartes & des Cartéfiens.

Ce font proprement les Principes mathématiques de
la Philofophie de Newton que j'ai difcutés jufqu'ici,
comme je l'avois annoncé dans mon Difcours préliminaire.

Il s'agit déformais de fa Philofophie même, ou des
Principes Phyfiques qu'il fait réfulter de fes Principes
mathématiques.

Je me fuis beaucoup étendu fur ceux-ci, parce que
c'étoit mon unique objet, comme c'eft le grand objet
de Newton, & parce que c'eft le fonds de la chofe, &
que perfonne n'y a peut-être touché jufqu'ici.

Je m'étendrai beaucoup moins fur les Principes phyfiques pour les raifons contraires, & furtout parce que
le fonds manquant, tout ce qui porte deffus ne fçauroit
fe foutenir.

Tout ce que j'ai à dire fe réduit à l'analyfe abregée
du fecond Livre des Principes, Livre auquel je n'ai point
touché, à la referve du morceau des Tourbillons.

Car tout le grand Syftême de Newton eft renfermé
dans le premier & dans le troifiéme Livres; le fecond
n'ayant gueres pour But, que l'établiffement des grands

Vuides céleſtes, dont l'Epiphoneme eſt l'anéantiſſement des *Tourbillons corporels.*

Comme Newton ne va qu'indireᢕement à ſon But. & qu'il ne s'agit point ouvertement de Vuide dans ce Livre qui roule tout entier ſur la *Réſiſtance des milieux*, dans leſquels les Corps executent leurs divers mouvemens, je ne m'amuſerai pas non plus beaucoup à la queſtion du Vuide.

J'ai compoſé, il y a plus de 20 ans, un Ouvrage où je la traite tout-à-fait à fond , & que je pourrai donner inceſſament.

Je traiterai donc ici la choſe , par le côté indireᢕ que M. Newton preſente lui-même , de la Réſiſtance des milieux , queſtion qui embraſſe effeᢕivement tous ſes Principes Phyſiques.

Et comme la queſtion de la Lumiere & des couleurs eſt un des morceaux favoris du Syſtême Newtonien, & que cet Auteur n'a pas laiſſé d'en jetter les fondemens dans ſon ſecond livre des Principes mathématiques , & même dans la quatorziéme & derniere Seᢕion de ſon premier Livre , ſans parler de ſon Optique entiere en deux volumes , j'en ferai la ſeconde partie de l'analyſe que je vais commencer.

PREMIERE PARTIE

DE LA SEPTIE'ME ANALYSE.

ANALYSE du second Livre des Principes mathémati-
ques, concernant la RÉSISTANCE
DES MILIEUX.

II.

SOIXANTIÉME PROBLEME.

Quelle est l'idée générale du second Livre en question ?

LE s quatre premieres Sections de ce Livre sont
fort Physico - mathématiques, & pleines même
de morceaux admirables de la plus profonde Géométrie.

C'est-là qu'on trouve le fameux morceau du Principe
du *calcul differentiel & intégral*, ou comme dit plus sça-
vemment l'Auteur, *du calcul direct & réciproque des flu-*
xions.

Ce morceau étoit suivi dans la premiere Edition des
principes d'une Scholie dont M. Leibnits s'étoit avanta-
geusement servi pendant bien des années, pour se main-

tenir en poffeffion de l'invention dudit calcul, fans difputer cette même invention à M. Newton, qui confen-
toit à en partager la gloire avec lui.

Je viens d'être furpris, en parcourant la troifiéme
Edition des Principes, de retrouver à la place de cette
Scholie une Scholie toute différente, où, fans dire un
mot de M. Leibnits, M. Newton ne fait que s'affurer à
lui-même la gloire de cette brillante invention.

Si quelque chofe pouvoit ôter à M. Newton la portion de gloire, à laquelle je fuis très-perfuadé qu'il a un
droit inconteftable, ce feroit cette fubftitution, qui du
refte n'anéantira jamais la premiere Scholie, & ne prou-
vera autre chofe, fi ce n'eft que ce grand homme a été
un peu trop fenfible à une difpute, qu'il devoit laiffer
terminer par ceux qui l'avoient agitée affez mal-à-propos.

C'eft quelque part dans la feconde ou troifiéme Section de ce fecond Livre, que M. Newton prétend, que
felon les Obfervations & les Expériences, le *Courbe du
jet*, laquelle felon *Galilée* devroit être une *Parabole* dans
un état d'abftraction, eft communément une *Hyperbole*
ou quelque chofe d'*Hyperbolique*, dans l'état phyfique
& actuel des chofes.

J'ai fait voir ailleurs que cette Courbe, aboutiffant
néceffairement au Centre dans le fait phyfique, comme
dans le droit abftrait, elle pouvoit encore moins être
hyperbolique & *afymptotique* que *Parabolique* ou *Elliptique*, & qu'en un mot ce devoit être une forte de *fpirale
phyfique* & *géométrique*.

La

La cinquiéme Section du second Livre en question, se rapproche un peu plus de la Physique pure. Elle est intitulée, comme je l'ai dit ailleurs. *De Densitate & compressione fluidorum, deque hydrostaticâ.*

Cette Section a du bon, du très-bon, mais peu de nouveau; & j'ai remarqué déja, que ce n'étoit rien moins qu'une vraye & complete *Hydrostatique.*

La sixiéme Section qui traite *des Pendules*, commence à se rapprocher tout de bon de la Physique, propre de l'Auteur.

Il ne se contente pas en Géométre, très-profond sans difficulté, ni en Méchanicien non moins subtil, de traiter des *Oscillations* des Arcs décrits par le Pendule, des tems mis à les décrire.

Pour tout cela, il ne falloit que la consideration du simple Poids apparent dudit Pendule.

M. Newton y met adroitement la matiere en jeu, & confond sans façon le Poids sensible avec la quantité de matiere, soit sensible, soit insensible, renfermée sous le volume sensible du *Corps oscillant.*

Absolument on peut lui passer tout ce qu'il en dit, en le prenant mathématiquement; mais comme la suite fait voir qu'il le prend lui-même physiquement, on doit au moins se mettre un peu en garde contre ses Assertions dès la premiere Proposition de cette Section.

La Scholie generale, presqu'aussi longue que la Section qu'elle termine, commence à nous découvrir la maniere secrete de penser de l'Auteur.

Cette Scholie est toute Physique, & presque de fait

B b b

& d'expérience. Rien n'eft plus curieux & plus digne d'être admis dans la faine Phyfique, aux conclufions & aux dernieres inductions près, que je me referve de difcuter dans un moment.

M. Newton y rend compte de fes Obfervations & de fes Calculs, car c'eft toujours du calcul & du fort, fur les Ofcillations des Corps divers dans les divers milieux, c'eft-à-dire, dans l'Air, dans l'Eau, dans l'Efprit de vin, dans le Mercure même, & même dans des metaux fondus, & jufques dans du fable.

Vers la fin de la Scholie, il y a deux chofes qui méritent de l'attention, un peu plus, peut-être, qu'on n'y en a donné jufqu'ici.

La premiere, que l'Auteur gliffe en peu de mots, comme fans faire femblant de rien, que la tenacité des fluides les rend un peu plus réfiftans aux Corps qui s'y meuvent, mais fi peu que rien.

L'huile froide, par exemple, dit froidement l'Auteur (grace pour le petit jeu de mots) refifte plus felon lui, & fe laiffe un peu moins facilement divifer que l'huile chaude, & l'eau plus difficilement que l'efprit de vin. Que ne doit-on pas attendre de l'exactitude de quelqu'un qui fe rend fi fcrupuleufement attentif aux plus légeres différences?

Par malheur tout de fuite, après avoir rejetté le feftu, l'Auteur, comme il arrive à tous les hommes en general, me paroît avaler le Chameau, lorfqu'il dit en ces termes.

» Mais dans les liqueurs qui font fenfiblement affez

» fluides, comme dans l'Air, dans l'Eau douce ou falée,
» dans les Efprits de vin, de Térebenthine ou des fels,
» dans l'huile diftillée & échaufée, dans le Vitriol, dans
» le Mercure, & dans les Métaux fondus..... Je ne
» doute en aucune forte, que la Regle que j'ai établie,
» n'ait lieu affez exactement.

Quoi! l'Air & le Mercure, l'Eau & les Métaux fondus font également des Corps affez fluides, au-delà defquels M. Newton n'imagine rien de plus fluide? Il le
dit affez formellement quelqu'autre part.

Il ajoute. » Enfin quelques-uns penfant qu'il y a une
» Matiere Etherée très-fubtile, qui pénetre les Pores de
» tous les Corps, & s'y promene avec une parfaite li-
» berté, comme un tel milieu paffant par les Pores,
» doit apporter de la réfiftance aux Corps; j'ai imaginé
» l'Expérience qui fuit, pour effayer fi la Réfiftance eft
» toute extérieure, ou fi elle fe fait fentir dans les par-
» ties intérieures.

III.

Soixante-uniéme Probleme.

*Continuation de l'analyse précedente. Analyse
de la septiéme Section du second Livre.*

CETTE Section est intitulée, *du mouvement des fluides & de la Résistance des Projectiles* ou Corps jettés.
C'est la Section à laquelle en veulent le plus les Cartésiens, quoique j'avouë que ce ne soit pas celle où je trouve le plus à redire ; & que ce soit celle au contraire, dont la Théorie me paroît la plus conforme à l'Expérience. Car il faut dans tout ceci se piquer de la plus impartiale équité.

Ce qui paroît le plus révolter Messieurs les Cartésiens dans cette Section, est que M. Newton y prétend qu'un Corps sphérique, mu dans un milieu d'une densité égale à la sienne, y perd presque tout son mouvement, dès qu'il a à peine parcouru trois fois la longueur de son Diametre.

Outre les Expériences en assez grand nombre, par où l'Auteur justifie assez bien sa Théorie dans la longue Scholie qui termine cette Section, je sens la verité generale de cette assertion, dans le coup d'œil d'une infinité de Phénomenes, que les divers mouvemens des Corps qui nous environnent, nous remettent à tous momens sous les yeux.

L'aſſertion generale eſt que les Corps , plus ils ſont
denſes & ſe meuvent dans un milieu moins denſe ,
moins vîte , ils perdent leur mouvement en raiſon compoſée, de la raiſon direɛte de leur denſité, & de la raiſon renverſée de la denſité du milieu. Rien n'eſt plus
conforme aux Expériences de tous les jours & de tout
l'univers.

Dans l'air les corps les plus denſes , les plus peſans ſe
meuvent le plus long - tems & vont le plus loin. Les
Corps bien legers, comme une plume, un duvet ne vont
pas dès qu'on les abandonne , avec quelque force qu'on
veuille les lancer. Souvent la réſiſtance de l'air les fait
reculer au lieu d'avancer.

Dans l'eau il faut des Corps bien maſſifs & bien com-
paɛtes pour aller à quatre pas, avec l'impulſion la plus
forte.

Ce n'eſt donc que la ſouſentente de Newton, d'une
denſité proportionnelle au Volume, qui peut révolter.
Mais il ne la ſouſentend pas tout-à-fait. A la derniere
page de la Scholie en queſtion, ſon ſecret lui échappe ;
comme il lui avoit déja échappé dans la Scholie pareille
de la Seɛtion précedente , dont j'ai parlé au Problême
précedent.

» Et quoique , *dit-il*, l'air , l'eau , l'argent vif, & les
» fluides ſemblables fuſſent, par la diviſion de leurs par-
» ties à l'infini , rendus ſubtils , & infiniment fluides ;
» malgré cela ils n'en réſiſteroient pas moins à des Glo-
» bes qu'on jetteroit au milieu d'eux.

La raiſon qu'il en rend eſt , que » la réſiſtance dont il

» s'agit, *dit-il*, dans les Propofitions précedentes, vient
» de l'inertie de la matiere, & que cette inertie de la
» matiere eft effentielle aux Corps, & toujours propor-
» tionnelle à la quantité de matiere.

» Par la Divifion des parties, *ajoute-t-il*, la réfiftance
» qui vient de la tenacité & du frottement des partiés,
» peut à la verité être diminuée : mais la quantité de
» matiere n'eft point diminuée par la Divifion de fes
» parties. Et la quantité de matiere reftant la même,
» fa force d'inertie à laquelle la réfiftance dont il s'agit
» ici eft toujours proportionnelle, demeure la même.

Il pourfuit ainfi : je traduis, je crois, litteralement.
» Afin que cette réfiftance foit diminuée, il faut dimi-
» nuer la quantité de matiere dans les Efpaces au travers
» defquels les Corps font mus. C'eft pourquoi les Ef-
» paces céleftes, dans lefquels les Globes des Planetes
» & des Cometes fe meuvent perpétuellement de tous
» côtés très-librement, & fans aucune diminution fenfi-
» ble de leur mouvement, font deftitués de tout fluide
» corporel, fi vous en exceptés peut-être les vapeurs les
» plus fubtiles, & les rayons de lumiere qui ne font que
» paffer.

Après des expreffions fi précifes que M. Newton croit
démontrées par les Propofitions de la Section, des deux
Sections mêmes qui précedent, ce grand Géometre auroit pû fe difpenfer de revenir fur nouveaux frais dans la
derniere Section de ce fecond Livre contre les Tourbillons corporels.

Peut-être ne fe fioit-il pas tout-à-fait à l'évidence de

ces Propofitions ; & d'ailleurs le tour directement géométrique de cette derniere Section , que j'ai déja affez
difcutée , méritoit bien de n'être pas fupprimé, d'autant
plus que , comme on dit , abondance de bien ne nuit
jamais.

La Section où Newton prétend démontrer directement l'impoffibilité des Tourbillons, eft la neuviéme du
Livre. Entre la feptiéme que je viens d'expofer & cette
neuviéme , il y en a une huitiéme qui eft dirigée contre
le Syftême Cartéfien de la lumiere par l'impulfion des
Globules partout répandus.

Cette huitiéme Section traite du fon , & en traite fort
bien ; mais ne traite que de cela, Newton n'ayant jamais
conçu la différence effentielle qui eft entre deux Méchanifmes , du refte auffi analogues que le font celui du fon
& celui de la Lumiere. Je traiterai de cette huitiéme
Section dans la feconde partie de la prefente analyfe. Je
viens auparavant à la difcuffion de la Théorie de la réfiftance & de la denfité des milieux , que je viens d'expofer dans les deux Problêmes précedens.

I V.

SOIXANTE-DEUXIÉME PROBLEME.

D'où peut venir en general la Réfiſtance d'un Milieu?

MOnſieur Newton toujours Géometre , & plus Géometre que Phyſicien , a bientôt pris ſon parti ſur les queſtions de Phyſique.

La Géométrie , ſimple & débarraſſée dans ſes objets , ne ſçauroit en embraſſer pluſieurs à la fois. Sa Préciſion infinie ne ſouffre rien de vague & d'indécis.

La Phyſique n'a pas le même avantage. Son objet eſt communément plus vaſte ; mais auſſi plus compliqué & plus confus. Que faire, ſi c'eſt ſa nature & comme ſon Eſſence ? Ou il ne faut pas s'en mêler , ou il faut ſe ré-ſoudre à la traiter ſur ce pied-là.

Non qu'elle ne viſe à démêler cette confuſion, à l'aide de l'analyſe philoſophique , bien ſupérieure à l'analyſe géométrique , qui ſe borne tout d'un coup à la premiere circonſtance , & aux cas qui ſe préſentent avec le plus de ſimplicité.

Un Corps mu dans un fluide a bien des choſes à faire, bien des obſtacles , & par conſequent bien des réſiſtan-ces à ſurmonter.

Premiere operation : il faut comprimer le fluide , & c'eſt toujours par-là que commence l'action d'un corps pouſſé, pouffé , jetté ou mu, de quelque maniere que ce foit. Il pouffe devant lui & comprime par conféquent tout ce qui lui réfifte. Or tout Corps réfifte à fa compreffion.

M. Newton n'a pas, ce me femble, beaucoup fait d'attention à cette compreffion. Il eft pourtant certain que le premier effort d'un Corps fur tout ce qu'il rencontre , va à le comprimer, tout Corps fe faifant comme tirer l'oreille pour quitter fa place , & la compreffion des parties étant toujours plus facile que le déplacement ou la divifion du tout.

Seconde operation : il faut divifer le milieu, n'y ayant pas d'autre moyen de le déplacer. Et cette divifion dont M. Newton n'a pas fait grand cas, & qu'il a fi formellement traitée de bagatelle , lors même que le milieu joint au rapprochement de fes parties l'adherence , la vifcofité même , & même la tenacité, eft pourtant ce qui me paroît ici le vrai nœud de la difficulté.

Car , enfin le capital d'un Corps qui fe meut dans un milieu, eft de le divifer. Peu importe qu'il foit denfe , qu'il foit *iners* ou pareffeux , qu'il foit pefant, pourvu qu'il foit divifé.

La fluidité ne peut gueres confifter que dans la divifion actuelle ou dans la divifibilité, c'eft-à-dire, dans la facilité, dans l'aptitude à être divifée.

Que le milieu foit denfe , pefant ou rare & leger , pourvu qu'il foit bien divifé ou bien difpofé à l'être , moins il femble qu'on doit y trouver de réfiftance.

Le But eft de divifer. Or il femble que plus il y a déja de divifion ou de divifibilité, plus il doit être facile

C c c

de divifer. Plus on a autour de foi de portes ouvertes ou prêtes à s'ouvrir, plus il eft facile de paffer, de s'é-chapper, de continuer fa route.

Dix portes, fermées même, dans une Prifon, don-neroient dix degrés d'efperance de plus à un Prifonnier, que s'il n'avoit qu'une porte, avec des murailles conti-nuës tout autour de lui. Et il y auroit à parier dix contre un, qu'il s'échapperoit de là un Prifonnier plutôt que d'une Prifon à un feul guichet, & à la longue il s'échap-peroit dix fois plus de prifonniers de celle-là que de cel-le-ci. Toutes les verités fe reffemblent.

Troifiéme operation; j'analyfe tout & ne prends pas le premier venu. Pour divifer, il faut mouvoir & com-muniquer du mouvement. Le milieu eft en repos, la matiere eft *iners*, pareffeufe, réfiftante au mouvement, réfiftante au moins par le mouvement qu'il faut lui com-muniquer.

M. Newton fait fort valoir cette inertie; d'après Kepler fon maître, fon Oracle en Phyfique. Mais les Cartéfiens eux-mêmes reconnoiffent, 1°. Avec Def-cartes une force pofitive d'inertie ou de repos, 2°. Une forte de réfiftance au moins, par le mouvement à com-muniquer : n'expliquant l'Equilibre des Machines, que par l'égalité des mouvemens à communiquer : ce qui ne dit rien de bien clair, ni de bien parlant au moins à l'imagination.

Enfin, il eft de fait que pour fe mouvoir dans un mi-lieu, il faut le comprimer, il faut le mouvoir, il faut le divifer, trois circonftances, trois operations qui aug-

mentent la réfiſtance dudit milieu, ou la compliquent &
la rendent fort difficile à analyſer, & ſurtout à déterminer.

Quatriéme operation, la ſeule que M. Newton a tout
d'un coup ſaiſie, & qu'il a par conſéquent réduite aux
loix de la Géométrie & du calcul ; comme on peut le
faire de toute circonſtance, de tout objet, Phyſique même, pris avec préciſion, c'eſt-à-dire, avec abſtraction :
ç'eſt le *Poids* & la *Denſité* du milieu.

Car il faut ſoulever ce milieu pour le diviſer, l'écarter, le mouvoir & le comprimer même. Plus un Corps
eſt peſant, plus il réſiſte à toutes les ſortes de modifications qu'on peut vouloir lui donner. La Peſanteur eſt
la grande, &, je crois, l'unique force de la nature, ſoit
pour agir, ſoit pour réſiſter.

En dernier reſſort, toutes les forces ſenſibles s'y ré-
duiſent. Mais il y a des forces inſenſibles, & puis il y
a des conditions ſans leſquelles ou avec leſquelles la Peſanteur eſt plus ou moins miſe en jeu, & déterminée à
agir ou à ne pas agir.

Un milieu a beau être leger & peu denſe, ſi ſes parties ſont extrêmement tenaces, entravées, ou même
fortement unies enſemble ; il peut totalement réſiſter au
mouvement & l'éteindre du premier pas.

La glace eſt plus legere que l'eau ; une barque fend
l'eau, & s'arrête aux premieres glaces qu'elle rencontre.
Tel Corps ſe remuera dans l'argent vif, qui ne pourra
branler dans du ſavon qui eſt bien moins peſant.

M. Newton a réduit toutes les Réſiſtances des mi-

lieux divers à la Denſité & aux Poids relatifs de ces milieux & des Corps qui y ſont mus. Sur une telle ſuppoſition il a été Géometre tant qu'il a voulu, & fait des
calculs admirables, je veux le croire. Mais il n'a pas
prouvé que ce fut là tout ce qu'il y avoit à calculer pour
un Géometre, & beaucoup moins, tout ce qu'il y avoit
à eſtimer, à évaluer pour un Phyſicien.

V.

SOIXANTE-TROISIÉME PROBLEME.

*Si la SPHERE DU REFLUX, & la quantité du
mouvement influent dans les Réſiſtances ?*

CE ſeroit mal parler, que de dire que M. Newton
a traité ſuperficiellement la Phyſique ; mais je
crois qu'on peut dire qu'il a traité profondement la ſurface de la Phyſique, & qu'il a été profond Géometre &
Phyſicien ſuperficiel.

Quand un Corps ſe meut dans l'Eau, nous voyons
l'Eau refluer autour du Corps, & ne le viſſions-nous pas,
nous comprendrions aſſez que le Corps déplaçant l'eau,
& l'eau remplaçant le Corps, il ſe fait comme une circulation, de l'avant à l'arriere de ce Corps, par les côtés.

Je ne dirai pas non plus, que M. Newton ait totalement ignoré une choſe qui ſe voit à l'œil. Mais prévenu en faveur du vuide, il s'eſt peu mis en peine d'un

Phénomene peu lié à son Principe, & ne s'est nullement rendu attentif à ses circonstances.

Les Cartésiens même contens de déduire le Phéno-mene general, de leur Systême du Plein, me paroissent l'avoir du reste peu analysé, peu approfondi.

Cette sphere de Reflux est telle cependant, que je la crois la Mesure juste des Résistances qu'un Corps mu éprouve dans un fluide, & que je l'appellerois volontiers *la Sphere de résistance* du milieu en question.

Elle dépend de la nature du fluide; mais, ce qu'on n'a peut-être point encore observé, elle dépend aussi de la quantité du mouvement. On voit qu'il y a bien des choses à quoi M. Newton n'a pas étendu son analyse, sans doute parce qu'elle étoit plus géométrique que phi-losophique, & plus fondée sur des Experiences artificiel-les, que sur des observations naturelles.

En general dans les divers milieux, les spheres de reflux paroissent devoir être diverses. Et surement ce n'est pas la diverse Pesanteur de ces milieux qui paroît en décider.   •

Et d'abord la diverse fluidité fait les plus grandes dif-férences. Comme un Corps solide, la Glace, par exem-ple, ne peut être mu que tout d'une piece, plus un mi-lieu est composé de Corps solides ou de corpuscules grossiers & difficilement divisibles, plus il doit refluer par grandes masses. On n'a qu'à voir une barque fendre une eau couverte de glaçons.

Une certaine roideur d'un milieu, & surtout une cer-taine incompressibilité doit aussi porter loin du Corps

mu l'impreſſion de ſon mouvement , & aggrandir ſa
ſphere de mouvement & de réſiſtance. Dans le ſable
pour ſe mouvoir , il faut pouſſer autour de ſoi des mon-
ceaux de ſable.

La viſcoſité , la tenacité des parties , fait auſſi qu'on
ne peut en entraîner quelques parties ſans en entraîner
beaucoup. Or à meſure que pour ſe mouvoir il faut
mouvoir plus de corps , il eſt clair qu'on doit éprouver
plus de réſiſtance.

Les extrêmités ſe touchent. Trop de molleſſe & de
compreſſibilité peut auſſi occaſionner une plus grande
ſphere de mouvement & de réſiſtance. Un milieu trop
compreſſible s'accumule ſur la route d'un mobile , & re-
fluë avec abondance ſur les côtés , ſans trop même rendre par derriere au Corps une partie du mouvement qu'il
en a reçu.

Mais ce n'eſt pas tout , & voici quelque choſe de plus
ſingulier en ce genre. Le plus ou moins de force & de
vîteſſe du mobile occaſionne une diverſité de Spheres de
reflux autour de lui , je dis dans le même milieu.

M. Newton n'a gueres fait ſes Experiences & ſes obſervations , que ſur des mobiles moderement agités. C'eſt
le cas des plus grandes ſpheres , & peut-être des plus
grandes réſiſtances.

Mais pour peu qu'il ait comparé des mouvemens inégaux , il a dû beaucoup ſe tromper dans les inductions ,
& dans les prétenduës Loix generales qu'il a cru en tirer ,
& l'inégale force , denſité ou Peſanteur des mobiles divers , a dû lui faire bien des illuſions ; manque d'être re-

monté au Syftême general, & au Principe primitif de
la chofe. Les extrêmités fe touchent encore ici.

Un Corps mu avec une extrême vîteffe ou avec une
extrême lenteur, n'a prefque point de fphere de reflux,
ni peut-être de réfiftance dans un milieu ordinaire, dans
l'air, dans l'eau, &c.

Une bale de fufil perce une giroüete fans l'ébranler ;
& tombant dans l'eau un peu à plomb, elle n'y produit
aucun de ces ronds, que l'eau foulevée fait voir autour
d'une pierre, qui y tombe avec un mouvement moderé.

Un Corps très-rapidement mu dans un fluide quelconque y fait en quelque forte fon trou, fon canal, fans
l'agiter tout autour.

La rapidité du mouvement fait l'effet d'une plus grande fluidité, parce que effectivement la force avec laquelle on divife un Corps fupplée à une plus grande divifibilité. Et un Corps moins divifible eft auffi facilement divifé par un plus grand mouvement, qu'un Corps
plus divifible par un mouvement moindre.

De forte qu'un mouvement rapide a une inégale fphere
de reflux & de réfiftance au commencement, qu'au milieu de fa courfe, lorfque fon mouvement devient plus
moderé.

Sur la fin lorfque le mouvement fe rallentit tout-à-
fait, la fphere devient plus petite encore, & ce feroit
un Problême digne pour cette fois de M. Newton, de
déterminer le *maximum*, le *minimum*, le *medium*, comme on dit en géométrie, de tout cela, avec la loi de leurs
progrès mefurés.

On voit fenfiblement diminuer dans l'eau la Sphere du reflux, lorfque le mouvement d'un Corps vient à s'y rallentir.

Un Corps mu fort lentement dans un milieu, donne le tems au fluide environnant de fe divifer, de fe détacher, de refluer comme tout feul. Dans un tas de branchages entrelacés, de broffailles, de foin, en allant lentement on s'en débarraffe avec facilité; qu'on aille un peu plus vîte, on entraîne tout à dix pas à la ronde: qu'on allât très-vîte, on briferoit tout ce qu'on auroit devant foi, fans prefque rien agiter fur les côtés.

Quand le Soleil fe leve, & que fes premiers rayons percent l'air avec quelque forte de foibleffe & de modération, on fent un vent frais, qui ceffe dès que fes rayons percent avec plus de force & de facilité.

Je ne dis pas qu'on ne puiffe pouffer ici l'analyfe phyfique encore plus loin. Il fuffit de voir que M. Newton l'a à peine ébauchée avec fa Géométrie.

VI.

SOIXANTE-QUATRIE'ME PROBLEME.

Si dans leur derniere Analyfe, les Réfiftances des Milieux
fe réduifent au Poids ou à la fluidité.

L'ANALYSE n'eft qu'un moyen dans les fciences :
la Synthefe eft le but. Cent Phénomenes fe rapportent communément à dix caufes immediates ; & dix
caufes immediates remontent non moins ordinairement
à un Principe éloigné, tout-à-fait primitif.

Pour m'expliquer dans la matiere des couleurs, j'en
ai pouffé le nombre de 7 à 12 & à 144 par analyfe ; mais
par fynthefe, je les ai ramenées dans mon optique, de
144 à 12, à 7, à 3 & à une.

Je viens de découvrir bien des caufes de réfiftance
dans les milieux, & de la part même des Corps qui y
font mus avec plus ou moins de force, & avec plus ou
moins de vîteffe ; fans parler, en paffant, du volume &
de la furface dont j'ai omis de parler pour n'être pas trop
long ; me hâtant déformais de finir cet Ouvrage de difcuffion, qui n'eft pas abfolument trop de mon goût.

En ramaffant tout ce que j'ai dit dans les deux Problêmes précédens, toutes les caufes de réfiftance d'un
Milieu à l'égard d'un Corps qui s'y meut, fe réduifent
d'abord à cinq.

D d d

1°. A la compreſſion, 2°. à la diviſion, 3°. au mouvement à communiquer, 4°. au Poids à ſoulever, 5°. enfin à la ſphere de reflux.

Mais ces cinq cauſes particulieres, je conviens qu'on peut abſolument les réduire à deux ; à la diviſion & au Poids.

Car la réſiſtance qui vient du Mouvement qu'il faut communiquer à un Corps; &, comme dit M. Newton d'après Kepler, ſon *inertie* ne vient que du poids qu'il faut remuer, lequel Poids eſt communément proportionnel à la denſité du mobile.

Pour ce qui eſt de la compreſſion, il eſt clair qu'elle n'eſt occaſionnée que par la tenacité, par la non fluidité du milieu.

La Sphere du Reflux en general dépend de la même cauſe, de la non fluidité ; cette ſphere étant d'autant plus grande, que les parties ſont moins entravées, & moins adherentes.

Cela n'eſt pourtant vrai que *cæteris paribus* comme diſent les Philoſophes, & par rapport à des mouvemens d'égale force & d'égale vîteſſe.

Car à fluidités égales, la ſphere de reflux eſt d'autant plus grande que le mouvement du *Projectile*, ou du Corps jetté eſt plus moderé, ſans être ni trop foible ni trop vif. Ce qui ſemble faire une troiſiéme cauſe de réſiſtance, diſtincte des deux autres.

Mais j'ai remarqué que cette cauſe même ſe réduit à la Diviſibilité ; un milieu quelconque étant plus diviſible pour un mouvement plus rapide & plus fort. Mais

ce n'eſt pas-là préciſément de quoi il s'agit, entre M. Newton, qui attribuë toute la réſiſtance au Poids du milieu,
& nous qui l'attribuons déſormais toute à la fluidité.

Je répete ma raiſon generale, que le but & l'operation d'un mobile dans un Milieu, eſt de le diviſer, de le
percer, de l'écarter de ſa route, & non de le ſoulever,
ni même abſolument de le mouvoir.

Je ne diſconviens pas que pour le diviſer, & ſe mouvoir ſoi-même, il ne doive le ſoulever & le mouvoir;
& que ce mouvement & ce ſoulevement n'oppoſent une
grande réſiſtance, que je veux croire que M. Newton a
calculée au plus juſte, en Géometre ou en Méchanicien.

J'irai même plus loin, & je conviendrai ſans peine
que c'eſt ici tout ce qu'il y a à calculer pour un Géometre & pour un Méchanicien; ne croyant pas la diviſion
intrinſeque du fluide, le nombre & la groſſeur de ſes parties, de ſes atômes ſujets à des calculs, ſi ce n'eſt à des
évaluations d'une fineſſe à laquelle la Géométrie, &
beaucoup moins la Méchanique ne ſçauroit atteindre.

Enfin, je pouſſerai la bonne foi juſqu'à convenir, que
la réſiſtance formelle, ſubſtantielle, & effective ſe réduit
au Poids, le manque de fluidité ne réſiſtant poſitivement
que par la maſſe peſante dont il occaſionne primitivement le mouvement & le reflux.

Car la fluidité eſt une cauſe primitive, occaſionnelle
& par là même efficiente, quoique négative & non effective en apparence.

Ceci n'eſt pas auſſi facile à manier ni à démêler, qu'on
le diroit bien. Auſſi M. Newton a-t-il comme gliſſé ſur

D dd 2

la queſtion, lorſqu'il a tout d'un coup pris ſon parti en Géometre plus qu'en Phyſicien, en faveur du Poids & de la denſité du milieu. L'analyſe phyſique, je le répete, eſt d'un degré de difficulté, ſupérieur à la Géométrique. Je tâche d'être clair.

Le Poids d'un fluide ne fait rien à ſa fluidité. La glace moins peſante que l'eau, eſt auſſi moins fluide. Le vif argent plus peſant que la terebenthine eſt plus fluide auſſi.

En un ſens, la fluidité ne fait non plus rien au Poids. Elle ne fait rien au Poids abſolu d'un fluide. Mais, & voici où je dois tâcher de me faire entendre, elle fait tout à ſon Poids relatif.

J'appelle poids relatif, celui qu'un mobile éprouve dans un milieu. Car il n'éprouve de poids, que celui des parties qu'il met en mouvement, devant lui & tout autour.

Un milieu a beau être denſe & peſant : il ne réſiſte qu'à raiſon de la quantité de parties, qu'un mobile eſt obligé d'y déplacer, d'y ſoulever, d'y mouvoir. Il n'y a que ces parties là, dont le poids l'embarraſſe, le retarde, l'arrête.

Or, cette quantité de parties actuellement & effectivement réſiſtantes à ce mobile, dépend évidemment de la plus ou moins grande tenacité, entrelacement, adhérence, fluidité, diviſibilité, ſéparabilité en un mot, & ſéparation même actuelle & intrinſeque de ce milieu. *c. q. f. d.*

VII.

SOIXANTE-CINQUIÉME PROBLEME.

Si un Milieu infiniment fluide, est Résistant ?

VOILA la grande question, à laquelle tout se réduit. Elle est en quelque sorte le dernier nœud du Système de Newton.

Car tout ce Système est fondé sur l'attraction ; l'attraction sur le vuide, & le vuide sur la résistance, selon Newton, infinie d'un milieu plein de matiere, plein de lui-même.

Ce grand homme n'a jamais hesité sur l'article. Il y a du vuide, dit-il dans le fameux Corollaire troisiéme, que j'ai discuté ailleurs. Car, ajoute-t-il, si tous les espaces étoient également pleins de matiere, l'air seroit aussi pesant que l'or, & aucun Corps ne pourroit descendre dans un fluide, cette descente ne se faisant jamais qu'à raison d'une moindre Pesanteur spécifique du fluide.

Et dans la Scholie que j'ai citée il y a peu de tems, du second Livre, il recherche si les Corps éprouvent de la résistance dans leurs parties intérieures, ne doutant pas que s'il y a un milieu, quoique très-fluide, qui pénetre les Corps, il ne doive leur résister par cela seul qu'il est matiere, quoiqu'il n'ait point de Corps, qu'il ne fasse point de Corps.

Cela fe rapporte à ce que j'ai cité d'un autre endroit, où il dit que les poids & les réfiftances des Corps, ne dépendent ni de leurs formes ni de leurs *textures*; & que fi on rendoit l'argent vif plus fluide qu'il n'eft, fut-ce à l'infini, il n'en deviendroit pas moins réfiftant, tandis qu'il conferveroit fon même poids, c'eft-à-dire, felon lui, fa même denfité, c'eft-à-dire, encore fa même quantité de matiere.

Quand on a été un peu élevé dans les Principes, je ne dis pas de Defcartes, mais de la faine Phyfique, raifonnée & intelligible, on eft tout étonné de cette maniere de penfer de M. Newton.

Pour moi, j'avoüe que je ne m'y accoutume point, & que fi je n'étois bien fûr d'avoir lû cent & cent fois tous fes Principes, jufqu'à les décrire tout au long de ma main, je me défierois toujours du fouvenir plein de furprife qui m'en refte toujours dans l'efprit, comme pour contrafter, malgré moi, avec la haute idée que j'ai de la profondeur géométrique du grand Newton.

Je ne fuis pas furpris de ne voir hefiter fur l'article, aucun de fes Difciples. Ils n'ont appris la chofe que chez lui. Mais un homme comme lui, femble devoir avoir tout lû & tout appris. Or cette maniere naïve & ferme d'en parler, me paroît de fa part annoncer, qu'il faut qu'il n'ait jamais lû Defcartes, ni Rohaut, ni aucun Cartéfien.

Surement il auroit mêlé quelque vrai doute à fes affertions, Il auroit combattu Defcartes, il fe feroit combattu lui-même. S'il l'a fait quelquefois, ç'a été d'une

maniere fi foible , fi pleine en quelque forte de complai-
fance pour l'idée d'autrui plutôt que pour la fienne, qu'on
voit bien qu'il n'a jamais douté lui-même , mais qu'il a
fçu feulement par oüi-dire , qu'il y avoit des gens qui
doutoient.

Enfin , il s'agit de fçavoir , fi la Réfiftance eft abfolument proportionnée à l'indivifibilité , ou à *l'indivifion* en
quelque forte d'un Milieu ; fi elle diminuë par la divifion
ultérieure d'un milieu ; & fi un milieu infiniment divifé ,
un fluide parfait , eft totalement non réfiftant.

Il y a long-tems que j'ai pris mon parti là-deffus , en
faveur de la non réfiftance d'un fluide infiniment fluide.
On peut le voir par mon Ouvrage de Mathématique ,
imprimé en 1728 ; par mon Traité de Phyfique en 1724 ,
& par mille morceaux , Differtations , & Extraits de
Journaux , où je l'ai mille fois fuppofé , & fort fouvent
démontré de mon mieux.

Je me contenterai ici d'abord , de répeter qu'un milieu
ne réfifte qu'autant qu'il réfifte à fa divifion ; que le but
d'un mobile qui le traverfe , & tout fon effort, toute fon
action ne va qu'à divifer.

Je demande enfuite par où un fluide parfait pourroit
réfifter ? 1°. Par la compreffion ? Un fluide parfait fe
dérobe à toute compreffion. Pour être-comprimé il faut
tenir ferme , il faut avoir des pores , il faut avoir du
corps &c : un tel fluide n'a rien de tel.

2°. Par la Divifion à faire ? Elle y eft toute faite.
Tous les frais au moins en font faits. De quelque fens
qu'on le prenne , il fe laiffe ouvrir , il eft tout ouvert.

Une porte qui s'ouvre dès qu'on se préfente, dès qu'on la touche, n'eft que pour la forme, & eft comme toute ouverte.

3°. Par le mouvement à communiquer ? Un fluide parfait eft infiniment mobile, & infiniment mu. Il eft comme tout pénetré, tout imbibé de mouvement. On ne peut que le déterminer. Il obéit par le mouvement qu'il a en lui-même, fupérieur à celui qu'on pourroit lui communiquer.

4°. Et puis la force du mouvement dépendant de la Maffe, un fluide parfait n'a point de maffe, point de Corps.

5°. Seroit-ce par fon inertie ? Il n'y a pas ombre d'inertie dans un fluide parfait. C'eft la mobilité, l'agilité même. C'eft le mouvement par effence, & comme en perfonne & en fubftance.

6°. Un Corps groffier qui fe meut, c'eft-à-dire, qui eft tranfporté d'un lieu en un autre, n'a qu'un mouvement apparent, extérieur & fuperficiel. Tout le dedans, toute la profondeur, toutes les parties, toute la fubftance propre & intime de ce Corps, jouit du plus parfait repos.

7°. Il n'y a donc que la Pefanteur qui peut rendre un fluide parfait, réfiftant ? Mais un fluide parfait a-t-il de la Pefanteur ? Et d'où l'auroit-il, à moins que de fuppofer, comme le fait bien furement M. Newton, que par cela feul qu'il eft matiere, il eft pefant.

8°. La Pefanteur, n'eft qu'une impulfion ou répulfion des Corps groffiers, par des Corps plus fubtils vers le Centre,

Centre. M. Newton même n'a jamais ofé dire le contraire. Or un fluide parfait n'a rien de groffier ni de fou-
mis à l'impulfion ou à la répulfion d'autrui , & eft parfaitement indifferent à s'échapper de tous côtés , fans
pouvoir être affervi à aucun centre ou point fixe déterminé.

9°. Et la Sphere de reflux n'opere-t'elle aucune Réfiftance, dans un fluide parfait ? Dans un fluide parfait la
Sphere de reflux eft parfaite , & par conféquent comme
nulle. De quelque maniere & avec quelque degré de
vîteffe, foible , fort ou moderé , qu'un Corps s'y remuë,
cette Sphere n'eft qu'une furface fans profondeur & fans
action.

10°. Comme elle eft même inftantanée , & que la
même matiere qu'un mobile déplace , le remplace jufte
dans le même inftant, celle de derriere le poufferoit autant en avant , que celle de devant pourroit le repouffer
en arriere ; & l'Equilibre eft toujours parfait dans un
fluide parfait. *c. q. f. d.*

VIII.

SOIXANTE-SIXIÉME PROBLEME.

Si le Monde est un fluide parfait, ou un mélange égal
de fluide & de solide parfaits ?

LA Géométrie est une science toute militaire,
comme on l'a fort bien reconnu, sur tout depuis
le célebre *Maréchal de Vauban.*

Malgré la foiblesse des Principes physiques de M.
Newton, ses Machines géométriques, vrayes machines de guerre, vrais beliers, vrayes catapultes, vrais
mortiers, vrais canons, vrayes sappes, vrayes mines,
vrayes batteries dressées & dirigées avec un art infini,
ont porté de si terribles coups au Cartésianisme, que les
Cartésiens en ont été d'abord fort épouvantés.

Les uns ont rendu les armes, sans attendre même
qu'on les en sommât dans les formes ; les autres & la
plûpart ont cedé la moitié & les trois quarts de leur terrain, pour en sauver au moins quelques restes de débris.

Les plus opiniâtres ont eu recours à des moyens extrêmes, & se sont comme jettés entre les bras mêmes
de leurs Ennemis, pour éluder leurs coups ; se flatant
peut-être de leur en porter, de plus près, de plus certains.

Pour éviter le reproche d'une matiere trop résistante,
ils lui ont ôté toute résistance, lui ont donné une extrême

molleffe & une infinie fluidité ; s'applaudiffant de retrouver toutes les facilités du vuide le plus parfait, dans
le Syftême du Plein le plus parfait.

Ils me permettront de leur remontrer, qu'ils n'y ont
que trop bien réuffi ; mais qu'ils font allés en cela plus
loin que la nature, qui eft mefurée en tout.

Elle a fait des fluides parfaits fans doute, parce qu'il
en faut pour faciliter le mouvement qui feroit réellement impoffible fans cela. Elle doit même les avoir fe-
més par tout, parce que par tout il doit y avoir, & il
y a en effet du mouvement.

Mais en facilitant le mouvement, elle n'a pas pour
cela mis tout en mouvement. En ôtant les réfiftances
infinies, elle n'a pas ôté toute réfiftance.

Y a-t-il dans le monde de mouvement qui ne fe faffe
avec quelque effort ? Et quelquefois même ne fe trouve-
t-il pas des réfiftances infurmontables ?

Tout cela fe décide, en un mot, par les loix d'un jufte
Equilibre : Or qui dit Equilibre, dit Repos, & fi tout
tend à l'Equilibre, tout tend au repos.

Tout y tend, mais tout n'y arrive pas. Tout n'y arrive pas, mais bien des corps y arrivent. Et le plus communément il eft vrai de dire, qu'il y a une moitié de
Corps en mouvement & une moitié en repos.

Car il y a dans la fcience des forces, une Méchanique & une Statique. La Méchanique traite du mouvement, la Statique traite du repos, fuivant l'Etymologie
même de ces deux fciences phyfico-mathématiques.

Le Globe terreftre eft moitié noyau, moitié duvet,

c'eft-à-dire, moitié terre, moitié air ou atmofphere, c'eft-à-dire, encore moitié confiftant & folide, & moitié fluide. Et le noyau même eft moitié terre aride, moitié Eau.

Et dans fa derniere analyfe, la terre, & l'eau même eft moitié pores & moitié atômes folides, c'eft-à-dire, moitié fluide, moitié folide. Tout le monde eft de même un mêlange d'atomes folides & de matiere fluide.

Et le dernier fluide eft parfait, & le dernier folide eft parfait auffi. De forte qu'en dernier reffort tout eft un mêlange intime de mouvement & de repos.

Car le fluide parfait confiftant dans une matiere infiniment divifée, & dont toutes les parties gliffent les unes fans ceffe fur les autres, eft comme j'ai dit, le mouvement en perfonne & en fubftance.

Et le folide parfait, c'eft-à-dire, les derniers atômes, confiftant dans une matiere, dont toutes les parties font toujours unies, & en repos les unes auprès des autres, eft auffi le repos en perfonne & en fubftance.

C'eft ce mêlange intime & le balancement de l'un par l'autre, qui fait tout le jeu de la nature. Ariftote l'avoit reconnu lorfqu'il a défini *la Nature*, *le Principe du mouvement & du repos*.

Defcartes l'avoit reconnu, lorfqu'il a expreffément rapporté cette Définition d'Ariftote en l'approuvant, en l'adoptant, & en donnant même une force pofitive au repos comme au mouvement.

Encore n'a-t-il pas donné à ce repos affez de force, non plus qu'au mouvement de fa matiere fubtile, lorf-

qu'il les a crus amiſſibles & convertibles l'un en l'autre ;
quoiqu'il reconnut fort bien dans la nature une quantité
de mouvement , & ſans doute de repos auſſi toujours la
même , mais non dans les mêmes parties.

Il avoit de l'eſprit de reſte , & vouloit expliquer la
génération de la matiere ſubtile & de tous ſes Elemens.
C'eſt toucher à l'ouvrage de Dieu , qui a pu ſeul fabri-
quer les premieres Roües , & les premiers Reſſorts d'une
Machine ſi conſtament la même.

Ses Diſciples ont eu encore plus d'eſprit , je ne dis
pas plus de genie que lui. *Donnez-moi de la matiere &*
du mouvement , dit Malebranche , *je ferai un monde.*

Sa matiere eſt toute molle , toute diviſée à l'infini ,
& n'a que du mouvement. Il faut donc qu'avec du mouvement pur il faſſe du repos. Car il faut du repos pour
former des parties ſolides , & conſiſtantes qui ayent des
figures ſpécifiques & des maſſes convenables.

L'air n'eſt air , l'eau n'eſt eau , la terre n'eſt terre que
par ſes atômes meſurés , figurés , conditionnés de telle
& de telle maniere. Or il y a toujours une même quantité de terre , d'eau & d'air , & le globe de la terre n'a
pas changé à cet égard depuis 6000. ans , non plus que
celui de la Lune , celui du Soleil &c , ni le reſte de l'Univers.

Tout ſe fait par une contranitence , par un contreba-
lancement de forces & de Principes antagoniſtes , par
action & par Réaction , par impulſion & par Répulſion ,
par effort & par contreffort , en un mot parEquilibre.

A tout mouvement il faut un point fixe. A tout poids

il y a contre-poids. A tout mouvement centripete, il y a un mouvement centrifuge oppofé.

Toute la force de la nature, qu'on eſt en poſſeſſion d'appeller la force du mouvement, & qu'on devroit tout auſſi bien appeller la force du repos, dépend de la maſſe autant que de la vîteſſe des Corps.

Qui dit vîteſſe dit mouvement, déſunion, féparation d'un Corps d'avec les Corps voiſins. Mais qui dit maſſe dit union de parties, contaɛt, repos en un mot.

Le mouvement n'eſt, comme j'ai dit, qu'une modification ſuperficielle & extérieure : Le repos eſt tout intérieur & dans la profondeur intime du Corps.

Plus il y a de repos dans un Corps, de denſité, d'union, de ſolidité, plus il a de parties ſolides, plus il a de force, ſoit pour ſe repoſer, ſoit même dans le mouvement.

Un repos parfait n'a point de force aɛtive, un mouvement parfait n'a point de force réaɛtive. Il faut les deux pour agir & réagir, pour pouſſer & repouſſer, pour faciliter & pour réſiſter.

Il faut donc un mêlange intime de ſolidité parfaite, & de parfaite fluidité dans l'Univers. *c. q. f. d.*

SECONDE PARTIE

DE LA. SEPTIE'ME ANALYSE.

OU HUITIÉME ANALYSE

Du Syftéme de Newton fur LA LUMIERE *, comparé avec celui de Defcartes.*

I.

LA matiere eft abondante , & puifque m'y voilà engagé , j'ai pris mon parti de la traiter un peu à fond , fous l'étenduë & le titre d'une huitiéme Analyfe, prévoyant même que la matiere des couleurs , dont je devois faire une fous-divifion de cette feconde partie , pourra remplir l'étenduë d'une analyfe neuviéme en titre.

Je vais d'abord difcuter les Démonftrations , c'eft-à-dire , les objeftions de Newton contre Defcartes & contre le Syftême commun , d'une Lumiere par preffion , par impulfion ou par Répulfion.

Car Newton , Géometre par excellence , fans difficulté , fait les honneurs de la Géométrie , & s'y donne de grands droits , traitant tout de Démonftration , & mettant en affertion , en Théorême , en Propofition mathématique , fes affertions les plus hypothétiques & les plus litigieufes.

Je difcuterai enfuite le Syftême même de ce profond Géometre fur la lumiere, par des Ecoulemens de la fubftance même des Corps lumineux, où, comme on dit, par des Emiffions & des Elancemens.

I I.

SOIXANTE-SEPTIÉME PROBLEME.

Difcuffion de la 42ᵉ. Propofition du fecond Livre des Principes : Section huitiéme fur la Propagation du mouvement dans les fluides.

CETTE Propofition 42ᵉ. eft précedée d'une autre 41ᵉ. qui eft la premiere de cette 8ᵉ. Section. J'aurois dû, ce femble, commencer par cette 41ᵉ. qui va plus directement contre Defcartes ; mais cette raifon là même m'oblige à commencer par celle-ci, qui eft plus generale.

Newton n'y parle pas fi expreffément de la Lumiere. Mais toute la Section eft terminée par une Scholie generale, qui nous avertit qu'il s'agit de la Lumiere & du fon dans toute cette Section.

Il y compare ces deux Phénomenes de la nature, qui font effectivement tout ce qu'il y a de plus fufceptible de comparaifon.

Il y trouve de grandes différences. Et la nature en effet eft toujours une & diverfe dans tous fes Méchanifmes

nifmes. Mais Newton ne trouve ici que de la Diverfité, fans unité.

Le fon, felon lui, fe propage, comme felon tout le monde, par l'action, la preffion, l'impulfion de l'air, de la part du corps fonore. Mais la lumiere ne peut, à fon avis, fe propager de même. Son Raifonnement eft celui-ci.

Le fon fe propage en Rond & par des Cercles qui deviennent toujours plus grands, comme la chute d'une pierre dans l'eau y excite des Ronds, des Cercles, qui s'aggrandiffent toujours.

Qu'on rompe, par un obftacle interpofé, la Circonférence de ces Ronds. Le mouvement empêché dans fa direction, ira par les côtés de l'obftacle ou corps interpofé, former de nouveaux Ronds derriere ce Corps; & le mouvement & les Cercles iront fe propager au-delà, prefque comme fi une partie n'en avoit pas été interceptée.

Je n'aime pas à multiplier les figures : on peut les voir prodiguées à ce fujet chez Newton, à l'endroit cité. Mais enfin le fon fe propage & fe fait entendre, derriere & au-delà des Corps qui rompent fa direction.

Au lieu, dit Newton, que la Lumiere fe répand en Rond il eft vrai, mais par des Rayons roides & étendus en ligne droite ; de forte que fi on les intercepte, l'objet n'eft point vû par un œil placé derriere un Corps interpofé, entre lui & le Lucide, & la Lumiere ne fe propage que dans les lignes qui rafent ce Corps, s'il eft opaque.

Fff

Voilà l'objection dans toute sa force, & Newton n'a rien de plus fort contre la Propagation de la Lumiere par la pression, par l'impulsion du milieu, & en faveur des Emissions.

A cela j'ai répondu déja plus d'une fois que, sans admettre des diversités imaginaires dans deux Méchanismes aussi certainement analogues que le sont la Lumiere & le Son, il n'y avoit ici d'autre diversité démontrée, que celle de la vîtesse extrême de la Lumiere & de la beaucoup moindre vîtesse du Son, ce qui n'est pourtant que du plus au moins.

Il ne faut point admettre de causes nouvelles, lorsqu'il y en á de suffisantes bien connuës. Il est connu, que le mouvement de la Lumiere est comme infiniment plus rapide que celui du Son. Si cela suffit pour répondre à l'objection en question, il n'est pas nécessaire de recourir à une diversité de Méchanisme, aussi grande que celle d'un Son propagé par pression, & d'une Lumiere propagée par émission.

Il n'y a pas bien loin des Thuilleries aux Invalides; & cependant on voit des Thuilleries le feu du Canon des Invalides, fort long-tems avant que d'en entendre le son. A 30 & à 20 pas de distance on voit le feu d'un fusil, assez long-tems avant que d'en entendre le son.

De loin la Distance de la Lumiere au Son qu'elle excite, est extrêmement grande, & si le Soleil en se levant faisoit un bruit qui put venir jusqu'à nous comme y vient sa lumiere; il est certain, selon les principes de Newton même, que la Lumiere arrivant en 7 ou 8 minutes, le fon auroit befoin de jours, de femaines & de mois pour arriver.

Or cette inégalité de vîteffe fuffit ici, & y fait même évidemment tout. Car tout mouvement rapide, plus il eft rapide, fe détourne d'autant moins de fa ligne droite, & fe communique d'autant moins à côté ; au lieu qu'un mouvement lent ou moderé fe détourne volontiers, & fe répand tout autour. *c. q. f. d.*

Une balle de fufil perce une Giroüete fans l'ébranler. Un coup fec coupe la tête d'un Pavot, fans faire mouvoir fa tige. On rompt un bâton, appuyé fur deux verres, fans caffer les verres, lorfque le coup donné fur ce bâton eft bien fec. Voilà des Phénomenes bien précis, bien décififs & bien conftatés.

Les Phénomenes contraires d'un mouvement moderé qui fait tourner la Giroüete fans la percer, qui fait plier le Pavot fans le caffer &c, font tout auffi conftatés & fréquens. Il n'y a qu'à conclure. *c. q. f. d.*

La grande proprieté de la Lumiere, eft d'être droite & de s'étendre par des rayons comme impliables : ce qui ne peut venir que de fa très-grande rapidité.

C'eft cette même rapidité qui en rend le mouvement fin, fubtil & pénetrant : au lieu que le fon eft groffier, parce qu'il eft lent. Ses lignes, fes rayons ne fe détachent pas. Il marche comme en maffe & par groffes parties. Auffi ébranle-t-il de près les Corps groffiers : au lieu que la Lumiere ne fait qu'une impreffion fourde & fecrete, fur les plus petites parties des Corps, plutôt que fur leurs maffes.

F f f 2

Du refte, M. Newton accoutumé à des Expériences fenfibles, palpables, tranchons le mot, groffieres, ne nous donne jamais que le premier coup d'œil des chofes. Il eft vrai que la plûpart des hommes ne vont pas plus loin, & que c'en eft affez pour entraîner la multitude.

La Lumiere & le Son ne font pas, en ceci même, fi differens dans leur Méchanifme, pour quelqu'un qui y regarde de près.

En voyageant j'ai fouvent obfervé qu'une Cloche, que je n'entendois pas, ou que je croyois entendre fort loin, parce que j'avois une Montagne entr'elle & moi, m'a étonné, lorfqu'en arrivant au tournant de la Montagne, derriere laquelle elle étoit, je l'entendois tout d'un coup avec un fon cent & mille fois plus fort, que celui que j'entendois un moment auparavant.

Dans les ruës de Paris, tous les jours on fait la même experience, mais fans y penfer, lorfqu'on n'eft pas un peu penfeur de fon mêtier. Au tournant d'une ruë, à l'entrée d'une autre, ou au vis-à-vis d'un Clocher, on fe fent tout d'un coup frappé d'un fon violent, que la moindre diftraction empêchoit d'entendre à quatre pas de là, tant on l'y entendoit foiblement.

Je me fuis vu dans une chambre vis-à-vis d'un clocher, fort étonné en me préfentant à la fenêtre de ne pouvoir foutenir le fon des Cloches, que dans les côtés de la chambre je fupportois affez patiemment. Le Son fe répand fur les côtés; mais il eft incomparablement plus fort dans fa ligne directe, & il a fes Rayons comme la Lumiere. *c. q. f. d.*

D'un autre côté on a beau dire, que la Lumiere ne se répand qu'en ligne droite. Le contraire est très-certain; & seulement comme dans le Son, la Lumiere qui entre par une fenêtre dans une chambre, frappe le pavé en droiture d'un grand éclat : mais elle éclaire fort bien tous les environs.

Dans la chambre la plus obscure, le plus petit rayon qui la traverse, sans même s'y arrêter, l'éclaire toujours un peu sur les côtés. On a beau dire encore que c'est par réflexion, que ce sont les atômes, que c'est l'air qui renvoyent de toutes parts leurs Réflects.

Je m'en tiens au fait que rien ne peut éluder. Et puis il ne seroit pas difficile de prouver que le Son seroit bien foible autour de ses lignes directes sans des Réflects pareils; d'autant mieux que le Son est si grossier que tout est bon pour le réflechir ; au lieu que la finesse de la Lumiere & sa rapidité la font absorber par tous les Corps grossiers.

L'Aurore, le Crepuscule, font-ce une lumiere directe? Et ne voit-on pas tous les jours le Soleil avant qu'il se leve ou après qu'il est couché, par une Lumiere détournée & propagée derriere les Obstacles les plus grossiers ? *c. q. f. d.*

C'est par réfraction, dit-on, & on croit avoir tout dit, lorsqu'on a opposé un terme. Est-ce que le Son ne se détourne pas aussi par réfraction comme par réflexion? Il y a plus de 100 ans que le célebre *Kircher* a observé cette Réfraction. On auroit mieux fait d'en perfectionner la découverte, que de s'amuser à perdre les notions les plus anciennes & les mieux conftatées, que nous aïons fur cette matiere.

Car il femble, que notre fiécle n'eft occupé, qu'à perdre tout le fruit des travaux du fiécle, & des fiécles précedens.

C'eft par réflexion que dans les *Chambres parlantes*, on entend à un bout ce qui fe dit à l'autre, & que les Echos fe font entendre dans une certaine ligne, & que les Trompettes parlantes portent leur Son fort loin, fort vîte & fort en droiture.

Le Son eft de foi vague & lent. Dès qu'on lui donne une certaine direction & une certaine rapidité, auffitôt il acquiert, d'une maniere fenfible, la proprieté de la Lumiere, de ne point trop fe répandre fur les côtés, de rayonner, & d'affecter la ligne droite. *c. q. f. d.*

Après cela, c'eft une diftinction fort mal imaginée, de dire que le Son fe répand par Cercles concentriques, & la Lumiere par Rayons. Là où il y a des Cercles tout autour, il y a des Rayons, & là où il y a des Rayons, il y a des Cercles.

Oublie-t-on que les Rayons de la Lumiere vont en s'élargiffant en *Cones*, & que ces Cones étant exactement contigus fur les côtés, & rempliffant toute la *Sphere* autour du Corps lumineux, ils forment des Cercles, ou des furfaces circulaires concentriques, comme le Son. *c. q. f. d.*

III.

SOIXANTE-HUITIE'ME PROBLEME.

Difcuffion de la 41ᵉ. Propofition du fecond Livre fur la
PROPAGATION DE LA LUMIERE
PAR GLOBULES.

JE l'ai dit fouvent avec toute l'impartialité poffible. Le Syftême de Defcartes fur la Lumiere eft plein de mille défectuofités de détail, qui méritent de grandes & de feveres corrections.

Ses couleurs font infoutenables par un *Tournoyement de Globules*, tout-à-fait fictice. Sa *Propagation inftantanée de la Lumiere*, eft contre toutes les loix du mouvement. Son *Effort pur* au mouvement qui pouffe les Globules, eft un vrai galimathias, n'y ayant point d'effort méchanique fans mouvement local. Et fes Globules mal unis, flottans, & même capables de fe brifer au moindre effort., ne font que de la drogue & de la marmelade fans confiftence.

Mais je l'ai dit avec la même impartialité, & je ne me laffe point de le répeter, fon Syftême general de la Lumiere par une fimple preffion de globules bien conditionnés & mieux unis, eft fon chef-d'œuvre, & un morceau d'une fineffe, que je fais fort mauvais gré à Newton, d'avoir méconnu au lieu de le perfectionner.

M. Newton n'étoit pas payé pour aider au Syſtême de Deſcartes, & beaucoup moins pour le perfectionner. Il l'a pris avec tous ſes défauts, & parce qu'il avoit des vices de détail, il en a culbuté tous les Principes generaux, ſans, en verité, les connoître à demi, & ſur des Principes abſtraits & géométriques, plutôt que Phyſiques & conformes à la réalité de la nature.

La 41ᵉ. Propoſition dont il s'agit, porte en titre que *la Preſſion ne ſe propage dans un fluide en lignes droites, que lorſque les particules du fluide ſont bien allignées.* En voici la Démonſtration.

» Si (*Fig. 54.*) les particules *a*, *b*, *c*, *d*, *e* ſont en
» ligne droite, la preſſion peut être propagée directe
» ment de *a* en *e*; mais *e* pouſſera obliquement les parti
» cules *f*, *g* poſées obliquement & de côté : & ces par
» ticules *f* & *g* ne ſoutiendront cette preſſion, qu'autant
» qu'elles ſeront appuyées par les particules ultérieures
» *h* & *k* &ç.

Je ne dis pas que cette Démonſtration ſoit peu exacte, ni que la Propoſition ſoit fauſſe. Je les crois parfaites l'une & l'autre : & j'avouë que je n'ai jamais compris comment Deſcartes avoit pu ſe flatter d'expliquer la Lumiere, par des Globules flotans & non contigus ; lui ſur tout qui vouloit qu'elle ſe propageât dans un inſtant.

Newton a raiſon : pour peu que la ligne des Globules ſoit rompuë, la Lumiere doit ſe jetter à côté, ſe plier, ſe réflechir, ſe rompre ; & nous ne devrions pas deux inſtans de ſuite voir le même Aſtre, le même Corps lumineux, le même objet ſimplement illuminé, au même endroit. Tel

Tel objet que nous aurions vû à gauche, nous paroîtroit dans l'inſtant, tranſporté à droite ; celui qui étoit ſur
la terre, nous paroîtroit dans le Ciel : tout ſeroit comme danſant & flotant autour de nous ; mais plutôt nous
ne verrions qu'une confuſion, nous ne verrions rien.

Quelquefois nous verrions un Corps dans l'inſtant
qu'il paroîtroit, les Globules étant bien contigus : quelquefois nous ſerions long-tems à le voir, les Globules
étant ſéparés : quelquefois nous ne le verrions point du
tout, les Globules ſe ramaſſant en un endroit, & laiſſant vuide ou ſans Globules, celui par où la Lumiere viendroit à nous.

Il eſt ſi eſſentiel à la Lumiere, d'être toujours comme
en reſſort, prêt à ſe débander de toutes parts, d'être
toujours partout, d'y être ſans interruption, de pénétrer tout, & ſur tout d'être toujours arrangée en lignes
droites & par rayons, que, ſi elle ſe fait par des Globules, ils ne ſçauroient être trop contigus, & trop ar-
rangés toujours de la même maniere, & d'une maniere
unique, & incapable d'être autre qu'elle n'eſt.

Or, pour peu qu'on ait médité ſur la Lumiere avec
des Principes d'une ſaine Phyſique, qui aime à voir &
à entendre les cauſes des Phénomenes, il n'y a que les
Globules qui puiſſent ſatisfaire à la préciſion infinie de
la Lumiere, ſoit dans ſes réflexions, ſoit dans ſes ré-
fractions, ſoit dans ſa propagation rectiligne & prom-
te, à tous les inſtans.

Cette ſeule penſée de Deſcartes, que la Lumiere ſe
fait par des Globules, m'a toujours paru admirable, &

G g g

comme un chef-d'œuvre de l'efprit philofophique. Si ce grand homme n'avoit jamais dit que cela , je dis fur cette matiere , il n'auroit donné aucune prife à la critique , & je ne crois pas qu'on eut jamais entrepris de le réfuter à cet égard.

Je l'ai fouvent dit : fon Syftême general , fes premieres idées , font communément vrayes & pleines de genie. Ses détails font pleins d'efprit , mais voilà tout. Ils n'ont rien de folide. Ils font fouvent peu raifonnables , & l'erreur y faute fouvent aux yeux.

C'eft - là un grand mal : car le commun des efprits , même philofophes , font peu en état de difcerner un fonds de verité , au milieu de mille circonftances frivoles ou erronées qui l'environnent , l'enveloppent & le font difparoître même tout-à-fait.

M. Newton étoit fait pour faire mieux que cela. Mais l'efprit eft , chez ceux qui en ont , la dupe du cœur en mille occafions. De petites paffions , celle de la rivalité furtout , font le même effet que le petit efprit , & le rendent tel dans ceux qui l'ont naturellement grand & élevé.

Enfin , pour concilier le fonds de verité qui eft chez Defcartes , avec l'objeftion tout-à-fait viftorieufe de Newton , j'ai pris il y a long-tems mon parti , d'admettre des Globules infiniment contigus & rapprochés , qui ne fe touchent cependant qu'en un point infiniment petit , à caufe de leur parfaite fphericité.

Cette feule difpofition me donna tout d'un coup l'explication claire & précife de la Réfraftion de la Lu-

miere, Phénomene difficile, tout contraire au Méchanifme ordinaire, & qui avoit donné la torture à tous les
Sçavans du tems de Defcartes, & à Defcartes même,
qui ne s'étoit tiré de là, que par des fuppofitions nouvelles & uniquement ingénieufes.

Ce fut par cette difpofition des Globules, & par cette
Explication de la Réfraction, que je débutai *en 1720*
dans les Memoires de Trevoux, n'ayant rien imprimé
avant ce morceau. Je viens de le réimprimer, fans
y rien changer, dans ma nouvelle *Optique des cou-*
leurs.

Les Sçavans depuis ce tems-là, tout occupés du Développement du Syftême de Newton, qui prenoit alors le
deflus, n'ont pas fait à ce petit Effai toute l'attention que
je crois qu'il mérite. Je le regarde encore & plus que
jamais, comme l'unique reffource pour fauver Defcartes du naufrage, & peut-être auffi la faine maniere de
traiter la Phyfique.

J'y mets les Globules contigus (*Fig. 55.*) & fe touchant d'auffi près qu'il eft poffible, dans les angles de
contingence les uns des autres. On ne fçauroit croire
combien cette difpofition, que je démontre *à priori* autant qu'à *pofteriori*, eft naturelle, convenable, néceffaire,
& felon moi vraye & à l'abri de toutes les chicanes.

Par-là d'abord les Globules font en tout fens difpofés
en ligne droite & prêts à propager directement la Lumiere. Car de *A* en *B*, en *C*, en *E*, en *F*, en *D*, en
tout fens, en un mot, on peut tirer des lignes droites,
par lefquelles le mouvement vif de la Lumiere peut fe

propager fans détour, étant contrebalancé par des forces exactement égales de toutes parts.

Je ne vois qu'une difficulté contre cette difpofition ; c'eft que des Globules ainfi nichés ne peuvent fe mouvoir, étant d'ailleurs, felon moi, folides à toute épreuve, infrangibles & incompreffibles.

A quoi je réponds que c'eft précifément là ce qui fait la perfection de ce Syftême. Si tout l'Univers, d'un bout à l'autre, n'étoit que de pareils Globules ainfi enclavés, je conviens, 1°. qu'il ne feroit pas poffible d'en mouvoir un feul.

2°. Dans le Ciel feul, ils font ainfi difpofés : ils le font même dans l'intérieur des parties de l'Air, de l'Eau, du Verre & de tous les Corps tranfparens, de tous les corps. Mais ces Corps étant tous compreffibles, les Globules du Ciel peuvent fe mouvoir vers ceux de l'air, de l'eau. &c.

La Lumiere n'eft faite, que pour éclairer ces Corps. C'eft à ceux qui en ont befoin, de faciliter fon mouvement. Un Rayon eft pouffé vers la Terre ; la terre plie pour le recevoir, elle attire même par-là plufieurs de ceux qui naturellement dirigés ailleurs, pafferoient à côté d'elle fans y entrer.

Le Soleil pouffe des rayons vers moi : mon corps molaffe & capable de compreffion, les reçoit & en eft échauffé. Mon œil fe tourne vers le Soleil : il eft fait pour céder à fon impreffion, & il en eft éclairé.

Des Rayons qui aboutiroient à des Corps inébranlables, feroient inébranlables eux-mêmes, & ne pourroient être pouſſés vers ces Corps. Ils ſe détourneroient, ils en feroient réflechis vers des Corps capables d'être ébran-lés, fuſſent-ils au bout de l'Univers. C'eſt-là le *niſus* de Deſcartes, qui avoit bien auſſi ſon fonds de verité.

C'eſt cette difficulté des rayons à ſe mouvoir dans le Ciel, & les uns au milieu des autres, qui les tient com-me toujours bandés & en reſſort, & les empêche de gauchir, d'où réſulte la préciſion infinie de tous les Mé-chaniſmes de la Lumiere, qui eſt la ſeule choſe que j'a-vois, ſinon à repliquer pour Deſcartes, du moins à oppo-ſer pour la ſaine phyſique, contre l'objection infiniment redoutable, de la 41e. Propoſition de Newton. *c. q. f. d.*

I V.

SOIXANTE-NEUVIÉME PROBLEME.

Si la Lumiere ſe fait par des EMISSIONS ou Ecoulemens des Corps Lumineux ?

LEs Anciens compoſoient le Soleil, d'or fondu, de cuivre ou de tout autre Métail. C'étoit un feu groſſier, n'y ayant point de feu plus groſſier que les feux métalliques. Cependant les Anciens avoient un grand reſpect pour les Aſtres, les croyoient incorruptibles, & ne leur attribuoient rien de terreſtre.

Mais c'eſt qu'ils ſentoient bien que cet Aſtre portant ſi loin une ſi grande chaleur, devoit avoir une grande force; & qu'ils ne connoiſſoient en fait de feu, rien de plus fort qu'un feu métallique.

Deſcartes a pris tout le contre-pied, & compoſé le Soleil & tous les Aſtres brillans, d'une matiere fluide, impalpable, & infiniment ſubtile. Cela n'a rien de vrai-ſemblable, & ne reſſemble à rien. Encore un feu de pail-le ou d'eau-de-vie ſeroit-il plus ſubſtantiel, plus maſſif & plus efficace. C'eſt-là une des penſées que je trouve le plus frivoles dans Deſcartes.

M. Newton qui ſuppoſe toujours les trois quarts & demi de ſes Syſtêmes, ne s'eſt point expliqué ſur la na-ture du Soleil, ni d'aucune eſpece de feu; & les ſuppo-ſant ſans doute des Corps groſſiers & ordinaires, il ſup-poſe, ſans même preſque le dire, qu'il en ſort ſans ceſſe des Ecoulemens, des flames légeres, capables d'aller porter la Lumiere, en peu de minutes, au bout de l'U-nivers.

Il faut concilier deux choſes dans ce Syſtême: la groſ-ſiereté extrême du feu ſolaire en particulier, & l'extrê-me ſubtilité de ſes Emiſſions. Car il faut que depuis 6000 ans il ſorte des torrens continuels & très-rapides de ces Emiſſions, & que le Soleil ſoit ſi gros & ſi denſe, qu'il n'en ſoit pas ſenſiblement diminué ni de poids, ni de denſité, ni de groſſeur.

Il y a long-tems, & pour le moins depuis 1724, dans mon Traité ſur la Peſanteur, que j'ai fait valoir & de mon mieux cette contradiction; & que bien d'autres l'ont depuis ce tems-là objectée aux Newtoniens, ſans que ceux-ci ayent jamais pû y répondre.

L'objection fourmille en une infinité d'autres objections, qui la portent jusqu'à la plus palpable Démonstration.

Plus un feu est grossier, plus ses Emissions doivent être grossieres, & par-là, 1°. Plus pesantes, & moins propres à sortir du Soleil, 2°. Plus denses & plus propres à diminuer sa substance, & à l'épuiser. *c. q. f. d.*

Il faut certainement des Emissions grossieres, 1°. Pour s'étendre jusqu'à remplir, à mesure qu'elles avancent, toutes les couches sphériques concentriques qu'elles forment autour du Soleil, 2°. Pour être même, en arrivant à nous, assez grossieres encore pour nous échauffer puissament & fondre & vitrifier, presqu'en un instant, nos métaux. *c. q. f. d.*

M. Newton ne veut pas, qu'un Corps puisse parcourir trois fois la longueur de son Diametre dans un milieu de même Densité, sans y perdre presque tout son mouvement. Les Emissions solaires sont surement, selon lui, moins & infiniment moins denses que l'or. Comment percent-elles cet Or jusqu'à le fondre & le vitrifier, sans y perdre leur mouvement ?

Comment un duvet pourroit-il percer ce même or, & y produire ces effets ? Or ce duvet est plus dense que ces Emissions. Il faudroit donc lui donner un furieux mouvement pour compenser sa densité. Conçoit-on qu'avec toute la vîtesse possible, il pût fondre l'Or & le vitrifier ? *c. q. f. d.*

Nos feux ne nous éclairent surement point par de pareilles Emissions. M. Newton qui a fait tant d'Experiences, & qui ne veut pas qu'on avance rien fans cela, fuppofe purement ces Emiffions, & n'apporte pas un feul fait en Preuve. Qu'on fe rende attentif à tous les feux qui nous éclairent, on ne découvrira autour d'eux rien qui reffemble à ces Emiffions.

La nature n'eft point brufque. Nos feux, nos lumieres font ramaffées fous un volume fenfible. Elles font terminées avec autant de précifion que les autres Corps. On ne voit qu'au-deffus, une fumée qui commence, là la flamme finit.

S'ils envoyoient des Emiffions, capables de remplir à chaque inftant, une fphere plufieurs millions de millions de fois plus grande, que leur fphere propre & fenfible, on les verroit ceints tout autour d'une efpece d'atmofphere de lumiere, de flamme, moins denfe, fi on veut, que leur propre fphere, mais diminuant peu à peu de denfité. *c. q. f. d.*

Le Soleil eft fi agité, que naturellement fi rien ne l'en empêchoit au dehors, il devroit fe gonfler & fe répandre en maffe & en fubftance tout autour, & remplir en un moment les Cieux.

L'air environnant captive ici nos feux, & les empêche de fe diffiper. Dès qu'on met une flamme, une bougie allumée dans la machine du vuide, & qu'on en ôte l'air, on la voit fe gonfler & fe diffiper.

Chez Newton les vuides céleftes ôtent au feu folaire tout frein, & il devroit s'y répandre à grands flots en un inftant. Il a la force de lancer fi loin des Emiffions fines & invifibles, & il n'a pas la force d'en lancer de groffieres

fieres & de s'élancer lui-même. Cependant les Corps
grossiers s'élancent avec bien plus d'impétuosité , &
vont plus loin que les Corps subtils. *c. q. f. d.*

On diroit qu'il y a autour du Soleil un tamis fin, impénétrable à tout ce qui passe une certaine grosseur. La
pesanteur, dira-t-on, empêche le Soleil de s'élancer ainsi.
Mais elle n'empêche pas les Emissions. Et y a-t-il de pesanteur, s'il n'y a rien tout autour pour repousser vers le
centre ? *c. q. f. d.*

Tout est démonstratif contre un Systême aussi ruineux
que celui-là. Chez Descartes ou plutôt dans le Systême
du Plein & des Globules bien pressés & contigus, la
Lumiere même , c'est-à-dire , les Globules empêchent
l'épuisement de la source de la lumiere , empêchent le
Soleil de sortir de sa sphere. *c. q. f. d.*

Dans nos *Volcans* & dans tous nos feux, la chaleur
diminuë à mesure qu'on s'éloigne du foyer. Ce Foyer
n'est que braise, au - dessus c'est une flamme légere , &
un feu bien rarefié. Un peu plus haut c'est de la fumée,
c'est-à-dire , une flamme trop rarefiée , & par-là éteinte
& à demi refroidie, qui ne sçauroit monter qu'un peu
plus haut , pour retomber ensuite avec les pluyes & les
rosées, sans avoir la force de sortir de l'Atmosphere.

Il faut juger de ce que nous voyons de loin , sans
doute par ce que nous voyons de près. Dans le Soleil
ce doit être le même Systême de feu, de flamme & de
fumée qu'ici.

Les Volcans les plus embrasés n'envoyent pas leurs
flammes à une lieuë au-dessus d'eux, le Soleil ne doit pas

H h h

envóyer les fiennes à 100 lieuës. Qu'on en mette un million fi l'on veut. Après quoi les voilà éteintes & réduites en fumées, qui iront encore fi l'on veut, mais en fe réfroidiffant toujours, &c. *c. q. f. d.*

On a beaucoup fait valoir contre Newton, une objection que j'avois faite dans mon Traité de la Pefanteur, & que j'avois auffi fait valoir de mon mieux. Elle fe tire des métaux vitrifiés ou calcinés au Soleil, qui pefent plus qu'avant la calcination, quoiqu'ils y ayent perdu beaucoup de leur propre fubftance. Il en eft de même de ces Corps calcinés au feu.

On croit que les particules de feu, & par conféquent auffi les Emiffions folaires caufent cet excès de Pefanteur, en s'introduifant dans ces Corps à la place des Emiffions qu'ils ont fouffertes bien plus furement eux-mêmes, par les fumées qu'on en a vû s'exhaler.

Cette idée n'a rien de vraifemblable. Mais les Newtoniens qui en ont d'ailleurs befoin pour étayer leur Syftême d'une Pefanteur purement matérielle fans formes, & toujours proportionnelle à la quantité de matiere, ont eu l'imprudence d'en faire une Preuve de leur Syftême d'Emiffions.

Qu'on calcule l'augmentation du poids de ces métaux, faite en une minute ou deux, par le petit nombre de rayons qui peuvent les avoir pénetrés. Et l'on trouvera que toute la fphere d'Emiffions pareilles feroit, peut-être dans ce tems d'une ou deux minutes, un poids égal à celui que Newton lui-même attribuë au Soleil. *c. q. f. d.*

V.

Soixante-dixiéme Probleme.

Suite du Précedent : nouvelles contradictions du Systéme
des EMISSIONS.

LA Lumiere survivroit au Lucide , & l'on verroit
celui-ci long-tems après qu'il auroit disparu ou qu'il
seroit éteint, s'il répandoit autour de lui des Emissions
ou des flammes capables de nous le faire voir. Je le démontre.

Supposons, comme le prétend Newton, qu'il faille 7
ou 8 minutes, pour que la Lumiere arrive du Soleil jusqu'à nous, & qu'ainsi nous ne voyons cet Astre que 7 ou
8 minutes après le moment où il se leve pour nous , &
que par conséquent nous le voyons encore 7 ou 8 minutes , après qu'il est couché, & hors de notre portée.

Saturne est 9 ou 10 fois plus loin du Soleil, que nous.
Je suppose, pour ne point incidenter, qu'il ne faille que
9 ou 10 fois plus de tems à la Lumiere du Soleil, pour
aller jusqu'à cette Planete; car il est assez vraisemblable
que la rapidité de la Lumiere diminuë à force d'aller.

Mais je veux bien supposer, qu'elle va du Soleil à Saturne en 70 ou 80 minutes. Je veux bien même n'y mettre qu'une heure pour faire un compte rond & débarrassé.

Premiere conséquence: donc la Lumiere du Soleil peut

survivre une heure au Soleil après qu'il est couché, & il faut dire ou que ces Emissions, dont l'air est plein, s'anéantissent, lorsqu'il n'y est plus, ou que nous devons voir cet Astre, une heure après sa disparition absolue, ou mieux que tout cela, que ces Emissions sont des chimeres & des fictions. *c. q. f. d.*

On dira peut-être que ces Emissions ne font que passer, qu'elles vont toujours en s'éloignant de leur source. Et l'on fera bien : car si elles restent, elles doivent toujours éclairer. Mais si elles ne restent pas, je demande où elles vont ? Au bout du monde sans doute, & nous devrions toujours voir une grande lumiere de ce côté-là. *c. q. f. encore d.*

Ce n'est pas tout : il y a d'ici à Saturne, 8 ou 9 fois plus que d'ici au Soleil ; & quelquefois dans notre Opposition avec cette Planete, il peut y avoir beaucoup plus loin. Or la Lumiere du Soleil, arrivée à Saturne, ne s'y éteint pas, & revient toute allumée jusqu'à nous.

Une Lumiere réflechie doit être bien affoiblie, & aller bien plus lentement que dans sa course directe. Je veux bien la supposer sur le même pied de rapidité, & ne compter qu'une heure encore pour revenir de Saturne à nous.

Seconde conséquence : donc la Lumiere du Soleil peut survivre toute allumée, pendant deux bonnes heures, au Soleil. *c. q. f. d.*

Lorsque la Lune est en Conjonction avec le Soleil, & qu'elle nous tourne sa face obscure, nous la voyons souvent assez bien, par une Lumiere qu'il est assez vrai-

femblable qui part de la Terre pour y revenir. De forte
que cette Lumiere venuë du Soleil à la Terre, va de la
Terre à la Lune, & en revient à nous, fans être encore
éteinte. Cela demande du tems. En fera le calcul qui
voudra. Je n'en conclurai pas moins. *c. q. f. d.*

Pour le moins nos Lumieres, nos bougies, lorfqu'on
les éteint, devroient nous éclairer encore quelques inftans, fur-tout dans des lieux bien fermés, d'où les flammes ne peuvent s'échapper. *c. q. f. d.*

J'ai laiffé paffer la Lumiere, & le Syftême de Newton ne doit pas l'arrêter. Mais je la rappelle, & je prétends bien l'arrêter. Car de la maniere dont parle Newton, le Monde devroit être infini; & ce n'eft pas le feul
point où fes *hypothefes* en auroient befoin. Car infinitaire dans la Géométrie, M. Newton l'eft peut-être encore plus dans la Phyfique.

Depuis que le Soleil & les Etoiles rempliffent l'Univers de leurs Emiffions, il feroit tems qu'il en fut plein
en effet, & qu'il n'y eut plus de place pour les nouvelles
qui arrivent ou qui voudroient arriver.

Newton bâtit d'une main & détruit de l'autre. Il lui
faut du *Vuide* pour fes Emiffions, & un vuide affez parfait, auffi-bien que pour la liberté de fes *Mouvemens céleftes*. Mais ces Emiffions mêmes anéantiffent ce vuide
ou le réalifent, en le matérialifant toujours de plus en
plus.

Le vuide Newtonien n'a pû durer qu'un inftant, ou
enfin le tems qu'il a fallu d'abord au Soleil & aux Aftres
pour le remplir de leurs Emiffions. A chaque inftant de-

puis cet inſtant, le monde eſt plein; non pas abſolument plein, ces Emiſſions ayant de petits vuides ſemés dans leurs Pores, mais d'une Plenitude qui exclut au moins les grands vuides, tels qu'il en faut néceſſairement à Newton. *c. q. f. d.*

Les Anciens diſtinguoient deux ſortes de vuides, les *Vuides ſemés* dans les pores, & les *Vuides ramaſſés*, c'eſt-à-dire, les grands vuides. M. Newton les admet tous les deux. Mais évidemment ſes Emiſſions détruiſent les grands vuides.

Or ils les détruiſent au préjudice de Newton, qui en a beſoin. Selon lui, la plus petite portion de matiere peut remplir le plus grand eſpace, en ne laiſſant que des vuides ſemés, plus petits qu'aucun eſpace aſſignable.

Selon lui les Corps des Aſtres, le Corps de la Terre même, n'eſt que cela : une petite & très-petite portion de matiere, enflée en quelque ſorte, ou rarefiée & criblée en tout ſens de mille pores, vuides de matiere.

Ces vuides ainſi ſemés ne lui ſuffiſent pas, & il lui en faut de parfaits, & d'égaux aux eſpaces céleſtes que les Aſtres laiſſent autour d'eux. Or ces grands vuides ſont détruits par les Emiſſions dont le Ciel eſt plein, partout & en tout tems. Le Ciel eſt donc auſſi plein que la Terre & les Corps des Aſtres. *c. q. f. d.*

Oüi auſſi plein : car la Lumiere remplit tout, & il n'y a pas d'eſpace ſenſible & aſſignable dans le Ciel, quelque petit qu'on le prenne, pourvu qu'il ſoit ſenſible, qui ne ſoit illuminé. *c. q. f. d.*

Pour le moins les Emiſſions dont le Ciel eſt inondé,

fe font toujours cendenfées pour faire place aux nouvelles ; & à chaque inftant la matiere célefte reçoit un nouveau degré de condenfation ; & le Ciel eft un million de
million de million &c, de fois plus denfe, qu'il ne l'étoit
au premier moment de fa Création.

Or au premier inftant, il étoit ce qu'il devoit néceſ-
fairement être, foit pour la parfaite liberté des mouvemens céleftes, foit pour la Propagation des Emiffions.
Il ne l'eft donc plus, & les Aftres doivent avoir beaucoup
rallenti leurs mouvemens, & doivent les rallentir à chaque inftant, d'une maniere même déformais de plus en
plus fenfible ; & les Emiffions nouvelles doivent percer
de plus en plus difficilement, jufqu'à nous. *c. q. f. d.*

Elles ne doivent point percer du tout. Car les Emiſ-
fions d'aujourd'hui doivent avoir le même degré de fubtilité & de légereté qu'elles avoient il y a mille, deux
mille & fix mille ans. Mais le Ciel compofé de toutes
les Emiffions condenfées depuis ce tems-là, doit être infiniment plus denfe que ces nouvelles Emiffions.

Or un corps mu dans un milieu auffi denfe que lui,
n'y parcourt pas trois ou quatre fois fon Diametre fans
y perdre fon mouvement, ou enfin il n'y va pas loin ; &
dans un milieu infiniment plus denfe que lui, il ne doit
point aller du tout. *c. q. f. d.*

Newton fuppofe que ces Emiffions vont toujours ; il
fuppofe qu'elles retombent dans le Soleil, il fuppofe
qu'elles s'anéantiffent, il fuppofe, que fçais-je, qu'il fuppofe : car il n'en parle même pas. Pourquoi donc faut-il
que fes Difciples nous obligent de tant parler, pour dé-

truire une chofe, dont leur maître n'a pu nous dire un feul mot ?

V I·

SOIXANTE-ONZIE'ME PROBLEME.

Suite des deux Précedens, & des contradictions du Syftême des E M I S S I O N S.

CE Syftême fourmille de difficultés infolubles, & eft abfolument infoutenable.

1°. La Lumiere devroit arriver en un inftant. Car les extrêmités fe touchent ; & Newton, fans le vouloir, fe rencontre avec Defcartes, qui vouloit que le mouvement de la Lumiere fût inftantanée.

C'eft le Plein parfait qui autorifoit Defcartes dans fa prétention. C'eft le vuide parfait qui m'autorife ici contre Newton. Ses Emiffions n'ont point d'obftacle à vaincre, n'ont point de veritable efpace à parcourir. Je ne poufferai pas plus loin cette difficulté, que je crois bien forte pour ceux qui ont une faine notion de l'Efpace. *c. q. f. d.*

2°. La Lumiere, fortant par couches fphériques, qui s'aggrandiffent à mefure qu'elles s'éloignent du corps lumineux, ne devroit pas former des rayons fi faciles à féparer en autant qu'on veut de lignes droites, comme il arrive lorfqu'on la fait paffer par plufieurs trous d'un volet

volet criblé. Elle devroit marcher & faire impreffion comme par des maffes, à peu près comme le Son. *c. q. f. d.*

3°. Cette difficulté va plus loin. La Lumiere devroit fe dilater derriere les obftacles, ainfi que Newton le dit du Son dans fes 41 & 42 *Propof. du fecond Livre.*

Car il paroît que Newton lui fuppofe, une expanfibilité, une dilatabilité comme infinie. Ainfi lorfqu'un Raïon perce par un trou dans une *Chambre obfcure*, il devroit la remplir dans l'inftant, ou enfin fe gonfler beaucoup en un Cone fort dilaté. *c. q. f. d.*

4°. Cela va encore plus loin. Il faut que la Lumiere en venant, ait deux mouvemens, l'un direct & l'autre latéral; & que le latéral foit auffi grand, & beaucoup plus grand que le direct; puifqu'à mefure qu'elle avance, elle remplit toujours exactement toute la fphere dont elle parcourt le Diametre. Il feroit étonnant qu'en paffant par un trou, la lumiere perdit tout d'un coup la faculté qu'elle a de fe dilater, vû la conftance qu'elle a à le faire, autant qu'il en eft de befoin, jufqu'à ce moment-là. *c. q. f. d.*

5°. Mais cela même eft inconcevable, qu'elle foit toujours fi exacte à remplir fi uniformément & avec tant de précifion, tous les intervalles que les Rayons devroient naturellement laiffer les uns entre les autres.

Eft-il croyable que la Lumiere coule toujours fi uniformément, fi à point nommé, & en une quantité toujours fi égale, d'un Corps auffi bouillonnant que celui-là, & que les Emanations foient toujours fi uniformes,

I i i

fi temperées, fi également expanfibles ? *c. q. f. d.*

6°. J'ai propofé ailleurs que des Emiffions ne feroient point voir l'objet d'où elles partent, & ne porteroient dans l'œil qu'une impreffion confufe, une fenfation aveugle, comme les odeurs, & les autres impreffions qui fe font par des efprits.

J'ai comparé la *Vifion* au *Tact*. Qu'une main appuye un bâton fur mon corps, je fens cette main, parce qu'elle agit de fuite pendant plufieurs inftans.

Que la même main me lance une pierre; je fens la pierre, mais je ne fens pas la main. C'eft-là une Différence conftante de la preffion & de l'Emiffion. Celle-ci eft vague, celle-là eft précife & diftincte.

Nous n'avons point de fenfation plus diftincte que la vifion, point qui nous rende fi préfent fon objet. C'eft même en quelque forte la feule qui ait un objet précis & comme intuitif.

Le tact immédiat en a quelque chofe: auffi eft-il après la vifion, le fens le plus certain de fon objet, & auquel nous nous fions le plus. Nous voulons toujours voir & toucher: Saint Thomas ne demandoit que cela. *Nifi videro.. & mifero manum meam*, &c.

Le Son eft affez vague dans fon impreffion, parce que quoiqu'il fe faffe par preffion, comme la preffion en eft lâche & foible, en comparaifon de la vifion qui preffe comme en un inftant, & du tact qui appuye ferme & de près, il ne rend pas fon objet fi préfent & fi immédiat.

Voilà un des endroits, par où le Syftême de Defcar-

tes, corrigé comme je l'ai dit, me paroît tout-à-
fait admirable. Et voilà ce qui faifoit prétendre à ce profond Philofophe, que la Lumiere fe propageoit en un
inftant : la préfence intime qu'elle nous donne de fon
objet.

Et voilà ce qui me perfuade, que la Lumiere n'eft pas
autant de minutes qu'on le dit, à venir du Soleil à nous,
& qu'effeſtivement l'impreffion en arrive dans un inftant
affez court, quoique divifible & fucceffif. *c. q. f. d.*

7°. Non-feulement il faut que les rayons fortis de
chaque point du Soleil fe dilatent en *Cones*, tous & toujours exaſtement contigus ; mais il faut que les Cones
entrent les uns dans les autres, afin qu'à chaque point où
nous fommes, nous voyons non pas un feul point, mais
tout le *Difque du Soleil.*

Il eft admirable de voir un Newtonien triompher de
Defcartes avec infulte, par cette difficulté du *Croife-
ment des Rayons.* Defcartes fe l'étoit faite expreffément,
& y avoit affez bien répondu. Mais fi c'eft-là une difficulté contre lui, c'eft une Démonftration palpable contre le Syftême des Emiffions Newtoniennes.

Oüi, il faut que chaque Emiffion, chaque *Atôme
emiffaire*, gros, par exemple, comme la tête d'une Epingle, comme une maifon, fi on veut, fe dilate affez pour
remplir tout l'Hemifphere qu'il a devant lui, & fe dilate
toujours de même, avec la même uniformité, la même
précifion.

8°. Ce n'eft rien que cela : mais c'eft le croifement fur
tout de tous ces atômes ainfi dilatés, qui entrent les uns

dans les autres, fans fe confondre, fans s'alterer, fans alterer l'image de l'objet, qu'ils viennent repréfenter conftament, avec toute la précifion poffible, dans nos yeux.

Chez Defcartes (*Fig. 56.*) les mouvemens fe croifent, & le Globule *A* tranfmet la fimple impreffion du Rayon *BC* & celle du Rayon *DE*. Cela n'eft pas abfolument inconcevable, ni même fans exemple dans les mouvemens les plus groffiers. Et dans le fon bien furement les lignes fe croifent dans le même Air & dans les mêmes parties d'Air, fans fe confondre en rien.

Mais c'eft bien pis, & la chofe eft tout-à-fait inconcevable, & fans exemple à l'égard des Emiffions, 1°. Les mouvemens fe croifent. 2°. Les Corps mus fe croifent auffi. Les mouvemens, les impreffions font chofes impalpables, fines & immatérielles. Mais les Corps font quelque chofe de groffier, qui ne fe pénetre pas fi aifément fans confufion.

Deux mouvemens croifés peuvent ne pas tomber abfolument fur le même Globule, fur tout ces Globules étant infiniment petits : mais ils peuvent auffi ne pas tomber fur le même dans le même inftant. Et puis les mouvemens exceffivement rapides n'arrêtent rien comme ils ne font arrêtés par rien.

Que le mouvement du rayon *BC* dérobe *A* au rayon *DE*, dans l'inftant il lui en fubftituë un tout pareil, dont *DE* fe fert tout auffi-bien pour aller.

9°. Lorfque Defcartes difoit mal, le plus fouvent il vouloit dire bien ; & dansfes erreurs, un efprit bien fait

trouve quelquefois des femences de verité. La Lumiere
n'eft pas un pur effort au mouvement, comme il le difoit; mais c'eft un efpece d'effort, comme il vouloit le
dire.

Cet effort, de foi vague, ne fe fait point du tout par
des Rayons croifés. Il eft en tout fens; mais les mouvemens qui l'exécutent à chaque inftant, ne font que de
fimples rayonnemens non croifés, du Centre à la Circonférence.

Ce font les yeux ou les objets, comme je l'ai déja
obfervé, qui déterminent & caufent même les directions
latérales, tranfverfales, croifées même des Rayons,
comme un trou fait au côté d'un vafe détermine à cou-
ler, l'eau qui tendoit directement en embas feulement.

Tout étant plein de globules très-preffés, très-rappro-
chés, le mouvement de la Lumiere fe porte tout d'un
coup vers l'œil, vers l'objet, vers le côté qui lui réfifte
le moins, pourvu qu'il n'y ait rien d'interpofé entre cet
œil & le corps rayonnant. C'eft un reffort bandé qui fe
débande vers le côté de la moindre réfiftance.

L'hypothefe de deux Rayons précifément croifés,
eft peut-être un cas chimerique, & une objection que
Defcartes, fûr de la bonté de fa caufe, a bien voulu fe
faire de furérogation. Il n'y a que *M. A.* qui ait pu dans
fon efprit de triomphe contre la France & contre Defcartes, imaginer deux yeux appoftés aux points *E*, *C* pour
fe difputer le Globule unique *A*, fervant de véhicule à
deux Rayons *BC*, *DE*.

10°. Et bien que fur des millions de millions de Rayons que reçoivent chacun de ces deux yeux , quelque petits que cet élegant Auteur veuille les imaginer , le croife-ment précis d'une centaine s'il veut , les dérobe à ces deux yeux , en feront-ils moins éclairés ? *c. q. f. d.*

Mais fes Emiffions ne fe tireront pas delà à fi bon mar-ché : Que des yeux les reçoivent ou ne les reçoivent pas , il faut qu'elles fe croifent de tout fens , & que le plus petit trou fait à une carte , au travers de laquelle on voit tout le Soleil & toute une moitié du Soleil , reçoive des millions de millions de millions &c. de Rayons croifés , en corps & en mouvement , venant de tous les points de tout l'Efpace qu'il voit. *c. q. f. d.*

11°. Enfin , car je ne finirois point , tant ces Emiffions répugnent à tous les Principes , tant les Globules s'a-juftent à tout ; chez Defcartes , ces Globules remplif-fent tout , le Ciel , la Terre , l'Air , l'Eau , l'Huile , le Verre , les Corps les plus héterogênes : auffi la Lumiere eft homogêne à tout , pénetre tout , porte fon impref-fion par tout.

Je demande qu'un Newtonien m'explique s'il le peut , 1°. Comment toutes les lumieres du Soleil , de la Lune , de Saturne , de Sirius , de l'Etoile polaire , d'une bougie , d'une chandelle , du Bois , de la Poudre , de la Paille , de l'Efprit de vin , &c. venant de corps très-héterogê-nes , font , 1°. très - homogênes , en ce qu'elles fe péne-trent intimement fur le champ , 2°. très-héterogênes ne fe confondant jamais.

Je demande , 2°. Comment auffi toute lumiere eft ,

1º. homogêne, 2º. héterogène à tout Corps, n'y ayant aucun Corps que les Rayons du Soleil ne pénetrent, fans fe mêler pourtant avec ce Corps. Cependant tous les Rayons font héterogênes auffi entr'eux, felon New-ton. *c. q. f. d.*

NEUVIÉME ET DERNIERE
ANALYSE
DU SYSTÊME DE NEWTON,
SUR LES COULEURS:
Comparé avec celui de DESCARTES.

I.

L y a deux choses ici à discuter; les Expériences, & le Systême de M. Newton sur les couleurs. Si les Expériences sont fausses, le Systême est sûrement faux. Si les Expériences sont vrayes, le Systême ne seroit pas pour cela démontré vrai. On n'aime pas à nier des Expériences. Je vais donc commencer par le Systême, qui devroit être sans doute l'unique objet de nos Discussions.

On ne doit pas être surpris au reste, qu'ayant autant travaillé que je l'ai fait sur la matiere des couleurs, ce sujet là me gagne au-delà de ce que j'avois promis & prévu dès le commencement, & dans tout le cours de cet Ouvrage, que je croyois fini dès la septiéme Analyse.

II.

I I.

PREMIER SUJET DE DISCUSSION.

*Suppofant les EXPERIENCES de M. Newton, fon
SYSTEME eft-il recevable en faine Phyfique ?*

I I I.

SOIXANTE-DOUZIE'ME PROBLEME.

*Si l'Opinion de M. Newton fur les Couleurs, eft un
Syftéme, ou même une hypothefe ?*

MOnfieur Newton n'a point de Syftême, dit-on
tous les jours, & les Newtoniens en effet, ne
ceffent de déclamer contre les fiftêmes & les hypothefes
des Cartéfiens.

C'eft-à-dire que ces Meffieurs veulent abfolument que
nous prenions pour des faits & pour des Expériences,
tout ce qu'il a plû à leur maître de nous débiter fur les
Couleurs, & fur toute la Phyfique en general.

Cela eft fort imperieux; car on ne nie pas les faits, &
leur maniere de Philofopher devient une affaire d'honneur, fur laquelle on ne peut pas leur faire la moindre
difficulté, fans leur donner un démenti, de l'efpece de

K k k

ceux pour lefquels la folie du monde veut qu'on mette
l'épée à la main.

Heureufement les Philofophes font Philofophes ; &
combattant bien plus pour la gloire que pour l'honneur,
tout fe termine chez les Newtoniens, comme chez les
autres, en paroles perduës dans l'air ou fur le papier.

Il eft pourtant vrai, que la maniere de Defcartes &
de fes Sectateurs, de donner fes opinions comme des
Syftêmes & des hypothefes, eft plus modefte & plus
philofophique ; & que celle de Newton de donner tout
pour des faits ou pour des Démonftrations géométriques, a quelque chofe de trop fier, de trop impofant,
& même de très-dangereux.

C'eft trop favorifer l'erreur, s'il y en a. Or il y en a,
comme on voit ; & rien ne fait mieux connoître le dan-
gereux afcendant de cette méthode, que de voir *l'Attraction* & le *Vuide*, que les fimples lueurs du bon fens
avoient profcrits, reparoître avec honneur fous un air
d'Expérience & de Géométrie.

Mais, il ne faut pas croire que je faffe un crime à Newton, de nous avoir donné un Syftême fur les couleurs,
ou fur toute autre chofe.

Je ne fçai pas comment l'entendent, ceux qui l'en
juftifient : mais en fait de raifonnement humain, je ne
connois d'eftimable que les penfées & les Efprits Syfte-
matiques & conféquens.

Car un Syftême n'eft qu'une liaifon de penfées & de
chofes, qu'une tête ferme & géométrique fçait affortir
& rapporter à un même but. Le *Syftéme de Tychon*, le

Syſtême de Copernic, ont toujours paſſé pour une belle production de l'eſprit humain.

Un Syſtême même ne dit pas toujours une choſe incertaine, beaucoup moins fauſſe & erronée. On parle tous les jours d'un *Syſtême de verité*, & la Géométrie n'eſt que cela dans le fond.

On peut même & on doit beaucoup loüer M. Newton, de nous avoir donné dans ſon Optique, un *Syſtême d'Expériences*, merveilleuſement rapportées à un but, & dans ſes Principes, un *Syſtême de Géométrie*, qui ne s'écarte jamais d'un même point.

Il n'en eſt pas de même de l'*Hypotheſe*, à moins qu'elle ne ſoit Syſtematique, comme le ſont ſurement celles de Deſcartes, & même celles de M. Newton.

Non qu'une Hypotheſe même toute pure, ne ſoit ou ne puiſſe être une fort bonne choſe: mais ce qui peut être louable dans tout autre, devient, je l'avoue, un vrai reproche envers quelqu'un qui s'en défend comme d'un vrai défaut, qui le critique impitoyablement dans autrui, & qui ſe vante ſans néceſſité, contre toute apparence même, d'en être tout-à-fait exempt.

Enfin c'eſt cela qui eſt un fait, que toutes les opinions de Newton ſur les couleurs, ſont, non des faits d'Expérience, mais de pures hypotheſes, de quelque art qu'il ait ſçu les couvrir, pour les confondre aux yeux de ſes *Lecteurs*, qu'il transforme toujours habilement en *Spectateurs*.

1º. C'eſt un fait, il eſt vrai, que M. Newton n'a jamais pû décompoſer les couleurs que le Priſme lui a données.

Mais de-là il a conclu que ces sept couleurs étoient primitives & indécomposables. Cette conclusion passe le fait, & va jusqu'au droit, & à la cause secrete & primitive, qui n'est assurément qu'hypothétique.

Encore même verra-t-on bien-tôt qu'elle est fausse ; puisqu'il est de fait qu'on a d'autres manieres, inconnuës à Newton, de décomposer ces 7 couleurs, & de les réduire à 3 seules primitives & indécomposables.

2°. De l'inégale *Réfraction* des Rayons, cet Auteur conclut l'inégale *Réfrangibilité*. C'est encore la question de fait changée en question de droit, & la cause, cause hypothétique & non démontrée & non démontrable, substituée au Phénomene.

3°. De ce que les Couleurs réunies forment du blanc, il conclut que le blanc contient toujours formellement toutes les Couleurs. Au lieu de dire avec tout le monde, que le blanc peut se modifier en toutes sortes de couleurs.

4°. Parce que le crystal d'Islande partage un rayon qui le traverse en deux rayons, il conclut que ce crystal a deux faces dans ses parties, &c.

5°. Parce qu'en certains cas, la Lumiere pénetre le verre & en d'autres non, il suppose dans la Lumiere des *Accès de facile & de difficile transmission*. Autant aimerois-je qu'il lui attribuât des caprices & des fantaisies.

6°. Il suppose que les Rayons sont héterogênes, & colorés, *colorifiques* même en eux-mêmes, parce qu'ils se colorent diversement.

7°. Il fuppofe que la diverfe *colorabilité* des Rayons vient de l'inégale groffeur de leurs parties.

8°. Il fuppofe que les corps rouges abforbent tous les Raïons non rouges, & ne rejettent, ne réflechiffent que les *Rubrifiques*.

9°. Il fuppofe que dans toute la fphere lumineufe du Soleil, il y a un mêlange fi exaét de Rayons de toutes Couleurs, qu'en quelque tems & quelque part qu'on prenne un Rayon, quelque gros ou petit qu'on le prenne, pour le faire paffer par un Prifme, il doit donner la même quantité refpeétive & abfoluë des couleurs, des mêmes couleurs diverfifiées, analyfées, combinées, conditionnées de la même maniere.

10°. Il fuppofe que dans la Lumiere de la Lune ce mêlange conditionné de la même maniere fe conferve, & qu'il eft le même dans toutes les lumieres que les corps réflechiffent à nos yeux, dans les lumieres mêmes que nous envoyent les Etoiles, les divers feux de bois, de charbon, de cire, d'huile, de fuif, &c.

11°. Enfin, car je n'en finirois pas l'énumeration, fi je voulois m'y rendre trop attentif, il fuppofe que le Prifme eft un inftrument compétent & avoué de la nature, malgré la bizarrerie de fon artifice & de fa figure, pour nous dévoiler abfolument les couleurs, que c'eft un filtre, un tamis, un fas, une pierre de touche, un *criterium* infaillible qui décide toutes les queftions en dernier Reffort.

I V.

Soixante-treiziéme Probleme.

*Si le Prisme est l'interprête infaillible de la nature,
en fait de Couleurs ?*

ARISTOTE a dit quelque part, que le Doute a
rendu les hommes Philosophes. Je l'ai cité ailleurs.
J'ai oublié les paroles, la page & le chapitre.

Descartes n'a, je crois, voulu dire que cela, ou enfin
n'a dû dire que cela par son doute affecté, mais métho-
dique.

M. Newton n'a été ni Cartésien ni Aristotelicien sur
l'article ; & jamais homme n'a été, selon moi, moins
Pyrrhonien que lui. A l'entendre il ne suppose rien ou
presque rien, il affirme tout, il démontre tout. Ses Disciples l'ont bien imité, & sont bien affirmatifs, quoique non si démonstratifs. Mais c'est qu'il a *tout démontré pour eux.*

Il n'y a gueres que *l'Attraction*, sur quoi il n'a osé
s'expliquer si affirmativement. Mais sur le *Vuide* il a
prononcé un vrai oracle. *Itaque vacuum necessariò datur*;
& c'est le même ton dans tous les points capitaux de son
Systême.

Pour le *Prisme*, il n'a jamais douté que ce ne fut *l'O-
racle né des couleurs.* Il ne l'a pas même mis en Preuve

ni en Aſſertion, tant il a ſuppoſé que c'étoit le droit de la
choſe, & qu'il n'y avoit pas le plus petit doute à former
là-deſſus.

Qu'il me ſoit permis cependant de demander, de quel
droit s'autoriſe ce Priſme pour captiver notre créance,
& gourmander ainſi notre raiſon ?

Son droit ne peut être fondé que ſur ce qu'il eſt Priſme,
ſur ſa figure triangulaire, ſur ſes angles. Les Géometres
démontrent aſſurément bien de belles choſes ſur le Priſme : entr'autres qu'il eſt la moitié d'un Parallelepipede;
qu'il eſt le produit de ſa baſe par ſa hauteur, &c.

Mais démontrent-ils, & de ce qu'ils Démontrent peut-
on tirer que ſa figure eſt la plus propre à nous donner les
vrayes couleurs primitives de la nature ? Pas un mot,
& les proprietés géométriques ne paroiſſent influer en
rien dans les proprietés phyſiques.

La bizarrerie ſeule du Priſme le rend propre à multiplier les couleurs, en briſant en quelque ſorte, & modi-
fiant diverſement les Rayons, comme un miroir à facet-
tes multiplie les objets. Dira-t-on que le Miroir à facet-
tes nous donne le vrai des objets de la nature, parce qu'il
les multiplie, en détachant les Rayons viſuels ſans les
modifier cependant ?

C'eſt abſolument par ſes angles, ou par le non paral-
leliſme de ſes faces que le Priſme agit ſur la Lumiere, &
en modifie les rayons.

La Lumiere eſt bruſque, c'eſt-à-dire, infiniment rapide & comme roide dans ſon operation. Le Priſme eſt
roide auſſi dans ſa ſtruéture, & oppoſe ſa roideur à cel-

le de la lumiere , qui n'aime qu'à aller en droiture.

Le Prifme rompt brufquement cette direction , la change , & l'altere même de plufieurs façons , fubftituant plufieurs nouvelles directions à une direction primitive qui étoit toute fimple ; comme l'eau qui va heurter avec rapidité contre les piliers d'un Pont , en eft comme ré-flechie en plufieurs efpeces de filets d'eau ou de courans , qu'on voit toujours fous les arches , autour de ces Piliers.

Le ton de la Lumiere , fon mouvement tonique chan-ge , & comme le pincement d'une corde en fait réfulter divers fons , que d'habiles Muficiens diftinguent fort bien , de même la Lumiere répercutée en quelque forte par les angles du Prifme , prend divers tons , & fait voir diverfes couleurs.

Mais de dire que ces tons foient les vrais tons , les tons primitifs , les tons uniques de la nature , il faudroit non pas le dire , mais le prouver ; & l'on ne voit pas pourquoi le Prifme auroit cette prérogative , ou enfin cette proprieté.

Le Prifme donne fept couleurs : qu'eft-ce que cela dit ? c'en eft trop , fi ce font les couleurs Principes , puifqu'il eft démontré , je crois , déformais qu'elles fe réduifent à trois ; & c'en eft trop peu fi ce font les couleurs fecon-daires , puifqu'il y en a au moins 12 , & même 144 de bien démontrées.

Le Prifme donne 7 couleurs , comme la Plante nom-mée *Tricolor* en a trois. Encore trois tient-il de plus près à la nature des couleurs , & à la nature tout court , que les 7 couleurs Prifmatiques : puifque dans le vrai des
chofes ,

chofes, il n'y a que trois couleurs, à peu près celles du
Tricolor, & que cette Plante eft un Ouvrage de la nature pure; au lieu que le Prifme eft purement artificiel,
& d'un art très-fpéculatif & très-recherché.

Les couleurs d'un Papillon, celles du Paon, celles
d'une Coquille, & toutes les couleurs de la nature ont
droit de nous impofer, pour le moins autant que celles
du Prifme.

On me dira que la nature produit celles-ci, autant
que celles-là, & qu'elle les produit très-naturellement,
quoique déterminée par l'artifice du Prifme.

Si on le veut, je le veux, pour n'incidenter fur rien
de tant foi peu raifonnable. Il n'eft pas douteux que la
nature ne produife les couleurs du Prifme, & qu'elles
ne foient très-naturelles au Prifme, c'eft-à-dire, qu'il ne
foit très-naturel au Prifme de les produire. C'eft pouffer
la bonne foi, auffi loin, je crois, qu'elle peut aller.

Mais fi la nature produit les couleurs du Prifme, elles
font donc un Phénomene & non un Principe, un effet
& non une caufe, un ouvrage de la nature & non la nature même. Il faut donc découvrir ce Principe, expliquer cette caufe, dévoiler cette nature, & rendre raifon
en un mot de cet effet, de ce Phénomene.

Dire que les 7 couleurs font primitives, que le Prifme les donne, parce qu'il y en a 7, & qu'il y en a 7,
parce que le Prifme les donne, c'eft donner la thefe pour
raifon, prendre l'effet pour la caufe, & confondre l'Ouvrage avec l'Ouvrier.

C'eft comme fi pour expliquer la pefanteur d'une

Pierre, on difoit qu'elle tombe ; ou que pour expliquer pourquoi elle tombe, on difoit que c'eft parce qu'elle eft pefante. M. Newton ne le dit que trop ; & j'ai obfervé plus d'une fois ailleurs, que c'eft-là fa grande maniere de Philofopher, d'ériger les *Effeets* en *Caufes*, les *Phéno-menes* en *Principes*, les *Expériences* en *Explications*.

M. Newton, on me permettra de le dire, connoiffoit mal la nature. Un vrai Phyficien fçait combien il en coûte pour lui arracher fon fecret ; & que nulle part elle ne montre à découvert fes Principes, fes Refforts, fon jeu.

Plus elle eft liberale & brillante dans les 7 couleurs que le Prifme fait éclore, & qu'elle étale même avec magnificence dans *l'Arc en Ciel*, plus un efprit philofo-phe doit fe défier de ce qui impofe avec tant d'éclat à fes yeux.

Riche dans les Phénomenes, la Nature eft toujours infiniment fimple & économe dans les Caufes, parce qu'elle eft l'ouvrage & l'art de celui, qui de rien peut faire & a fait toutes chofes.

Les Newtoniens ont raifon de fe mocquer des Carté-fiens, qui veulent deviner la nature à force d'efprit, de raifonnement & de méditation ; s'il eft vrai qu'eux New-toniens la voyent ainfi de leurs yeux, intuitivement, immédiatement.

Les grands genies ont des Preffentimens admirables, Defcartes n'a pas défefperé qu'on ne put perfeetionner les Telefcopes, jufqu'à voir quelque jour les hommes qui font dans la Lune. Et M. Newton n'apas défefperé non plus, que les Microſcopes n'arrivaſſent quelque jour au point de perfection, de nous faire voir juſqu'aux premiers atômes de la matiere.

Un Medecin nommé *Morin* écrivit à Deſcartes, qu'il avoit enfin vu de ſes yeux la matiere ſubtile, aux rayons du Soleil qui pénetroit par un petit trou dans ſa chambre. Deſcartes répondit durement à cette viſion ; & je ne crois pas qu'il eut fait beaucoup de grace à la viſion ou à la préviſion de Newton.

Remarquez même que ce dernier oublioit beaucoup ſon Syſtême des Emiſſions. Car par quelles Emiſſions un atôme qui eſt plus petit que des Emiſſions compoſées, peut-il ſe manifeſter à nos yeux ?

V.

SOIXANTE-QUATORZIÉME PROBLEME.

S'il n'eſt pas conſtant, qu'il n'y a que trois
COULEURS PRIMITIVES ?

CE n'eſt pas aux aveugles, dit-on, de juger des couleurs. Or on ne peut pas traiter d'aveugle, un homme auſſi éclairé que Newton. Quel genie, quelle force, quelle tête, quelle ſagacité, quelle profondeur, égala, ſurpaſſa du moins celle de ce grand homme ?

Mais avec tout cela, le plus grand homme du monde a beau s'alembiquer & traiter une matiere, qu'il ne connoît pas, ou qu'il ne connoît qu'à demi, ou qu'il n'a étudiée que dans un faux jour.

M. Newton a manié, remanié le Prifme & fes couleurs, tant qu'on voudra. M. Newton n'a jamais été *Colorifte*. Il a connu, fi l'on veut, les couleurs du Prifme, mais fans être Colorifte, je doute qu'on connoiffe jamais les couleurs tout court, les *Couleurs en general.*

Les Couleurs du Prifme ne font que des Couleurs fantaftiques, fpéculatives, idéales, & à la pointe de l'efprit & des yeux. On ne les manie pas comme on veut, on ne les manie point du tout. Comment en n'y mefurant que des angles & des lignes, M. Newton s'eft-il flatté de parvenir à la connoiffance intime & philofophique des couleurs ?

On aime à fe repaître de chofes vagues & inutiles. Les couleurs du Prifme ne font tout au plus qu'un fpectacle charmant, & un affez digne objet de curiofité. En fait de couleurs, il n'y a d'utile & de fubftantiel même, que les couleurs des Peintres & des Teinturiers.

Celles-ci fe laiffent manier, étudier & mettre à toutes fortes de combinaifons & de vrayes analyfes. Il feroit étonnant, & cependant il eft affez vraifemblable, que Newton a paffé toute fa vie à étudier les couleurs, fans jamais jetter les yeux fur l'attelier d'un Peintre ou d'un Teinturier, fur les couleurs même des fleurs, des coquilles, de la nature.

C'eft qu'en verité ce grand homme, Géometre & demi, n'étoit que Géometre dans tout cela, & n'y cherchoit & n'y trouvoit que des lignes & des angles. Tout eft angle dans le Prifme, dans fes couleurs, & dans le Syftême de Newton.

Après cela parfait analyfte en Géométrie, M. Newton n'analyfoit rien en Phyfique. Le Prifme lui donnoit 7 couleurs : il les comptoit, il les mefuroit, mais il ne les pefoit pas, n'en voulant jamais fçavoir plus que fes yeux en fait de Phyfique.

Il comptoit fept couleurs Prifmatiques. Il a compté pour fes Difciples, difent-ils eux-mêmes. Le Prifme avoit analyfé pour lui. Plus ce Prifme lui donnoit de couleurs, plus il les croyoit fimples & primitives, comme l'analyfe géométrique décompofe une Equation en un nombre d'Equations linéaires.

Mais il n'en eft pas de l'analyfe phyfique, comme de la Géométrique. C'eft en compofant & par finthefe pure, que la nature multiplie les Phénomenes ; & c'eft par analyfe, que le Phyficien ramene la multitude des Phénomenes à la fimplicité, & prefqu'à l'unité des Principes.

Que toutes les couleurs dérivent d'une feule, du Bleu, par exemple, ce n'eft pas dequoi je doute ; & je crois même l'avoir prouvé, il y a quelques années, dans des Journaux, & ailleurs.

Mais il eft au moins déformais bien démontré, qu'il n'y a tout au plus que trois couleurs primitives, *le Bleu*, *le Jaune*, *le Rouge*.

Cette Démonftration confifte en deux points également certains, 1°. Que toutes les autres couleurs dérivent de ces 3 là, par fimple voye de mêlange, 2°. Que ces 3 ne dérivent d'aucune autre par cette voye, ni même par aucune voye.

En premier lieu, il est vrai de dire, qu'il n'y a proprement que cinq couleurs toniques ; d'abord les 3 , *Bleu* , *Jaune & Rouge* , & ensuite le *Verd* & le *Violet* ; n'y ayant gueres que ces 5 , qui ayent des noms propres de couleurs , & le commun y rapportant toutes les autres.

Or toutes les sortes de Verds , qui se réduisent communément à 3 , le *Verd Celadon* , le *Verd d'Olive* , & le *Verd tout court* , sont produits par un simple mêlange de Bleu & de Jaune , plus ou moins gradués l'un ou l'autre.

Et tous les *Violets* au nombre de 3 ou 4 , le *Violet rouge* , le *Violet bleu* , &c. sont un mêlange de Rouge & de Bleu.

Et il y a encore les *Orangés* , les *Aurores* , les *Couleurs d'or* qui résultent du mêlange du Jaune & du Rouge.

Et enfin après toutes ces couleurs au nombre de 12 , il est impossible de trouver de nouvelles nuances de couleurs , qui différent de celles-là par un vrai *Degré de coloris.* c. q. f. d.

En second lieu , nulle couleur non bleuë ne donne du bleu par son mêlange avec aucune autre ; nulle qui ne soit Rouge ne donne du Rouge ; nulle qui ne soit Jaune ne donne du Jaune. Ce sont des faits mille fois constatés. c. q. f. d.

Le *Blanc* & le *Noir* ne sont point des couleurs. Les Peintres distinguent avec soin le *Coloris* du *Clair obscur.* Le Clair obscur est un *mêlange de Noir & de Blanc* , & les *Gris* ne sont que cela.

Un bleu clair, un bleu foncé, un bleu moyen, font toujours du Bleu, mais du bleu plus ou moins foncé ou éclairci avec du noir ou du blanc. Ces Bleux différent en *Clair obscur*, mais non en *Coloris*.

J'ai fait voir ailleurs, qu'il y a 12 *degrés de Clair obscur*, comme 12 *degrés de Coloris*, ce qui fait en tout 144 nuances, depuis le noir jusqu'au blanc, en passant par tous les degrés de coloris & de clair obscur. *c. q. f. d.*

Non-feulement M. Newton n'a point connu le coloris, n'ayant connu que les 7 couleurs les plus fenfibles du Prifme ou de l'arc en ciel; mais il n'a eu aucune idée du clair obscur, qui partage par la moitié l'optique des couleurs, dont il avoit fait fon objet.

Dans fon Syftême de 7 ou du moins de 5 couleurs primitives, M. Newton a fait une faute, felon moi impardonnable à un grand Philofophe; & qui prouve qu'en fait d'hipothefe, la premiere venuë lui étoit bonne, & qu'il n'étoit rien moins qu'ennemi des fuppofitions, quelque déchaîné qu'il fut contre celles des Cartéfiens.

Ce grand homme n'ignoroit pas abfolument que le Verd & le Violet ne fuffent des couleurs compofées, l'une de Bleu & de Jaune, l'autre de Rouge & de Bleu. Il ne l'ignoroit pas, mais voilà tout : Quelqu'un lui en avoit fans doute fait l'objeftion.

Mais il ne le fçavoit pas comme de lui-même ; & par fa propre Expérience. Les chofes qu'on ne fçait ainfi que par ouïr dire, & furtout par voye d'objeftion, n'éclairent qu'à demi l'Efprit, & l'Efprit ne cherche gueres qu'à s'en débarraffer & à les obfcurcir.

M. Newton plus convaincu qu'éclairé par-là fur la nature du verd & du violet, multiplia fans néceffité les Etres & les natures des chofes.

Au lieu de convenir bonnement, que le verd & le violet du Prifme qu'il n'avoit pû décompofer, étoient pourtant décompofables, puifque tous les autres verds & violets le font, il imagina des verds & des violets fimples, & des verds & des violets compofés, les mêmes quant au Phénomene & à l'effect, mais très-différens quant au Principe & à la caufe. Cela feul démontre *c. q. f. d.*

V I.

SOIXANTE-QUINZIE'ME PROBLEME.

S'il eft poffible que les Rayons foient primitivement colorés,
RUBRIFIQUES, JAUNIFIQUES,
HÉTEROGENES ? &c.

CE jargon feul de *Rayons colorifiques, jaunifiques, verdifiques*, &c. auroit dû fe fervir à lui-même de contre-poifon, dans des Efprits nourris d'une faine Phyfique; & Defcartes auroit été étrangement humilié pour fon fiécle ou pour le nôtre, s'il avoit prévu que fa maniere de philofopher dût fuccomber fi vîte fous celle-là.

Le jargon n'y fait rien, dira-t-on; mais je dis qu'il fait tout ici; puifque 1°. il n'explique rien, & que rien ne l'explique; & que 2°. fon Auteur ne l'a mis là qu'à la
place

place de l'explication, convenant 1°. qu'il ne pouvoit la
donner, prétendant 2°. que perfonne ne le pouvoit plus
que lui. Car fon aveu n'étoit pas un aveu fimplement
modefte.

Car il faut bien remarquer, quoiqu'en difent Meffieurs les Newtoniens, que les termes remplacent toujours chez eux & chez leur maître, les Explications, les
idées, les chofes, & cela de leur aveu même, de leur
confentement, & de propos déliberé ; & qu'ainfi *l'attraction*, la *réfrangibilité*, la *colorabilité*, font chez eux,
par Syftéme, de vrayes *qualités occultes.*

Car, par exemple, fur l'attraction ils difent, ils ré-
petent, ils proteftent, 1°. Que ce n'eft qu'un terme,
2°. Qu'ils ignorent la caufe à laquelle ils le fubftituent,
3°. Que perfonne ne fçait & ne peut fçavoir cette caufe,
4°. Que cette attraction exifte, 5°. Qu'elle eft même
très-fouvent différente de l'impulfion, &c. *c. q. f. d.*

Cependant pour fauver fon Syftême, du ridicule de
la qualité occulte, M. Newton n'a pas laiffé d'indiquer
l'inégale groffeur ou denfité des Rayons, comme la caufe
de leur héterogénité, de leur diverfe colorabilité, &
de leurs diverfes couleurs.

Par exemple, les rayons Rouges, felon lui, font
compofés de particules plus groffieres, plus maffives &
plus fortes, ce qui les rend plus roides, plus impliables
& moins Réfrangibles ; & ainfi des autres à proportion.

C'eft tenir beaucoup à un Syftême de fuppofition,
comme eft celui de la diverfe Réfrangibilité des Rayons,
que de l'étayer d'une fuppofition pareille à celle des

Rayons compofés de molecules de groffeurs fi exactement, fi uniformément & fi conftament inégales.

Le Soleil & tout corps Lumineux eft une confufion
de parties fi tumultueufement agitées, que, s'il en fort,
par l'excès de fon agitation, des écoulemens, ils doivent être ou très-groffierement diverfifiés, ou très-inti-
mement mêlés & impoffibles à démêler, l'étant par molecules infenfibles, & non par Rayons diftincts & faciles à diftinguer.

M. Newton en parle fort à fon aife : mais pour réalifer fon hypothefe, il faut, 1°. Que du Soleil il ne s'é-
chappe que des Emiffions d'une certaine fubtilité, paffé
laquelle toute molecule plus groffiere foit comme arrê-
tée à la circonférence. Or pour cela il faudroit que cette
circonférence fut un crible ou un tamis qui ne laiffât
tranfpirer que des atômes de Lumiere d'une certaine
groffeur, & toujours avec mefure & en même quantité.

2°. Il faudroit qu'il en échappât de fept groffeurs différentes, ni plus ni moins pour former les fept fortes de
rayons & de couleurs primitives ; & toujours la même
quantité des uns que des autres, ou enfin une certaine
quantité refpective des uns & des autres.

3°. Il faudroit que le crible ou le tamis, dont le Soleil
feroit enveloppé, & tout Corps lumineux de même,
fut percé de fept fortes de trous de groffeurs différentes,
uniformement mêlés, afin que les molecules de certaines
groffeurs paffaffent par de certains trous pour former de
certains Rayons, & qu'il y en eut une quantité refpectives toujours la même des 7 efpeces, dans le plus petit

faiſceau de Rayons, qu'on reçoit dans une chambre obſcure, par un trou d'Epingle.

4°. Encore cela ne ſuffiroit-il pas ; & il faudroit que
les trous & les molecules émiſſaires fuſſent conformés
avec un certain art , afin que les plus petites molecules
qui font le Bleu ou le Violet ne s'échappaſſent pas par
les trous qui ſont ouverts aux groſſes molecules qui font
le rouge ou le jaune.

Parlons bien clairement : je demande comment il peut
ſe faire , qu'un rayon rubrifique ſoit conſtament , dans
toute ſa longueur , compoſé de molecules rubrifiques ; à
moins qu'on ne diſe que le Rubrifique attire le Rubrifique , le jaunifique le jaunifique , &c. & qu'encore le rubrifique attire le rubrifique à ſa ſuite , & non à ſon côté ,
ayant ſans doute *un côté de facile & un de difficile Attraction* ; ou bien un côté pour attirer le rubrifique , & un
pour le jaunifique , &c.

Eſt-il poſſible que l'eſprit d'analyſe introduit par Deſcartes dans les Sciences , ait fait ſi peu de progrès dans
la Philoſophie , pour qu'on ait juſqu'ici laiſſé paſſer ſans
analyſe, des choſes qui en ſuppoſent une ſi merveilleuſe,
ſi inexplicable , ſi contradictoire dans ce Syſtême des
Couleurs ?

En general le Syſtême Newtonien eſt plein d'analyſe,
ſoi diſant géométrique , & très-peu d'analyſe philoſophique ou ſimplement littéraire. Car ce que les Géometres appellent *Analyſe* , pourroit bien le plus ſouvent
être appellé *Syntheſe*.

Enfin , M. Newton ſuppoſe un diſcernement infini ,

1°. Dans les molecules qui compofent un Rayon. 2°. Dans les Rayons qui compofent un faifceau de Rayons. 3°. Dans le Prifme qui les fépare. 4°. Dans l'œil qui les apperçoit. Mais très-peu, 5°. Qu'il me foit permis de le dire, dans l'efprit qui en juge, & qui veut bien ne pas y regarder de fi près. *c. q. f. d.*

A la vuë de cette impoffibilité démonftrative d'hypothefes hypothétiquement hypothétiques, je ne puis me laffer d'admirer la fimplicité, je dirois, prefque divine, car je la crois la vraye, de l'hypothefe ou de la Découverte d'un Soleil ou d'un Corps lumineux quelconque chargé feulement de fe gonfler un peu, par le bouillonement intérieur de fes parties, pour repouffer, d'inftant en inftant, un Ciel impénétrable de globules, qui aboutiffent de toutes parts, par des lignes effentiellement droites, vers tous les points de l'Univers.

Cette feule fimplicité d'hypothefe, n'en démontre-t'elle pas, je le répete, la bonté, la verité, je le répete auffi, la divinité ? Puifque fi elle eft vraye, elle eft l'ouvrage de Dieu feul, dans fa réalité. On ne cultive pas les Sciences par amour pour le vrai, lorfqu'on ne fe rend pas à cette évidence. *c. q. f. d.*

V I I·

SOIXANTE-SEIZIÉME PROBLEME.

Suite du Précedent : Sur la RÉFRANGIBILITÉ.

C'EST cette Réfrangibilité inégale dans les diverses couleurs, qui est le nœud de tout le Systême Newtonien.

Grimaldi fut absolument le premier, qui découvrit l'inégale Réfraction des Rayons qui passent par un Prisme sous une même inclinaison ; & tout de suite, selon sa maniere, M. Newton prenant le fait pour le droit, l'effet pour la cause, le Phénomene pour le Principe, tourna le mot d'*inégale Réfraction* en *inégale Réfrangibilité*.

Si ce n'étoit qu'un mot, ce ne seroit rien ; & l'on auroit tort de s'y arrêter. Mais M. Newton auroit le premier ce tort ; puisqu'il tient à ce mot, & qu'il en fait la Base de son Optique.

Les Newtoniens se fâchent quelquefois, qu'on incidente sur ce mot. C'est qu'ils y tiennent aussi, bien fort. C'est un fait d'Expérience, disent-ils, que les Rayons sont *inégalement Réfrangibles*.

C'est un fait qu'ils sont *inégalement Réfractés* : il n'y a point-là d'autre fait. Grimaldi n'en découvrit point d'autre, & nos yeux ne sçauroient aller plus loin. C'est l'efprit, c'eft l'imagination qui dans *l'inégale Réfraction* voit *l'inégale Réfrangibilité.*

Soit, dit-on. C'eft par le raifonnement, mais par un raifonnement immédiat & néceffaire, que de celle-là on déduit celle-ci. Comment des Rayons fous une même incidence fur une furface uniforme, fe romproient-ils, fe plieroient-ils inégalement, s'ils n'étoient inégalement pliables, inégalement réfrangibles ?

Cela s'explique facilement, & je l'ai vingt fois expliqué dans les Journaux & ailleurs. Un Rayon folaire, quelque petit qu'on le prenne, eft un *Faifceau de Rayons*, felon M. Newton même, comme felon Grimaldi ; j'ajoute, un Faifceau de rayons très-ferrés les uns à côté des autres. Rien n'eft plus ferré, plus denfe que la lumiere. Tout en eft fi plein.

Qu'on prenne un faifceau de 20, 30, 50 petites baguetes pliantes, houffines, fils d'acier, joncs mêmes ; & qu'on effaye de plier le faifceau tout entier dans fes mains.

Toutes ces Baguetes font également pliantes, & n'ont point d'*inégale Pliabilité.* Cependant on les verra conftament fe plier toutes inégalement, & à peu près de la façon dont M. Newton arrange la Réfrangibilité de fes rayons, les Baguetes fupérieures dans la convexité du pli étant toujours moins pliées, que celles d'au-deffous dans la convexité.

Cela eft, & cela doit être par la raifon même de la convexité & de la concavité ; & cela d'autant plus qu'en pliant les baguetes, on les ferre davantage les unes con-

tre les autres, celles d'au-deffous empêchant celles d'au-
deffus de plier autant qu'elles, & les repouffant en dehors.

Qu'on prenne une fimple main de papier, & qu'on
la tienne horifontalement par le dos, laiffant la main
fe plier naturellement par la tranche qui tombe, rien ne
la foutenant : on verra conftament les feuilles d'au-deffus
moins pliées que celles d'au-deffous. Ce Phénomene eft
trivial; & M. Newton nous a fait illufion, en le revêtant
d'un air de fingularité, qui l'affecte à la Lumiere.

La Lumiere eft fi denfe dans fes rayons, fi roide dans
fon mouvement, que non-feulement elle doit fe plier
moins dans la partie convexe du pli ; mais qu'elle doit
s'y plier exceffivement moins , & prefque s'y plier à
contre-fens, comme on verra bientôt qu'il arrive en effet, toutes les fois que la Lumiere eft obligée à prendre
un détour un peu brufque, comme dans le Prifme.

Il n'eft donc pas prouvé, que la Lumiere foit inégalement réfrangible dans fes rayons, quoiqu'elle y foit
inégalement réfractée. Lorfque l'eau dans un courant
ou dans une chute va fe brifer contre un corps ferme qui
la fait réjaillir fort inégalement de toutes parts ; il n'eft
pas prouvé que les diverfes goutes ou les divers filets de
cette eau foient *inégalement réjailliffables.* Quelle maniere de Philofopher ! Quel jargon !

Qu'on obferve feulement un courant d'eau, qui fe
détourne autour d'une arche, d'une barque, ou d'un
fimple pieu. On verra toujours les filets d'eau comme
concentriques fe détourner, fe recourber, fe plier d'au-

tant moins, qu'ils font plus dans la partie convexe ou extérieure du détour.

La chofe eft fi triviale en effeſt, & fi fort de l'effence en quelque forte du pli, de l'inflexion ou de la courbure qu'on donne à un Corps quelconque, qu'abfolument il faut que dans la partie concave du pli ou de la courbure, ce pli ou cette courbure foient plus grands, plus pliés, plus recourbés que dans la partie convexe.

Cette feule raifon eft décifive, qu'il faut que le contenu foit plus petit que le contenant. La partie convexe contient, enveloppe la partie concave. Il en eft de ceci comme des Cercles concentriques, dont les plus voifins du Centre font plus petits & plus courbes dans leurs parties relatives. M. Newton a donné aux Expériences les plus communes, un merveilleux qui nous empêche de les voir, à tous momens, fous nos yeux.

Il y a de certains bois veineux & compofés de lames minces, comme l'eft une main de feuilles de papier. Lorfqu'on plie un bâton de cette efpece de bois, on voit les lames ou feuilles d'au-deffus fe détacher de celles d'au-deffous, par le feul effort du pli qui eft toujours plus grand en deffous qu'en deffus.

Naturellement tous les corps longs qu'on plie ainfi ou qu'on recourbe avec effort, tendent à fe fendre dans dans leur longueur; & la chofe arrive à prefque toutes fortes de bois verds.

Surement il arrive quelque chofe de pareil à un Rayon de Lumiere qui fe plie ou fe rompt ou fe réfraſte, comme on dit, en paffant de l'air dans l'eau ou dans le verre.

Et

Et Grimaldi , premier obſervateur de ce Phénomene ,
a toujours prétendu que dans la Réfraction il y avoit
une *diffraction*, une ſéparation , une eſpece de *fiſſion* de
rayons.

M. Newton qui a fondé tout ſon Syſtême ſur cette
belle obſervation , a nié je ne ſçais pourquoi , ni comment cette *fiſſion*, cette *diffraction*, cette ſéparation d'un
Rayon en pluſieurs Rayons.

Il a cependant reconnu qu'un Rayon étoit un *Faiſceau*
de Rayons. Il a reconnu que ce Rayon ſe dilatoit extrêmement par la Réfraction. Il n'a pas pû nier *l'inégale*
Réfraction des rayons qui compoſent un rayon ; puiſque
pour l'expliquer il admet même une *inégale Réfrangi-*
bilité.

Je ne vois pas avec quelle bonne foi il nie la *Diffrac-*
tion & la *fiſſion* après cela. Mais enfin ſa Réfrangibilité ,
comme on voit, eſt auſſi peu recevable que *l'inégale plia-*
bilité des feuilles d'une main de papier, des lames ou
veines d'un bois qu'on plie , des baguettes qui forment
un faiſceau , &c. *c. q. f. d.*

VIII.

Soixante-dix-septiéme Probleme.

S'il est raisonnable de nier que la couleur soit une simple MODIFICATION de la Lumiere ? Et que le BLANC en particulier soit une LUMIERE PURE ?

C'Est une des plus importantes Découvertes de Descartes ou de la Physique moderne, d'avoir réduit la plûpart des Phénomenes de la nature, à de simples modifications de la matiere & du mouvement.

C'est cette maniere d'expliquer le formel, comme on dit, de la nature physique des Corps, par une simple diversité de modifications, qu'on peut appeller la saine Physique. Tout ce qui s'écarte de-là, me paroît s'écarter du but.

M. Newton est tout-à-fait héterodoxe sur l'article. Il ne reconnoît ni *formes* ni *textures* dans la constitution spécifique des Corps. Pesanteur, densité, matiere pure, ou plutôt matiere, vuide, & attraction font tout chez lui.

Absolument il ne veut point de modifications dans la Lumiere, pour la génération des couleurs. Il rejette expressément ces modifications; & je ne sçaurois trop dire par quelles raisons, si ce n'est par la raison que son Systême ne s'en accommode pas.

Dans la plus pure Lumiere, les couleurs font toutes faites felon lui. Elles n'ont befoin que de fe féparer les unes des autres, pour paroître ce qu'elles font.

Il n'y a point, felon lui, de pure Lumiere ou de Lumiere pure. Le blanc qui paffe pour ce qu'il y a de plus pur, & qui a toujours été, qui fera même, je crois, toujours malgré lui, le fymbole de la plus parfaite pureté, n'eft qu'un mêlange confus de Rayons héterogênes tous colorés.

Jufqu'à Newton, le blanc a été regardé comme la matiere premiere des couleurs, comme capable de toutes fortes de teintures, comme formant par fes diverfes altérations, fes diverfes modifications, toutes les couleurs.

Selon le nouveau Syftême, les couleurs ne fe font pas du blanc, mais le blanc fe fait des couleurs. Elles le produifent par leur réunion.

Il eft bien certain au refte, que fi le blanc, c'eft-à-dire, la Lumiere pure donne toutes les couleurs en fe divifant comme le veut Grimaldi, toutes ces couleurs en fe raffemblant de nouveau, doivent donner le blanc.

Mais ce doit être par une raifon fort différente de celle de M. Newton, fort contraire même à fes prétentions. Car il veut pofitivement que comme le verd eft compofé de jaune & de bleu, le violet de bleu & de rouge, le blanc de même foit un vrai compofé de rouge, de bleu, de jaune, de verd, de violet, enfin de toutes fortes de couleurs.

Or cela même prouve qu'il n'eft compofé d'aucune,

& qu'il les exclut toutes. Car il ne les veut toutes que pour n'en avoir aucune.

Un mêlange de bleu & de jaune, eſt verd. Un mêlange de bleu & de rouge, eſt violet. Un mêlange de jaune & de rouge, eſt orangé. Un mêlange de verd & de violet, eſt une couleur fort indéciſe, & un vrai gris, c'eſt-à-dire, une couleur manquée, alterée. De même un mêlange de verd & d'orangé, ou d'orangé & de violet ; en un mot un mêlange de bleu, de rouge & de jaune, eſt fort équivoque, & pour le moins une fauſſe couleur.

Il n'y a proprement de vrayes couleurs que les 3 primitives, *Bleu*, *Jaune*, *Rouge*. Les compoſées *verd*, *orangé*, *violet* paſſent encore pour de vrayes couleurs. Mais paſſé ces 6 ou 7, on n'en connoît plus d'autres.

Il eſt vrai que ces 6 ſe rédoublent, y ayant deux ſortes de bleux, bleu vrai bleu, & bleu violant qui eſt un peu rougeâtre ou violet ; deux verds, verd tout court, & verd céladon qui eſt fort bleuâtre ; deux jaunes, le vrai jaune, & le jaune olivâtre ; deux orangés, l'orangé tout court, & le couleur d'aurore ; deux rouges, le couleur de feu, & le cramoiſi ; & enfin deux violets, le violet cramoiſi ou violet rouge, & le violet bleuâtre.

Mais de ces 12 couleurs, il y en a 3 de tout-à-fait ſimples, comme j'ai dit, & les 9 autres ne ſont compoſées chacune que de deux couleurs ſimples.

Car dès qu'il y a trois couleurs ſimples, les trois bleu, rouge, jaune, le coloris s'éteint, & ſi les doſes en étoient bien égales, & que les drogues fuſſent bien proportionnées, de ces trois couleurs il ne ſçauroit jamais réſulter une vraye couleur, mais un blanc ou un gris ou même un noir, c'eſt-à-dire, une deſtruction de couleurs.

Le blanc de M. Newton eſt compoſé de toutes les ſept couleurs du Priſme, leſquelles venant du blanc le redonnent juſte, en ſe détruiſant (au moins dans l'œil) les unes les autres, parce qu'elles ſont doſées & proportionnées juſte par la nature même.

M. Newton fait fort valoir, que ſi au mélange de ces couleurs priſmatiques il manque une couleur, le mêlange n'eſt pas bien blanc & paroît coloré.

Je ne conſeille pas à ceux qui n'ont point vû la choſe, & qui ne ſont point coloriſtes, de prendre cela trop à la lettre.

1°. Tout au plus ce blanc là n'eſt pas extrêmement blanc, il eſt un peu gris, un peu ſale, & en y regardant de très-près, ſur tout avec des yeux Newtoniens, c'eſt-à-dire, avec l'intérêt du Syſtême, on y découvre une petite teinte de jaune, ou de rouge, ou de verd, ou de violet, ou d'orangé, ou de bleu, ſelon la couleur qui y domine.

2°. Mais la plûpart de nos blancs les plus beaux ont le même défaut, & la Lumiere la plus pure du Soleil a une teinte de jaune. Nos noirs mêmes & nos gris ont toujours quelque choſe de bleuâtre, de violet, de rougeâtre, &c.

3°. C'eſt pour effacer cette couleur dominante, qu'il faut ajouter des couleurs capables de la détruire. Si le verd domine, mettés-y un peu de rouge; ſi le rouge domine, mettés-y du verd; ſi le violet domine, appellés-le jaune au fecours : fi le blanc ou le noir ou le gris tire au bleu, un peu d'orangé va le rabattre.

4°. Car ce n'eft pas le blanc feul, qui a befoin du temperament de toutes les couleurs, pour jouir de fa blancheur ; le noir & le gris en ont befoin auffi pour être ce qu'ils font ; non que les couleurs les rendent tels, mais plutôt parce qu'elles les empêchent de l'être, & qu'étant colorés, il faut détruire leurs couleurs par d'autres couleurs.

5°. Le Blanc n'eft blanc que par une abondance de Lumiere vive. Il eft faux qu'il faille les fept couleurs de M. Newton pour le former. Le violet, le bleu même, & même le rouge, je crois même le verd, peuvent y manquer fans conféquence, & avec du jaune feul & de l'orangé tout au plus, bien ramaffés en un foyer avec une loupe, on peut faire un blanc très-éclatant, fur tout fi on raffemble dans ce foyer cinq ou fix jaunes, pris de divers Prifmes.

6°. Je ne doute pas même, qu'on n'en fît autant avec cinq ou fix rouges feuls, cinq ou fix verds feuls, & même avec autant de bleux & de violets : le blanc n'étant encore une fois qu'une lumiere très-vive, le noir une lumiere très-foible, & le gris un lumiere moderée. *c. q. f. d.*

I X.

Soixante-dix-huitiéme Probleme.

Suite du Précedent.

CE n'eſt que le déſeſpoir d'expliquer les couleurs ,
qui a fait prendre à M. Newton le parti de les ſuppoſer toutes faites. Si Meſſieurs les Philoſophes vou-
loient bien convenir de bonne grace qu'ils ignorent quelque choſe , ils s'épargneroient la honte de bien des erreurs.

Par tout M. Newton a pris le même parti , de ſuppoſer tout fait ; pour ſe diſpenſer de rien expliquer. Il en
appelle toujours à l'expérience & aux faits : voilà le
nœud , chez lui les faits ſont toujours des cauſes.

Sa grande vuë a toujours été de s'éloigner , le plus
qu'il pouvoit , de Deſcartes & des Cartéſiens. Il ne pouvoit pas s'y prendre mieux. Les Cartéſiens veulent tout
faire. Donnez-moi , de la matiere & du mouvement,
dit Malebranche , je ferai un monde. Dès que M. Newton a de la matiere , tout eſt fait , le monde eſt fait.

M. Newton , me dira-t-on , blâme au contraire ceux
qui veulent tout expliquer. Il convient bonnement qu'il
y a mille choſes qu'on ne peut point expliquer , & que
la plûpart des cauſes ſont inconnuës. Il s'arrête à l'expérience , au Phénomene , au fait , & ne ſe permet point
de deviner.

C'eſt-là un tour : Peut-être M. Newton a-t-il été dupe lui - même de lui - même ; mais il n'y a que ceux qui ne connoiſſent point ſa maniere , qui puiſſent l'être avec lui.

Il convient , dit - on , qu'il y a mille choſes qu'on ne *peut* point expliquer. Il fait plus : il *prétend* qu'on ne *doit* point les expliquer , parce qu'elles ſont de ſoi toutes expliquées. Il ne ſe permet point de deviner : C'eſt qu'il croit qu'il a tout vû. Il s'arrête au fait , parce qu'il le prend pour la cauſe.

Il blâme les Cartéſiens , parce qu'il croit faire mieux qu'eux. Il décrie leurs hypotheſes , parce qu'il ſe diſſimule les ſiennes à lui-même. Les Cartéſiens conviennent bonnement , que leurs hypotheſes ſont des hypotheſes. M. Newton cache les ſiennes , ſous un air d'Expérience , ou ſous une triple enveloppe de profonde Géométrie.

Si jamais rien à dû s'expliquer par de ſimples modifications , ce ſont les couleurs , qui ne ſont en verité que des Phénomenes ſuperficiels , & de ſimples apparences.

Deſcartes s'eſt fort trompé ſans doute , en voulant les expliquer par un tournoyement de Globules , lequel n'a rien de vraiſemblable. Car ſi dans une ſuite de Globules , un d'eux vient à tourner d'un certain ſens , celui qui le précede ou qui le ſuit doit tourner à contre-ſens ; n'étant pas poſſible que deux rouës contiguës tournent du même ſens , ſans ſe contrarier.

Mais Deſcartes n'a gueres été ſuivi ſur l'article par ſes Diſciples mêmes ; & Malebranche l'a fort bien rectifié en expliquant les couleurs , d'après Grimaldi , par des vibrations

tions comme les fons. Car la *crifpation* ou la *fubfultation* de ce dernier, n'eſt qu'une vibration.

De foi la Lumiere ne fe propage que par des vibrations vives & promptes, mais uniformes. Les vibrations des couleurs paroiſſent moins vives & moins uniformes.

Il paroit qu'il y a quelque choſe de flotant, de tremblotant, d'ondoyant dans les rayons colorés, comme dans une corde qui rend un ton de muſique, & dans l'air qui nous en tranſmet l'impreſſion.

Peut-on nier que la Lumiere n'excite dans l'œil des vibrations, comme le fon en excite dans l'oreille ? Et peut-on nier que les diverſes couleurs n'excitent diverſes vibrations, comme les divers fons ?

L'impreſſion des couleurs & de la Lumiere n'eſt donc qu'une modification de l'œil, comme l'impreſſion des fons & des tons n'eſt qu'une modification de l'oreille. Il y a donc bien de l'apparence que la Lumiere & les couleurs ne font en elles - mêmes qu'une modification, non plus que les fons le font en eux-mêmes, c'eſt-à-dire, dans les corps fonores, & dans l'air qui en tranſmet l'operation, & dans l'organe qui la reçoit.

On ſçait aſſez que les plus légeres modifications dans les mouvemens principes des choſes, y produiſent les Phénomenes les plus divers, & que, par exemple, le *Nitre* produit, tantôt le froid & la glace, & tantôt les plus terribles embraſemens; qu'un *Aimant* preſenté d'un côté ou d'un autre, attire ou repouſſe un autre Aimant; qu'un remede ſe convertit fort aiſément en poiſon, &c.

Il faut trop de façons dans le Syſtême Newtonien,

pour produire les couleurs. Il est tout naturel de les produire par une simple diversité d'Oscillations, dans le mouvement de la Lumiere.

Ce mouvement est évidemment modifié, par la double Réfraction que la Lumiere éprouve en traversant un Prisme. Et cette modification ne peut gueres consister que dans un rallentissement mesuré de ce mouvement : ce qui produit naturellement diverses Oscillations.

Et de même ce mouvement de la Lumiere, refléchi par les Corps sur lesquels il tombe, en est modifié, rallenti, & mis en Oscillation, diversement selon la diversité de ces Corps, sur lesquels la Lumiere ne peut tomber, & desquels elle ne peut rebondir sans y exciter, & sans en recevoir des Oscillations.

Les raisons enfin sur lesquelles M. Newton rejette les modifications de la Lumiere, comme causes des couleurs, sont si légeres, qu'on pourroit presque dire qu'il n'en apporte aucune; & qu'il est étonnant, qu'en Philosophie & dans le centre du Raisonnement humain, on puisse contredire quelque chose d'aussi-bien fondé que ces modifications, avec si peu d'appareil de Raisonnement, & si peu d'apparence de raison.

Je le répete : il faut que notre siecle soit bien amoureux de mode & de nouveauté, pour se laisser ainsi séduire à la plus frivole illusion qui se présente ; & que le goût du vrai soit tout-à-fait prêt à nous échapper. *c. q. f. d.*

X.

SECOND SUJET DE DISCUSSION.

Les Expériences de Newton font - elles vrayes ?

X I.

SOIXANTE-DIX-NEUVIE'ME PROBLEME.

S'il eſt vrai que le Priſme donne ſept , ou au moins cinq Couleurs ?

C'Est beaucoup que d'oſer entreprendre de diſcuter la verité des Expériences d'optique de M. Newton. Y a-t-il jamais eu en Phyſique, Expériences plus averées que celles-là.

Outre M. Newton qui les donne comme des faits, & qui les a tournées & conſtatées de cent façons, toute l'Europe les a verifiées & y a ſouſcrit.

M. *Mariotte* ſeul les a un peu contredites depuis une trentaine ou une quarantaine d'années, & depuis ce moment, toute l'Europe a retenti des illuſions où M. Mariotte avoit donné.

J'ai cru long-tems moi-même M. Mariotte dans l'er-

reur ; & je ne voudrois pas encore trop juftifier les Expériences qu'il a oppofées à celles de M. Newton.

Il y a plus : Perfuadé par d'autres Expériences non
moins certaines que celles-ci , qu'il n'y avoit que trois
couleurs primitives, encore n'aurois-je pas ofé révoquer
en doute les faits obfervés par M. Newton.

Enfin aujourd'hui même je ne voudrois pas dire tout-
à-fait crûment , que ce grand Artifte n'eût pas éprouvé ce
qu'il a cru avoir éprouvé & obfervé.

Les grands hommes , ai-je fouvent répeté d'après M.
Leibnitz , ne fe trompent gueres dans ce qu'ils affirment ;
mais uniquement dans ce qu'ils nient , & dans les exclu-
fions fecretes ou formelles qu'ils donnent aux affirmations d'autrui , en faveur de leurs propres affirmations
qu'ils rendent communément trop generales.

J'ai diftingué jufqu'ici le fait du droit , & l'expérience du Syftême , dans ce que M. Newton donne , comme
de purs faits & de pures Expériences ; & je viens de
montrer qu'en maintenant la partie expérimentale de fon
Optique , il y avoit beaucoup à rédire dans fa partie fiftematique.

Mais dans la partie expérimentale même , je crois pouvoir diftinguer encore le fait pofitif du fait exclufif , pré-
fumé & fiftematique ou hypothetique. Car dans tout
homme qui a un Syftême, les faits, les Expériences toujours fecretement relatives à ce Syftême , en reçoivent
quelque influence & quelque altération.

Que M. Newton à 50 , à 100 pas du Prifme , ait obfervé un *Spectre* compofé de fept couleurs confécutives ,

placées immédiatement à côté les unes des autres , le violet , l'indigo , le bleu , le verd , le jaune , l'orangé & le rouge , je veux le croire. Et il eſt vrai que je les y ai obſervées tout comme lui.

Mais que ces ſept couleurs ſortent du Priſme , que le Priſme les engendre immédiatement , en un mot , qu'au ſortir du Priſme on puiſſe les obſerver , à un pas ou à deux , comme à 20 ou à 50 , c'eſt à quoi je ne puis ſouſ-crire , le fait étant poſitivement faux.

Il paroît , je l'avoüe , difficile de penſer , que M. New-ton n'ait pas obſervé quelquefois la choſe de près , c'eſt-à-dire , à un pas , à un pied , à un pouce même du Priſ-me , & même tout contre , & à une ligne ou demie ligne de diſtance.

Mais ce qui me le perſuade le plus , eſt qu'il n'a rien tant recommandé que d'éviter ce point de vûë trop im-médiat , & les grands Priſmes qui rendent trop ſenſible le faux de ces ſept couleurs primitives. Il eſt permis de craindre les écueils auſquels on a un preſſentiment bien fondé qu'on doit ſe briſer.

M. Newton a vû les couleurs près de Priſme , & il n'y en a vû que ce qu'il y en a , c'eſt-à-dire quatre tout au plus. Son Syſtême étoit formé , ſon parti étoit pris : il en avoit ſtatué ſept. Ces quatre l'avoient embarraſſé , mais ſans pouvoir l'ébranler.

C'étoit une difficulté du Syſtême. Tous les Syſtêmes en ont , on n'y renonce pas pour cela. Si elles ſont trop fortes , ſi elles ſont invincibles , on en eſt quitte en les diſſimulant , ou en y trouvant quelque ſubterfuge. Un

genie tel que Newton n'en fçauroit manquer. Il avoit
tourné le dos au Prifme, & s'en étoit éloigné, en nous
recommandant bien d'en faire autant. Il a été obéi. Un
homme tel que lui mérite en general de tels égards.

Mais le vrai perce tôt ou tard; & avec le tems on a
trouvé des taches, même dans le Soleil. Voici le vrai
des couleurs du Prifme.

Selon M. Newton, fept rayons contigus (*Fig. 57.*)
étant conçus entrer parallelement dans un Prifme, & le
traverfer parallelement, en fortent, comme on voit ici,
un peu divergens, mais dans l'ordre du refte qu'on les
voit, & avec les couleurs qui font marquées à côté.

Ce font ces fept couleurs qui font ce qu'il appelle *le
Spectre coloré*, qui n'a d'autre proprieté, felon lui, que
de s'aggrandir & de devenir plus diftinct ou plus fenfible
en s'éloignant, par la divergence des rayons qui le forment; & qui eft du refte le même pour le nombre & l'ordre des couleurs au fortir du Prifme, à un pas, à un pouce, à une ligne, & tout contre, qu'à cent ou deux cens
pas.

A cent & à deux cens pas la chofe eft ainfi. Mais voici
comme elle eft à un, à 2 ou 3 pas, & furtout à un pouce,
& tout contre le Prifme.

Les Rayons entrant dans le Prifme, & le traverfant
parallelement comme chez M. Newton, n'en fortent pas
de même.

Ils fortent (*Fig. 58.*) tous réfractés, il eft vrai, c'eft-
à-dire, tous pliés par réfraction, mais fans changer de
couleur, & avec leur blancheur quoiqu'un peu moins

vive, à la referve des deux rayons extrêmes qui confi-
nent à l'ombre des deux côtés aux points *A*, *B*.

Car ceux du point *A* vers l'angle du Prifme en fortent
colorés de deux couleurs fort divergentes, Rouge en
deffus, Jaune en deffous.

Et du point *B* même il fort deux couleurs, Bleu en
deffus, Violet en deffous qui divergent auffi entr'eux.
Et voilà tout.

Or le Jaune & le Bleu étant divergens de leurs collateraux Rouge & Violet, convergent l'un vers l'autre,
& fe croifant à quelque diftance du Prifme y produifent
du verd.

Mais ce verd ne fortit jamais immédiatement du Prifme, & n'y fut jamais une couleur primitive. *c. q. f. d.*

X I I.

QUATRE-VINGTIÉME PROBLEME.

Si M. Newton a encheri fur la DECOUVERTE DE
GRIMALDI, *ou s'il l'a même pleinement faifie ?*

GRIMALDI eft bien furement le premier des Modernes qui ait fait de vrayes Découvertes fur la
Lumiere. Newton en le citant, eft parti de là pour aller
plus loin. Qu'a-t-il donc ajouté à la Découverte de Grimaldi ?

Celui-ci avoit découvert l'inégale Réfraction des

rayons qui entrent parallelement dans un Prifme. M. Newton à érigé cette *inégale Réfraction* en une *inégale Réfrangibilité*. Ce n'eft-là qu'une hypothefe très-litigieufe, très-fauffe même, & non une Découverte.

Mais l'inégale *Réfraction* des rayons n'étoit qu'une branche de la Découverte de Grimaldi. La *Diffraction* en étoit l'autre Branche : non-feulement M. Newton ne l'a point connuë ; mais il a fait pis, il l'a pofitivement méconnuë, puifqu'il l'a réfutée.

Si ceux qui fe bornent à de refpectueux commentaires des Découvertes des autres, fans y ajouter de propres découvertes, paffent pour ne rendre aucun vrai fervice à la République des Lettres, que doit-on dire de ceux qui anéantiffent les Découvertes de leurs Prédeceffeurs par de fauffes Découvertes ? L'ignorance n'eft qu'une négation de bien : L'erreur eft un mal pofitif.

La *Diffraction*, de la maniere dont l'entend Grimaldi, eft une verité précife de fon invention. Il eft vrai que la Lumiere en fortant du Prifme, & par tout où elle fouffre une double réfraction, une double & forte inflexion fe fend, fe dilate du moins dans fes rebords extérieurs.

Il eft vrai, dans la figure précedente, que le rayon extrême qui arrive en *A*, auffi-bien que l'autre extrême qui arrive en *B*, après avoir traverfé le Prifme, s'y divife en deux rayons colorés, ou s'y dilate en une efpece de cone, ou de triangle, ou de Prifme triangulaire de lumiere diverfement colorée ; celle d'*A* en rouge & jaune, & celle de *B* en violet & bleu.

Car c'eft conftament du point *A*, point unique & indivifible

divisible à l'œil, que partent les deux rayons Rouge &
Jaune; & du point *B* non moins unique, que partent le
Violet & le Bleu.

Ces Rayons ne sont pas cependant réduits à deux de
chaque côté. Car entre le Rayon rouge & le jaune, on
voit toutes les nuances intermediaires d'orangé, d'aurore, de couleur d'or, qui peuvent résulter du mélange
du Jaune & du Rouge.

Et entre le Bleu & le Violet, il y a tous les dégrés intermediaires de Bleu violant, & de violet Bleu, qui peuvent nuancer ces deux couleurs extrêmes.

Je ne disputerai pas cependant sur le terme de diffraction, ni sur celui de fission que M. Newton rejette. Un
terme n'est qu'un terme. Grimaldi a pris ceux-là comme
analogues à celui de réfraction, & à une sorte de sépara-
tion qui se fait effectivement d'un rayon en plusieurs.

Sans doute que Grimaldi a été secretement mené à
cette expression, par l'analogie que j'ai rapportée plus
haut d'un faisceau, de Baguettes qui se dilate & se sépare
en se pliant.

On ne peut au moins nier, qu'il n'y ait là une dilatation
de lumiere; & qu'un point très-unique à l'œil, ne rayonne
dans tout un grand espace qu'il couvre de couleurs. Et
l'on ne peut nier non plus, que cette dilatation de Lumiere
ne soit un Phénomene, tout-à-fait lié à cette génération
des couleurs.

Enfin, qu'on appelle ce Phénomene comme on voudra, il est certain qu'il y en a un, & qu'il y a quelque
chose de plus qu'une simple réfraction; & que ce quelque

P p p

chofe, ce Phénomene diftinct de laRéfraction, a été très-inconnu à M. Newton; qu'il l'a du moins méconnu & rejetté, en rejettant le terme de Diffraction.

J'appellerois ce fecond Phénomene une *Repercuſſion de Lumiere*, ou une *Réfraction fecondaire*, ou une *contre-réfraction*, ou une *Réfraction de Réfraction*. Tout cela dit quelque chofe en l'expliquant.

En entrant dans le Prifme, le Rayon total & chaque Rayon dont il eft un faifceau fe réfracte, fe plie, fe fléchit fimplement & à l'ordinaire. En fortant il s'y fait un nouveau pli, une nouvelle réfraction de même efpece. M. Newton a cru que c'étoit tout, & c'eft tout en effect pour prefque tout ce rayon total entre les points *A* & *B*.

Mais les deux rayons extrêmes qui répondent à ces deux points, fouffrent une forte de Repercuſſion de dehors en dedans, & une efpece de réfraction nouvelle, de réfraction fecondaire, de réfraction de réfraction ou de contre-réfraction, qui fait voir en chacun de ces points *A* & *B*, deux ou plufieurs fortes de rayons diverfement colorés.

C'eft ce que Grimaldi a connu, & que M. Newton a totalement méconnu. *c. q. f. d.*

XIII.

Quatre-vingt-uniéme Probleme.

Si les nouvelles Expériences de M. D. ne découvrent pas
un TROISIÉME PHÉNOMENE dans la
Réfraction du Prifme ?

MOnfieur Newton a connu en general l'inégale
Réfraction des Rayons de Lumiere qui traver-
fent un Prifme ou qui en fortent. Grimaldi avoit, outre
cela, connu leur Diffraction ou réfraction fecondaire.

Les nouvelles Expériences de M. D. que fa modeftie
feule me défend de nommer, nous font connoître un troifiéme Phénomene que j'ai tâché d'approfondir, depuis
un an qu'il m'a confié fa Découverte, fource abondante
de bien des Découvertes.

Je parle de cette lumiere Blanche & triangulaire qui
fort du Prifme, entre les deux points extrêmes *A* & *B*
du Rayon réfracté, & qui en occupe, à bien dire, toute
la largeur entre ces deux points, feuls colorés.

C'eft cette Lumiere blanche, à laquelle les Phyficiens
furement ne s'attendoient pas, & qui mérite par conféquent toute leur attention.

D'abord elle renverfe toutes leurs idées fur la génération des couleurs, & en particulier fur la génération des
couleurs prifmatiques.

Pas un seul n'a douté qu'une double réfraction pareille à celle-là, ne colorât constament la Lumiere. M. Newton bien surement n'a pas douté qu'un seul Rayon fortant du Prisme ne fut coloré ; & sa figure ci-dessus rapportée, fait voir qu'entre le Rouge & le violet, il a cru que tout sortoit également coloré.

Or toute la Lumiere entre ces deux sort blanche du Prisme comme elle y étoit entrée, quoiqu'elle y ait souffert une double réfraction tout aussi-bien que ce Rouge & ce violet.

Mais que deviennent ses rayons naturellement colorés ou colorifiques que le Prisme discerne, sépare, & fait paroître tels qu'ils sont ? Ils sont donc naturellement blancs presque tous, & il n'y a de colorifiques que les deux extrêmes.

Il est tout-à-fait singulier, que dans toute cette bande de lumiere que le Prisme refracte, & qui peut occuper un & deux pouces, & sans doute un & deux & 100 pieds de largeur, il n'y ait de coloré que les deux extrêmités comme indivisibles, & que tout le reste garde sa blancheur naturelle, seulement un peu affoiblie & moins vive.

M. Newton vouloit qu'on se servit de très-petits Prismes, & la mode à prévalu pour ceux d'Angleterre qui sont constament les plus petits. Pourquoi cela ? Si ce n'est parce que le spectre blanc y a moins de largeur. Cette lumiere blanche n'accommodoit pas ce grand homme.

Il vouloit qu'on ne reçut qu'un très-petit rayon, par

le plus petit trou qu'on pouvoit faire à un volet de fenêtre. Pourquoi cela ? Si ce n'eſt parce que plus le rayon
admis eſt étroit, moins la lumiere blanche réfraĉtée eſt
large & viſible.

Il vouloit enfin qu'on reçut & qu'on obſervât le ſpec-
tre, le plus loin qu'il eſt poſſible du Priſme. Pourquoi
cela encore une fois ? Si ce n'eſt toujours pour la même
raiſon.

Abſolument il falloit qu'il eut vû cette lumiere blanche, & qu'elle l'eut beaucoup embarraſſé. Il vouloit en
débarraſſer ſes Seĉtateurs. Il n'y a là du reſte d'autre
mauvaiſe foi, que celle de tous ceux qui ſont entêtés d'un
Syſtême.

M. D. dont la candeur & la bonne foi de l'eſprit éga-
lent celle du cœur, ayant vû cette Lumiere blanche,
dans les Priſmes ordinaires, a bien compris qu'elle ſeroit
encore plus viſible & plus grande dans les grands Priſmes.

N'en ayant trouvé que de très-petits chez les Faiſeurs
& chez les Marchands, il n'a point eu de repos qu'il ne
s'en ſoit procuré de grands.

Il n'a pas été ſi aiſé d'en trouver. Il a fallu les faire exprès. Il a même fallu les faire d'une forme extraordinaire.
On ne trouve pas de morceau de verre ou de cryſtal aſſez
gros pour les tailler en Priſmes d'une piece.

Il a pris trois grands morceaux de glace, en quarrés
longs, & les a fait aſſembler avec aſſez de peine en forme
de Priſme qu'il a fermé par les deux bouts ; & il a rempli d'eau tout le creux.

C'eſt au travers d'un Priſme de cette groſſeur qu'il a

vû, & que j'ai vû le nouveau Phénomene, qu'on voit du reste très-suffifament dans les Prifmes ordinaires les plus petits.

Car tout contre le Prifme, & à un ou deux pieds même de diftance, pourvu qu'on reçoive un rayon de la largeur d'une face du Prifme ou à peu près, on voit toujours le blanc tenant le milieu entre deux bandes de double couleur, l'une rouge & jaune, l'autre bleuë & violette.

Et comme le rouge & le jaune font fort divergens entr'eux, & que le violet & le bleu le font auffi encore plus l'un par rapport à l'autre, il fe trouve que le bleu & le jaune étant convergens fe croifent à quelque diftance pour y former du verd, que j'avois toujours avant ceci donné comme compofé de jaune & de bleu.

Nous ne nous étions pas affurément donnés le mot là-deffus avec M. D. puifque lorfqu'il m'eut communiqué fa Découverte, je fus long-tems fans pouvoir la croire, & que je ne la crus, qu'après en avoir été plufieurs fois témoin fort à loifir.

Je ne doutois pas, que le verd du Prifme ne fut compofé de bleu & de jaune, non plus que celui des Peintres & celui des Teinturiers.

Mais je croyois que le Prifme le donnoit tout compofé, comme M. Newton l'avoit affuré, & comme il donne encore le violet, quoique ce violet foit furement auffi compofé, dans fa nature, de rouge & de bleu, que le verd l'eft de bleu & de jaune.

Des Sçavans perfuadés de mon idée, que le verd du

Prifme étoit une couleur compofée , avoient cherché avant M. D. à le décompofer, fans pouvoir y réuffir

Ils le prenoient après fa compofition , après le croife-ment du Jaune & du Bleu. M. D. a été plus heureux ou plus habile. Il l'a pris avant le mêlange, & comme à fa toilette, ainfi que je l'ai dit ailleurs, avant qu'il fut fardé, avant qu'il fut mafqué en *fpectre*. Car c'eft le beau nom que lui donne M. Newton , que ce nom feul auroit dû faire entrer en défiance, s'il avoit été capable en Phyfi-que , de fe défier du témoignage même de fes yeux. *c. q. f. d.*

XIV.

QUATRE-VINGT-DEUXIÉME PROBLEME.

S'il faut tant de façons & de Myfteres pour les Expériences du Prifme ?

JAMAIS on n'en a tant mis à quoi que ce foit. On diroit que M. Newton vouloit en être abfolument cru fur fa parole , tant il a rendu difficile là vérification de fes Expériences.

Beaucoup d'habiles gens avoüent qu'ils ne les ont ja-mais pu ni fçu faire. Toute l'Europe a retenti que M. Mariotte, qui étoit pourtant un illuftre en ce genre , les avoit manquées tout net. Et peut-être n'y en a-t-il que trop encore qui fe vantent d'y avoir réuffi.

Il eſt bon d'obſerver cependant, que ce ſont ici des Expériences, des faits qui tombent ainſi en monopole. Car on pourroit pardonner à la méthode du raiſonnement & de l'hypotheſe, de n'être pas à la portée de tout le monde.

Tout le monde n'a pas un certain eſprit, ſurtout cet eſprit de ſcience & de raiſonnement philoſophique, qu'il faut pour ſuivre Deſcartes. Mais tout le monde a des yeux pour voir ce que voit Newton.

· Et cependant voilà le monde renverſé : ſur cent qui entreront, comme de plein pied dans le Syſtême hypothetique & raiſonné de Deſcartes, il n'y en a pas trois qui puiſſent entrer, ſi ce n'eſt par créance, & par une eſpece de foi aveugle, dans le Syſtême ſenſible & expérimental de M. Newton.

Il faut des Priſmes : c'eſt le plus aiſé, Il faut une chambre obſcure. Il faut de longs appartemens, & qui eſt-ce qui en a, ſurtout parmi les Sçavans de profeſſion ? Il faut des ceci & des cela; il faut un attirail de mille je ne ſçais quoi. Et puis il faut du tems & une ſuite de mille opérations très-délicates, ſans parler d'un certain eſprit d'obſervation.

Une perſonne de beaucoup d'eſprit, mais fort entêtée de ces Expériences, aſſez riche au ſurplus, m'a pourtant dit qu'elle ne l'étoit pas aſſez pour y atteindre ; & le réſultat de ſon Diſcours alloit à prouver qu'il falloit être millionaire, c'eſt-à-dire, y renoncer ; car les millionaires y renoncent, je penſe, & n'ont pas ſi grand tort à mon avis.

Croiroit-

Croiroit - on qu'en matiere de faits auſſi indifférens que ceux-là, on put s'enthouſiaſmer, pour ne pas dire, être enthouſiaſte à ce point ? Il y a eu de l'enthouſiaſme en particulier, dans tout ce qu'on a dit là-deſſus contre Mariotte.

Mais le charme eſt tombé, & le ſpeſtre eſt anéanti, comme je l'ai dit ailleurs, & l'on peut déſormais manier le Priſme avec moins de reſpeſt & de précaution, & par conſéquent avec plus de profit & d'intelligence.

Au grand jour, on peut faire la Découverte du Blanc priſmatique, avec ſes deux bandes extrêmes de couleurs, réduites à quatre.

Il ne faut plus acheter à grands frais, de petits Priſmes venus d'Angleterre ; les plus grands ſont les meilleurs, mais les plus petits ſont bons.

On peut ſe renfermer dans une chambre obſcure ſi on aime le myſtere & les faux jours. Mais on peut auſſi laiſſer toutes ſes fenêtres ouvertes, & voir à plein Priſme & à pleins yeux.

On peut n'admettre qu'un petit rayon ; on peut couvrir & inveſtir de rayons tout le Priſme. Il ne faut rien affeſter lorſqu'on cherche la nature. Il ne faut choiſir aucun lieu : La nature eſt par tout.

Les couleurs ſont plus belles dans une chambre obſcure ; le grand jour les efface un peu, j'en conviens. Mais il n'en augmente ni n'en diminuë le nombre : il n'en change ni l'eſpece ni l'ordre. L'arc en ciel aime à paroître en la préſence du Soleil. Il n'en eſt pas moins beau. Et les couleurs du Priſme ſont toujours aſſez vives pour être bien obfervées, à côté même de la plus vive lumiere du Soleil.

Il faut jufqu'ici que le Soleil paroiffe pour les obferver. M. D. m'a appris à les produire au milieu de la nuit, avec la lumiere d'une fimple bougie. Cela même eft encore trop recherché.

On peut en tout tems, à toute heure, en tout lieu, mettre un Prifme devant fes yeux, & regarder les objets au travers. La chofe eft fimple & facile, & de plus, je maintiens que c'eft la meilleure façon d'obferver les couleurs du Prifme, & d'en connoître la nature.

Hors de-là tout eft fardé, tout eft mafqué : on croit voir les objets, & on ne voit que leurs bornes, leur néant. On croit voir des fubftances, & on ne voit que des accidens. On croit que le Prifme colore les chofes, & il ne colore rien, & ce qu'il colore n'eft rien.

En appliquant les yeux contre, ou tout auprès du Prifme, on voit tous les objets, tels qu'on les voit fans Prifme, tous revêtus de leurs couleurs naturelles. On voit rouge ce qui eft rouge, verd ce qui eft verd, blanc ce qui eft blanc, noir ce qui eft noir, gris ce qui eft gris.

Que voit-on donc de coloré par le Prifme ? On voit les extrêmités des Corps, l'entre - deux des Corps, les bornes, le néant des Corps, comme j'ai dit, frangé d'un côté, de rouge & de jaune, & de l'autre côté de violet & de Bleu.

C'eft-à-dire, qu'on voit la même chofe immédiatement, en regardant dans le Prifme, qu'en regardant fur un papier la lumiere que le Prifme a tranfmife.

Quand on reçoit dans le Prifme un rayon folaire , &
qu'on le reçoit enfuite fur un papier après qu'il a traverfé
le Prifme , on voit à peu de diftance , une blancheur
frangée de deux bandes colorées , comme j'ai dit.

Quand on regarde le Soleil ou tout autre Corps lumineux moins éblouiffant , au travers du Prifme, on voit
de même une blancheur frangée des mêmes couleurs.

Qu'on reçoive au travers d'un Prifme placé contre un
petit trou d'une fenêtre dans une chambre obfcure , l'i-
mage des objets extérieurs à la chambre , on les voit
fur le papier peints au naturel de leurs propres couleurs,
frangés feulement des deux bandes en queftion.

Qu'on regarde ces mêmes objets direɛtement au travers du même Prifme placé contre le même trou , on
voit les mêmes objets peints de même & frangés de
même.

C'eft-à-dire que les objets vus au travers d'un Prifme
fe peignent dans le fond de l'œil de la même maniere
abfolument que fur le papier où on les voit par fimple
réflexion.

Il eft donc indifférent de les obferver de cette manie-
re-là ou de celle-ci , & par-là tout le monde eft admis à
faire à peu de frais & avec facilité, toutes les Expériences du Prifme & des couleurs *c. q. f. d.*

X V.

QUATRE-VINGT-TROISIÉME PROBLEME.

Si le Prifme décompofe les couleurs, & fi l'ombre n'influë en rien dans leur génération ?

CETTE idée de la Décompofition des couleurs a quelque chofe d'ingénieux, de profond, de digne, en un mot, du grand Newton. Mais il s'agit de fa vérité.

D'abord il faut bien conftater que les objets vus au travers du Prifme, foit immédiatement par l'œil appliqué tout contre, ou par la médiation d'un papier fur lequel ces objets vont fe peindre au fortir & à peu de diftance du Prifme, y paroiffent de leurs couleurs naturelles dans toute leur étenduë.

Il faut que M. Newton n'ait jamais regardé les objets au travers d'un Prifme, & qu'il ne les ait jamais vus que, fur un papier fort éloigné du Prifme, après le croifement des Rayons.

Que l'œil foit bien appliqué contre le Prifme, à peine voit-il une naiffance de couleurs fur le rebord extérieur des objets : & ces objets lui paroiffent tout auffi naturels qu'à l'œil nud & défarmé.

Mais à mefure que l'œil s'éloigne du Prifme, ou qu'on éloigne le Prifme de l'œil, les franges s'élargiffent & gagnent fur les objets, jufqu'à les faire à la fin difparoître tout-à-fait.

Je dois ôter ici une équivoque. On voit quelquefois avec le Prifme un Corps tout femé de couleurs. Mais c'eft qu'alors ce Corps contient plufieurs Corps, & l'objet préfente plufieurs objets. Or autant qu'un Corps & un objet préfentent de corps & d'objets différens, autant le Prifme y fait-il paroître de franges doubles, rouges & jaunes d'un côté, bleuës & violettes de l'autre côté.

Un vifage, par exemple, préfente des yeux, un nés, deux levres, un menton, deux jouës. Ce font autant d'objets ; chaque poil, chaque cheveu eft un objet.

Tout relief, tout enfoncement, toute différence marquée, toute difcontinuité, toute héterogéneïté de parties, de couleur même, toute inégalité fenfible de lumiere, tout ce qui eft terminé, borné, occafionne des couleurs, en formant des objets différens.

Un objet, fut-il immenfe, n'eft qu'un objet, s'il eft uniforme dans toute fa furface, & les couleurs n'y paroiffent qu'à fes rebords : enforte que s'il étoit vraiment immenfe & fans rebords, en vain y chercheroit-on les couleurs du Prifme.

Mais quelque petit que foit l'objet, s'il eft inégal dans fa furface, je dis fenfiblement inégal, on verra autant de franges doubles qu'on pourra y compter d'inégalités fenfibles, un peu fortes même.

Par exemple, fur un papier tout couvert d'écriture ou de fimples points noirs, on verra autant de doubles franges prifmatiques qu'il y a de lettres, ou même de jambages, d'inflexions, de traits variés ; mais toujours fur les rebords de ces traits, lefquels en eux mêmes garderont leur noir ou leur couleur naturelle quelconque.

Comment donc peut-on prétendre que le Prifme decompofe les couleurs des objets, puifque 1°. les objets paroiffent tous dans toute leur étenduë avec leurs propres couleurs, & que 2°. Les couleurs du Prifme partent toujours des rebords des objets, rebords non colorés & uniquement ombrés ?

Car c'eft toujours l'ombre & la négation des objets, le point comme indivifible qui les fépare les uns des autres, qui paroît coloré ; ou d'où part uniquement la couleur. C'eft ce que les anciens difoient, & qu'on a dit jufqu'à M. Newton, que les couleurs s'engendroient *in confinio lucis & umbræ*, aux confins de l'ombre & de la lumiere.

M. Newton a, je crois, bien fait de rejetter ceux qui alloient jufqu'à compofer les couleurs d'un mêlange d'ombre & de lumiere. Le noir & le blanc mêlés ne font jamais que le clair obfcur, le gris, qui n'eft pas une couleur.

Mais il a paffé le but, je crois, en rejettant que le conflict de l'ombre & de la Lumiere fut la caufe non formelle, mais efficiente ou occafionnelle de la generation des couleurs ; puifqu'enfin elles ne s'engendrent jamais que là.

Si les couleurs du Prifme n'étoient qu'une décompofition des couleurs des objets, comment feroient-elles toujours précifément les mêmes, toujours dans le même

ordre, toujours dans le même nombre, toujours dans la
même étenduë refpeƐive , toujours même, à peu près ,
dans le même degré d'intenfité & de coloris ?

Les divers Corps que la Chimie décompofe, donnent
des Principes tout différens.

Ce font toujours, fi l'on veut, des fels , des fouffres ,
du flegme , de la terre, de l'efprit. Mais chaque mixte
donne des fels , des fouffres , des flegmes, &c. fort différens.

L'un donne plus de flegme, l'autre plus de fouffre , l'autre plus de fel , un autre plus de terre.

Celui-ci donne un fel acide , celui-là un fel alcali ; &
ces acides & ces alcalis font fort différens , &c.

Comment un objet rouge , un objet jaune , un objet
verd , un objet blanc , un objet noir , donnent-ils tous
également du rouge & du jaune du côté de l'angle du
Prifme, du violet & du bleu vers la bafe , & en même
quantité refpeƐive, & en même ordre ?

Et fi l'on retourne le Prifme, comment le rouge & le
jaune paroiffent-ils conftament là ou paroiffoient le bleu
& le violet &c ? Les diverfes analyfes d'un même corps
déguifent beaucoup fes Principes.

La Chimie les déguife & les embrouille en effeƐ beaucoup; & fes décompofitions font, à les bien prendre, de
vrayes compofitions. C'eft l'effeƐ de notre Art , c'eft le
propre de l'homme , d'embrouiller tout , en voulant débrouiller. C'eft que l'un eft bien plus facile que l'autre.

J'ai toujours admiré le Prifme auquel on donne la
proprieté unique de débrouiller parfaitement , fur le

champ, tout ce qu'il y a de plus embrouillé au monde, ſçavoir les rayons qui ſont d'une fineſſe extrême, d'un mêlange exquis, & par conſéquent tout ce qu'il y a de plus difficile à débrouiller.

Il paroît donc que le Priſme engendre véritablement les couleurs, des couleurs qui lui ſont propres, qui n'é-xiſtoient pas ſans lui, qui n'exiſtent que par lui, & qui ne tenant à aucun objet, ſont occaſionnées dans la Lumiere par le voiſinage de l'ombre.

L'ombre n'eſt rien, dit-on, & ne peut rien produire, rien occaſionner. L'ombre, ajoute-t-on, n'eſt qu'une né-gation de Lumiere. Une négation ne peut rien produire de poſitif.

Ce ſont-là des idées vagues, qui ne décident de rien. Il faut les expliquer. La Lumiere eſt le mouvement d'un Corps, d'un certain Corps, des globules, par exemple,

L'ombre en fait de mouvement n'eſt rien, j'en conviens. Mais c'eſt un Corps, ce ſont des globules en repos. Et l'ombre à côté de la lumiere, ce ſont des files de globu-les en repos, immédiatement à côté d'autres files de glo-bules en mouvement.

Par leur négation même, par leur repos, les globules qui ſont dans l'ombre, peuvent arrêter, détourner, modifier ceux qui a côté d'eux produiſent la lumiere. Et il n'eſt pas hors de vraiſemblance par conſéquent, que l'ombre n'influë dans la génération des couleurs priſma-tiques, puiſqu'il eſt conſtant qu'elles ne ſont jamais en-gendrées que dans ce voiſinage de l'ombre & de la Lu-miere. *c. q. f. d.*

XVI.

X V I.

QUATRE-VINGT-QUATRIÉME PROBLEME.

*Si c'eſt un fait conſtant , que les Rayons ſoient
inégalement réfrangibles ?*

NON-ſeulement M. Newton n'a pas balancé à admettre cette inégale réfrangibilité , à la vuë de
l'inégalité de Réfraction découverte par Grimaldi; non-
ſeulement il en a fait la Baſe de ſon Syſtême hypothétique des couleurs.

Mais , ce qui eſt bien plus étonnant, c'eſt qu'il l'a miſe
enthese, & à prétendu la prouver, la démontrer comme
un fait aſſorti , étayé , réſultant de mille faits.

A qui & à quoi, je le répete, ſe fiera-t-on déſormais ,
ſi non - ſeulement M. Newton n'a point verifié ce fait ,
mais s'il n'a pas même pû le verifier; & ſi le fait contraire
eſt le ſeul veritable ?

Pour moi, je l'avouë, veritablement zelé pour l'étude
& pour le progrès de la ſaine Phyſique , j'ai balancé long-
tems , ſi je revelerois en ce point l'erreur de M. Newton ; craignant qu'un fait ſi averé en apparence , venant
à être reconnu pour une illuſion aſſez groſſiere , ſa chute
n'entrainàt celle de la Phyſique entiere, tout y devenant
litigieux , ſuſpect & problematique , & tous les eſprits
devenant exceſſivement timides, défians & Pyrrhoniens.

R r r

Si un Bayle vivoit, quel triomphe pour son esprit sceptique & difficultueux ? La plûpart des gens vont volontiers d'une extrêmité à l'autre.

J'ai beau ne parler que par faits. Newton est en possession de n'avoir point parlé autrement. J'ai beau citer des faits faciles à verifier, des Expériences que tout le monde peut faire, des Observations pour lesquelles il ne faut qu'un Prisme, & le mettre seulement devant les yeux.

Il y a un an que la Découverte de M. D. est publique, avec le commentaire très-parlant & très-ample que j'en ai donné. Qui sçait si depuis ce moment quelqu'un s'est donné la peine d'y regarder ? Je sçais bien positivement que des plus curieux en ces matieres, n'ont pas même été tentés d'en avoir la curiosité.

N'importe : il faut toujours dire la verité, ne dût-on, comme le dit un bon Citoyen de ce siécle, la faire goûter qu'à une personne, six siécles après celui-ci. Et du reste il n'est pas indifférent pour quelqu'un qui est vraiment Philosophe, de reconnoître si ce goût du vrai, dont tout le monde se vante depuis Descartes, réside encore dans beaucoup d'esprits. C'est dans ces momens de crise, que la verité découvre ceux qui l'aiment pour elle-même.

Dès qu'on a reconnu en general avec Grimaldi, que la Lumiere se dilate en sortant du Prisme, & que les rayons extrêmes, le rouge & le violet sont divergens, & vont en s'écartant toujours, il est assez naturel pour quelqu'un qui prend les couleurs loin du Prisme, lorsque le Bleu & le jaune sont croisés, & que tout l'entre-deux du violet & du rouge eſt plein de couleur, de croire que tous les rayons ſont divergens, & tous inégalement ré-fraĉtés & réfrangibles dans l'ordre que le ſpeĉtre les pré-ſente.

Bien ſurement ç'a été là la marche préciſe de M. New-ton. Ignorant la convergence du jaune & du Bleu, & leur croiſement pour la Produĉtion du verd, il n'a pas balancé à croire que les couleurs ſortoient du Priſme, dans l'ordre où il les voyoit ſur ſon papier, l'indigo au-deſſus du violet, le bleu au-deſſus de l'indigo, enſuite le verd, le jaune, l'orangé & le rouge.

Croyant la choſe inconteſtable, tout ce qu'il a fait d'Expériences pour la verifier, il a ſçu les diriger à ce but.

J'ai déja remarqué ailleurs, qu'il eſt impoſſible qu'il ait jamais fait cette verification, ſi ce n'eſt d'une maniere plus qu'équivoque, & en aidant beaucoup à la lettre ou à l'hypotheſe.

Je n'aime pas les détails, & je n'aimerois pas à être obligé de ſuivre ceux dont eſt remplie ſon Optique, tou-te relative à ce but, & où cent mille Expériences n'ont jamais la force que d'une ſeule Expérience, tant elles ſont ajuſtées à cette unique hypotheſe.

Je vais tout d'un coup au tronc de l'arbre & à la racine. Le célebre Auteur à manqué dans le Principe. Il n'a pas connu les angles originaux des couleurs ſortant du Priſme.

Il en a meſuré 7, & il n'y en a que 4. Il les a cruës ſor-ties de ſept points différens du Priſme avec une diver-gence imaginaire qui n'exclud pas une ſorte de Paralle-liſme.

Or tout fort de deux points, dont tout l'entre-deux, c'eft-à-dire, toute la face du Prifme, à ces deux points près, laiffe fortir une lumiere blanche & non colorée, qu'il n'a furement point connuë & qui renverfe toutes fes idées, toute fon hypothefe, toutes fes prétenduës Expériences.

Le Bleu feul & le jaune donnent à tout ce Syftême d'imagination, le démenti le plus formel. Car fuivant le Syftême, le Bleu eft plus réfrangible & plus réfracté que le jaune, & ils font par conféquent fort divergens.

Or, ils font très-convergens, puifqu'ils fe croifent à quelque diftance du Prifme pour produire le verd ; & le jaune eft très-réfracté, tandis que le bleu l'eft fort peu. Veut-on de contradiction plus manifefte entre les Expériences infiniment artificielles de M. Newton, & les obfervations fimples & faciles de la nature ?

Oüi, le verd offre une contradiction plus palpable encore. M. Newton l'a mefuré au fortir du Prifme. Or il n'en fort point, & n'en fortit jamais. Il lui a trouvé un angle de Réfrangibilité, qu'il a même déterminé en bons chiffres, bien articulés jufqu'au fcrupule.

Or le verd compofé des rayons croifés du jaune & du Bleu, ne peut avoir d'angle propre de réfrangibilité, puifqu'il en a deux dont aucun ne lui appartient. *c. q. f. d.*

Quoi ! depuis un an que tout ceci eft public, perfonne ne fe portera pour l'avoir verifié ? La verification eft facile. Si la chofe eft fauffe, encore doit-il être plus facile d'en verifier la fauffeté. Acte pris par conféquent de cette non verification en faveur de *ce qu'il falloit démontrer.*

XVII.

LXXXVe. ET DERNIER PROBLEME.

Caufes vraifemblables des Couleurs.

VOILA bien des fois, & fans doute la 12 ou 15e. que je parle affez au long, je crois même affez à fond, des couleurs, fans être tenté jufqu'à ce moment d'en deviner la caufe. Encore me crois-je un peu téméraire de la hazarder ici.

Grimaldi, Kircher, Malebranche, & bien d'autres n'ont pas douté qu'en general l'organe de la vuë ne fut affecté, comme celui de l'oüie, par des vibrations, caufées par les fecouffes réiterées du Corps lumineux comme par celles du Corps fonore.

J'ai, moi-même, il y a long-tems, adopté cette caufe vague & generale, à laquelle je ne vois pas que la faine Phifique puiffe fe refufer. Une chofe la démontre comme une verité, & une autre la perfuade comme une hypothefe.

1°. L'analogie des fons & des couleurs, de tous les objets mêmes de nos fens, ne permet pas de recourir à une autre maniere generale d'expliquer les unes comme les autres : or cette analogie eft une chofe affez connuë de tout tems, & que je me flatte un peu d'avoir portée

à un affez haut degré de Démonftration. Voilà une raifon d'hypothefe.

2º. Voici un Raifonnement dont je me fuis fervi plus
d'une fois, pour démontrer ce point avec bien d'autres.
Car la vibration, l'ofcillation eft un méchanifme fort
general de la nature ; Et la Pefanteur des Corps, leur
reffort, leurs efforts, leurs accroiffemens fecrets ne fçauroient gueres être fainement expliqués que par-là.

Que l'impreffion de la Lumiere & de la Couleur fe
faffe par la preffion ou l'impulfion du Corps lumineux ou
coloré fur nos yeux, à l'aide d'un véhicule quelconque
que le Corps lumineux nous envoye, ou fur lequel il
appuye ; & qui appuye fur notre organe, cela n'eft pas
douteux.

Cette impulfion ou cette preffion du Corps lumineux
ou de fes parties, fur le fond de nos yeux, eft un mouvement actuel, qui part comme du centre du Corps lumineux ou coloré, & fe porte directement vers nos yeux.
Je crois cela tout auffi hors de doute que le refte.

Or ce mouvement n'eft point continu, & d'une étenduë fenfible ou finie, comme difent les Géometres. Car
1º. Il eft imperceptible. 2º. Les parties du Corps lumineux ou coloré ne vont pas toujours de fuite du centre à
la circonférence. Le Corps lumineux ou coloré fe gon-
fleroit & fe diffiperoit. Sa circonférence & fon volume
n'augmentent pas.

Cependant, à chaque inftant fenfible, nous voyons
ce Corps. A chaque inftant il vient donc à nous ou y revient. Car il ne peut y venir fans fortir de fa circonfé-

rence, fans fe dilater, fans fe diffiper; fi ce n'eft par un retour continuel de la circonférence au centre & du centre à la circonférence, c'eft-à-dire, par des vibrations ou ofcillations. *c. q. f. d.*

Or, dès que la Lumiere en general fe fait par des vibrations en general, les couleurs doivent s'expliquer comme les tons, par une diverfité de vibrations plus ou moins vives, & qui ont divers degrés de vivacité ou de lenteur.

La Lumiere blanche ou la lumiere pure paroît confifter dans des vibrations vives & uniformes ou uniformément troublées, diverfifiées & confufes, dont les rayons n'ont qu'un mouvement rectiligne & continu tout d'une piece comme un bâton.

Mais les couleurs paroiffent confifter dans des vibrations compofées & ondoyantes, qui, outre le mouvement réciproque que leur imprime le Corps lumineux, acquierent dans le Corps coloré une efpece de mouvement latéral de crifpation, comme dit Grimaldi, ou d'ondulation comme difent d'autres.

Par exemple, je conçois dans le Prifme que le Rouge confifte dans une efpece de fubfultation ou crifpation vive, d'où réfulte une ondulation dont les ondes font promptes, fortes, fouvent répetées; & ont à peu près trois fois moins de largeur que de longueur, le mouvement direct l'emportant fur le latéral.

Le Jaune qui eft à côté, je le crois réfultant d'ondes plus vives ou plus fortes, mais moins fréquentes & moins fenfibles, en forte, par exemple, que la longueur en foit cinq fois plus étenduë que la largeur, le mouvement direct l'emportant plus encore que dans le rouge, fur le latéral.

Pour le Bleu, je crois qu'il a fon mouvement plus temperé, & fes ondes plus égales, moins vives & moins preffées, leur longueur étant égale à leur largeur.

Je ne dis rien du violet que je crois compofé de rouge & de bleu.

En general ces quatre couleurs s'engendrent, deux à deux, dans les confins de l'ombre qui les borde des deux côtés, & de la Lumiere blanche qui les fépare & les borde en dedans. Il y a ici quelques points qui paroif-fent conftans.

1°. Il paroît conftant que du côté de l'angle du Prif-me, les couleurs font les plus vives, la Lumiere y con-fervant plus de force, que du côté de la Bafe.

2°. Il paroît que, de foi, la Lumiere n'eft point colo-rée, & que c'eft l'ombre qui lui occafionne des couleurs; & que le Bleu & le violet font en quelque forte plus couleurs que le rouge & le jaune; & le rouge plus que le jaune : l'ombre dominant bien plus vers la Bafe du Prif-me que vers l'angle, & le rouge lui étant plus contigu que le jaune, & le violet que le Bleu.

3°. L'ombre produit le rouge en occafionnant dans fes rayons un retardement & une fubfultation ou crifpa-tion ou ondulation très-vive. Et ce retardement & cette fubfultation fe communique tout naturellement aux rayons qui font le jaune.

4°. Le jaune eft de toutes les couleurs la moins couleur

leur, & celle qui tient le plus du blanc & de fa nature.
Il eft plus vif que le rouge, mais moins ardent. Il perce
l'œil, le rouge le fecouë davantage, fes rayons ayant
plus de largeur, & ne perçant pas avec tant de fineffe &
de rapidité. Une bale de fufil perce une girouette fans
l'ébranler.

5°. Le rouge paroît la couleur affeétée au voifinage
de l'ombre, puifque le violet contient du rouge; n'étant
qu'un Bleu mêlé de rouge, c'eft-à-dire, d'un bleu dans
lequel le voifinage de l'ombre produit quelques fubful-
tations pareilles à celles qui donnent le rouge pur.

6°. Lorfque la Lumiere du Soleil eft foible, le rouge
du Prifme eft non-feulement fort lavé, mais fort orangé
& fort jaunâtre; une Lumiere moins forte produifant
une fubfultation, & des ondes moins larges, moins fréquentes & plus allongées,

Selon cette idée un Rayon tremble comme une corde.
Or il faut croire que le fon fe propageant comme la lumiere, par des rayons d'air, ces rayons d'air trem-
blent auffi comme la corde qui les fait trembler; &
que les Corps colorés communiquent à la Lumiere
qui tombe fur eux & qu'ils nous renvoyent, des tremblemens pareils à ceux que l'ombre occafionne dans le
Prifme.

Pour donner ces tremblemens aux rayons, il faut que
les parties des Corps colorés ayent de pareils tremblemens. La Lumiere qui tombe fur eux les fait trembler,
mais trembler felon qu'ils font montés, comme un coup
d'archet fait fonner l'octave, la quinte, la tierce, le ton

S ss

ou le demi ton à une corde, qui a une longueur & une groffeur convenable.

En foi toutes les cordes d'un violon font uniformes, & tous les tuyaux d'un jeu d'orgue peuvent être d'une même matiere uniforme, ne différant que par leur grof-feur, leur longueur & la tenfion de leurs parties.

Il ne faut point admettre de varietés inutiles dans le Syftême très-fimple de la nature. M. Newton en admet jufques dans les filets, comme indivifibles des Rayons.

Pour moi, je ne vois pas même de néceffité d'en ad-mettre dans la texture & dans les parties des Corps. Et, comme nos yeux ne trouvent aucune différence fubftan-tielle dans les corps qui affectent differemment nos oreil-les, de même, fi nous avions un autre fens pour apper-cevoir les Corps qui affectent nos yeux du fentiment de diverfes couleurs, je crois que nous les verrions tout auffi uniformes que les cordes d'un violon.

De forte que les Corps rouges, les Corps jaunes, les Corps bleus, fi nous pouvions les voir fans voir leurs couleurs, nous paroîtroient à peu près les mêmes Corps. Effectivement tous les Corps font compofés des mêmes principes, terre, eau, air, fel, fouffre, &c. & ce qui eft rouge devient fouvent bleu, noir, blanc, &c.

Tout dépend donc de la monture des parties, de leur tenfion, groffeur, longueur, en un mot, de leur difpo-fition à trembler d'une certaine façon, & à donner de certaines vibrations aux rayons, c'eft-à-dire, encore des vibrations plus ou moins fréquentes en un tems déter-

miné. Voilà tout ce que je puis tirer de la grande Expérience que je crois avoir des couleurs. Je ne comptois pas
finir cette difcuffion de Newton par une conjecture, ou,
fi l'on veut, une hypothefe.

F I N.

TABLE
DES TITRES
ET DES MATIERES
Contenuës dans cet Ouvrage.

SECONDE ANALYSE.

T R O I S I E' M E   A N A L Y S E.

Fin de la Table des Matieres.

PERMISSION DU R. P. PROVINCIAL.

JE soussigné Provincial de la Compagnie de Jésus en la Province de France, suivant le pouvoir que j'en ai reçu de notre R. P. Général, permets au R. P. Louis Castel, de la même Compagnie, de faire imprimer un Livre qu'il a composé sous ce titre : *Le véritable Systême du Chevalier Isaac Nevvton, exposé & analysé à la portée des Physiciens, &c.* lequel Livre a été lû & approuvé par trois Theologiens de notre Compagnie. En foi & témoignage de quoi j'ai signé la présente. A Paris ce 29 Avril 1742.

JEAN LAVAUD, Provincial de la C. D. J.

APPROBATION.

J'AI lû par ordre de Monseigneur le Chancelier un Manuscrit intitulé : *Le vrai Système de Physique générale de M. Isaac Nevvton, en parallele avec celui de Descartes.* Cet Ouvrage doit exciter la curiosité du Public, d'un côté le nom du R. P. Castel, de l'autre celui de Nevvton : on y verra le R. P. Castel attaquant, Nevvton attaqué, & pour nous servir des propres termes du célébre Auteur : *J'ai mis*, dit-il, *la coignée à la racine de l'arbre, & quand tout ce que j'ai établi jusqu'ici contre Nevvton seroit non avenu, je me flatte de l'avoir pris dans son fort, & d'avoir porté une atteinte décisive à son Système.* Fait à Paris ce 15 Juin 1742.

MONTCARVILLE.

PRIVILEGE DU ROI.

LOUIS, par la grace de Dieu, Roi de France & de Navarre : A nos Amez & féaux Conseillers, les Gens tenans nos Cours de Parlement, Maîtres des Requêtes ordinaires de notre Hôtel, Grand-Conseil, Prevôt de Paris, Baillifs, Sénéchaux, leurs Lieutenans Civils, & autres nos Justiciers qu'il appartiendra : SALUT. Notre bien amé CLAUDE-FRANÇOIS SIMON, Fils, Imprimeur à Paris, Nous a fait exposer qu'il desireroit imprimer & donner au Public un Manuscrit qui a pour titre : *Le vrai Système de Physique générale de Nevvton, exposé & analysé en parallele avec celui de Descartes à la portée du commun des Physiciens*, s'il Nous plaisoit lui accorder nos Lettres de Privilege pour ce nécessaires. A ces causes, voulant favorablement traiter l'Exposant, Nous lui avons permis & permettons par ces Présentes, d'imprimer ou de faire imprimer ledit Manuscrit en un ou plusieurs volumes, & autant de fois que bon lui semblera ; & de le vendre, faire vendre & débiter par tout notre Royaume, pendant le tems de *neuf* années consécutives, à compter du jour de la datte desdites Présentes. Faisons défenses à toutes sortes de personnes, de quelque qualité & condition qu'elles soient, d'en introduire d'impression étrangere dans aucun lieu de notre obéïssance ; comme aussi à tous Imprimeurs-Libraires, d'imprimer, faire imprimer, vendre, faire vendre & contrefaire ledit Ouvrage, ni d'en faire aucun extrait, sous quelque prétexte que ce soit, d'augmentation, correction, changement ou autres, sans la permission expresse & par écrit dudit Exposant, ou de ceux qui auront droit de lui ; à peine de confiscation des Exemplaires contrefaits, de trois mille livres d'amende contre chacun des contrevenans , dont un tiers à Nous , un tiers à l'Hôtel-Dieu de Paris , l'autre tiers audit Exposant , ou à celui qui aura droit de lui , & de tous dépens, dommages & interêts ; à la charge que ces Présentes seront enregistrées tout au long sur le Registre de la Communauté des Libraires & Imprimeurs de Paris , dans trois mois de la date d'icelles ; que l'impression dudit Ouvrage sera faite dans notre Royaume , & non-ailleurs , en bon papier & beaux caractères , conformément à la feuille imprimée , attachée pour modele sous le contre-scel desdites Présentes ; que l'Impétrant se conformera en tout aux Réglemens de la Librairie , & notamment à celui du 10 Avril 1725 ; & qu'avant que de les exposer en vente , le Manuscrit ou Imprimé qui aura servi de copie à l'impression dudit Ouvrage , sera remis dans le même état où l'Approbation y aura été donnée , ès mains de notre très-cher & féal Chevalier le Sieur Daguesseau , Chancelier de France , Commandeur de nos Ordres , & qu'il en sera ensuite remis deux Exemplaires dans notre Bibliotheque publique , un dans celle de notre Château du Louvre , & un dans celle de notredit très-cher & féal Chevalier le Sieur Daguesseau, Chancelier de France ; le tout à peine de nullité des Présentes ; du contenu desquelles vous mandons & enjoignons de faire jouïr ledit Exposant, & ses ayans cause, pleinement & paisiblement , sans souffrir qu'il leur soit fait aucun trouble ou empêchement. Voulons que la Copie desdites Présentes qui sera imprimée tout au long au commencement ou à la fin dudit Ouvrage , soit tenuë pour dûement signifiée ; & qu'aux copies collationnées par l'un de nos amez & féaux Conseillers & Secretaires, soit foi ajoutée comme à l'original. Commandons au premier notre Huissier ou Sergent, de faire pour l'exécution d'icelles, tous Actes requis & nécessaires , sans demander autre permission, & nonobstant clameur de Haro, Charte Normande , & Lettres à ce contraires. CAR tel est notre plaisir. DONNE' à Versailles le 5 jour du mois d'Avril , l'an de grace 1743. & de notre Regne le vingt-huitiéme. Par le Roi en son Conseil,

SAINSON.

Registré sur le Registre XI. de la Chambre Royale des Libraires & Imprimeurs de Paris , N°. 177. Fol. 149. conformément aux anciens Réglemens confirmés par celui du 28. Février 1723. A Paris le 2 Mai 1743.

SAUGRAIN , Syndic.

De l'Imprimerie de CL.-FR. SIMON, Fils, ruë de la Parcheminerie. 1743.

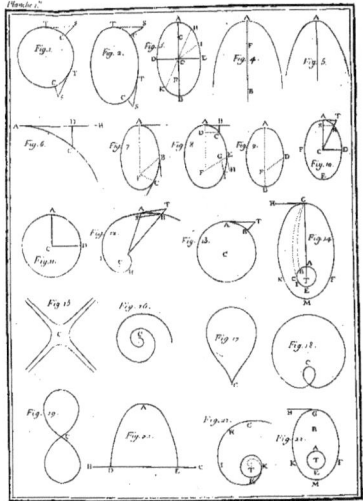

Planche 1.

Fig. 1. Fig. 2. Fig. 3. Fig. 4. Fig. 5.

Fig. 6. Fig. 7. Fig. 8. Fig. 9. Fig. 10.

Fig. 11. Fig. 12. Fig. 13. Fig. 14.

Fig. 15. Fig. 16. Fig. 17. Fig. 18.

Fig. 19. Fig. 20. Fig. 21. Fig. 22.

Pl. 2.

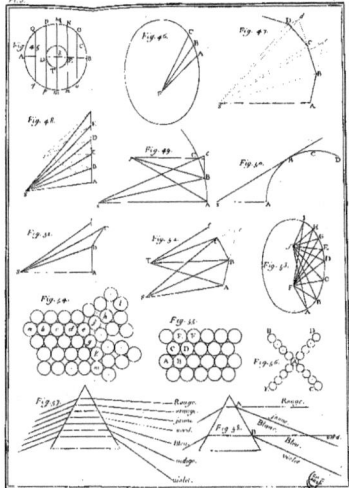

Pl. 3.

Fig. 46. Fig. 47.

Fig. 48. Fig. 49. Fig. 50.

Fig. 51. Fig. 52. Fig. 53.

Fig. 54. Fig. 55. Fig. 56.

Fig. 57. Rouge.
orangé.
jaune.
vert.
bleu.
indigo.
violet.

Fig. 58. Rouge.
orangé.
jaune.
vert.
bleu.
violet.

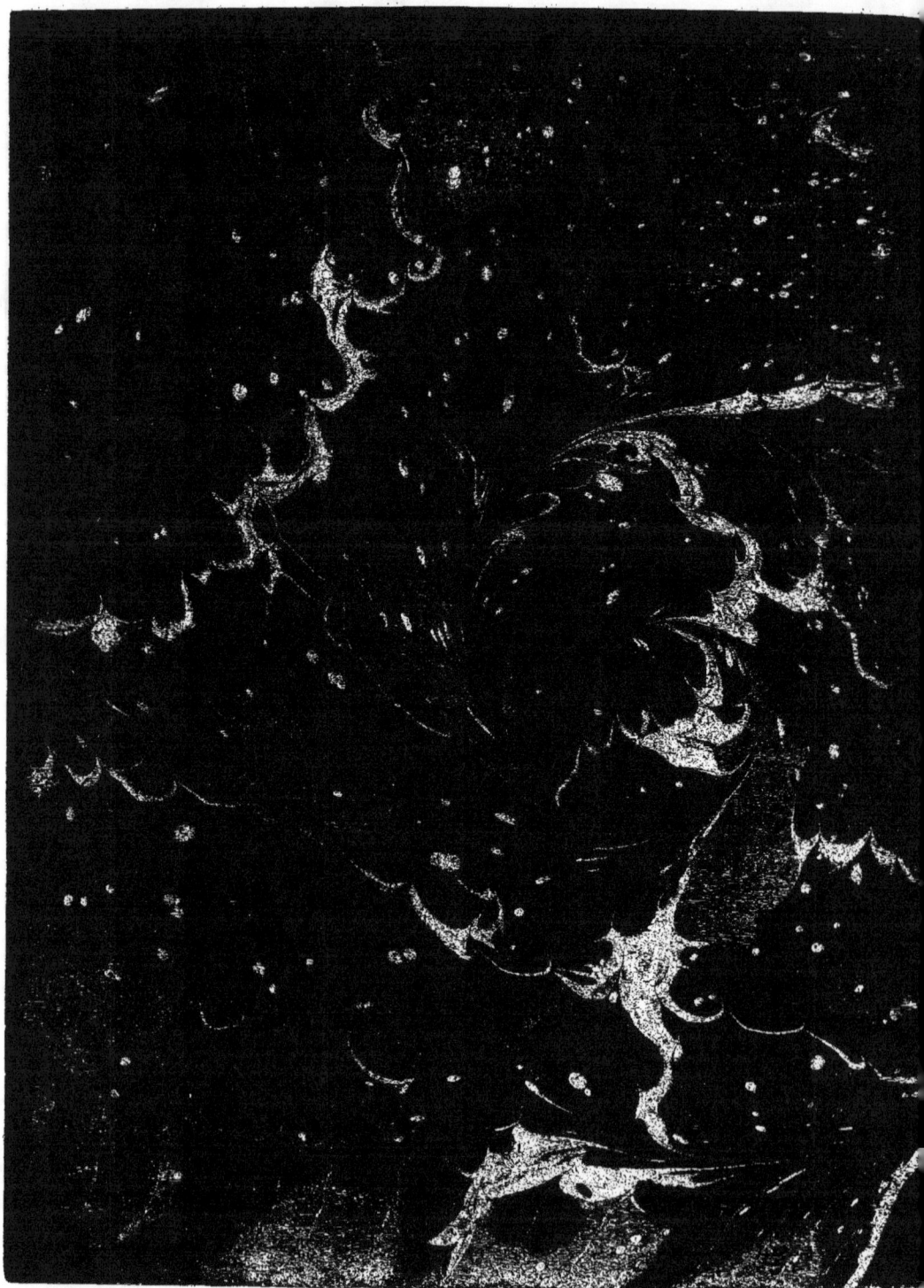